普通高等院校系列教材

中文版 AutoCAD 2014 机械绘图（含上机指导）

杨月英 张效伟 马晓丽 荆思蒙 滕绍光 莫正波 高丽燕 刘亦捷 王 培 编著

机 械 工 业 出 版 社

本书是依据 Auto CAD 2014 版本编写的。主要内容包括：AutoCAD 2014 基础知识、AutoCAD 2014 基本操作、常用的绘图命令、常用编辑命令、文字与表格、标注尺寸、图块与参照、布局与打印、三维建模以及工业产品类 CAD 技能一级（计算机绘图师）考试真题等。为方便读者理解与应用，本书遵循由易到难、循序渐进的原则，在介绍操作面板基本命令的同时，辅助以实例以体现操作技巧，使读者能够轻松愉快地学习专业图形的绘制。为方便教师的教学及学生专业技能的拓展，本书增添了上机指导和计算机绘图师考试的真题。

本书适合普通高等教育本科、高职及成人教育的机械专业和相关专业以及培训机构教学使用。

本书配有电子课件，凡使用本书作为教材的教师可登录机械工业出版社教育服务网 www. cmpedu. com 注册后下载。咨询邮箱：cmpgaozhi@ sina. com。咨询电话：010-88379375。

图书在版编目（CIP）数据

中文版 AutoCAD2014 机械绘图：含上机指导/杨月英，张效伟编著. —北京：机械工业出版社，2016. 8（2021. 7 重印）
普通高等院校系列教材
ISBN 978 - 7 - 111 - 54128 - 8

Ⅰ. ①中… Ⅱ. ①杨…②张… Ⅲ. ①机械制图 - AutoCAD 软件 - 高等学校 - 教材 Ⅳ. ①TH126

中国版本图书馆 CIP 数据核字（2016）第 147076 号

机械工业出版社（北京市百万庄大街 22 号 邮政编码 100037）
策划编辑：薛 礼 责任编辑：薛 礼
责任印制：郜 敏 责任校对：李锦莉
北京富资园科技发展有限公司印刷
2021 年 7 月第 1 版 · 第 3 次印刷
184mm ×260mm · 14. 75 印张 · 359 千字
标准书号：ISBN 978 - 7 - 111 - 54128 - 8
定价：44. 00 元

电话服务	网络服务
客服电话：010-88361066	机 工 官 网：www. cmpbook. com
010-88379833	机 工 官 博：weibo. com/cmp1952
010-68326294	金 书 网：www. golden- book. com
封底无防伪标均为盗版	机工教育服务网：www. cmpedu. com

前　　言

AutoCAD 2014 是由美国 Autodesk 公司推出的计算机辅助设计与绘图软件，它功能强大，命令简捷，操作方便，适用面广。因此，在世界上得到了广泛的应用，是每个从事机械电子、土木建筑、航空航天、石油化工等相关行业的工程技术人员必须掌握的基本功。

本着简明实用的原则，本书在介绍 AutoCAD 基本概念和基本操作的同时，特别强调操作能力的训练，每章后面都配有与教学内容相结合的精心设计的上机指导及操作练习。练习图由平面图形、三视图、剖视图、零件图、装配图到零件三维图。由易到难，循序渐进，可以帮助读者快速掌握 AutoCAD 绘图的知识，领悟到图形绘制的特点及应用技巧。

本书附录中附有 1 ~6 期全国 CAD 技能一级（计算机绘图师）考试真题，可作为报考全国 CAD 技能等级考试的参考资料或上机练习。

本书可作为本科院校、职业技术院校以及成人教育机械类、艺术设计类等各专业计算机绘图的教材，也可用做计算机培训班教材，还可作为各类相关技术人员和自学者的学习和参考用书。

本书由青岛理工大学杨月英和张效伟主编，青岛理工大学马晓丽、青岛市机械技术学校荆思蒙、青岛理工大学滕绍光任副主编。参加本书编写的还有莫正波、高丽燕、刘亦捷、王培等。

在本书的编写过程中吸纳了许多同仁的宝贵意见和建议，在此表示衷心的感谢。

书中如有不妥之处，恳请读者不吝指教。

编　者

目　　录

第 1 章　AutoCAD 2014 基础知识

【教学目标与任务】

通过对本章的学习，读者应了解中文版 AutoCAD 2014 的基本功能与新增功能，熟悉软件的界面、各组成部分的功能以及对图形文件进行管理的基本方法，掌握辅助绘图工具的使用方法。

【教学重点与难点】

- AutoCAD 2014 的基本功能
- AutoCAD 2014 的新增功能
- AutoCAD 2014 的安装与启动
- AutoCAD 2014 的工作界面
- AutoCAD 2014 的辅助绘图工具
- AutoCAD 2014 图形文件管理

CAD 是 Computer Aided Design 的缩写，指计算机辅助设计，美国 Autodesk 公司的 AutoCAD 2014 是目前应用非常广泛的 CAD 软件。Autodesk 于二十世纪八十年代初为在计算机上应用 CAD 技术而开发了绘图程序软件包 AutoCAD，经过不断的完善，现已经成为国际上广为流行的绘图工具。AutoCAD 具有完善的图形绘制功能、强大的图形编辑功能、可采用多种方式进行二次开发或用户定制、可进行多种图形格式的转换，具有较强的数据交换能力，同时支持多种硬件设备和操作平台。AutoCAD 可以绘制任意二维图形和三维图形，同其他的绘图软件相比，用 AutoCAD 绘图速度更快、精度更高，而且便于个性处理，它已经在土木建筑、航空航天、造船、机械、电子、材料、化工、美工、轻纺等很多领域得到了广泛应用，并取得了丰硕的成果和巨大的经济效益。

1.1　AutoCAD 2014 的增强和新增功能

AutoCAD 2014 具有良好的用户界面，通过交互菜单或命令行方式可以进行各种操作。它的多文档设计环境让非计算机专业人员也能很快地学会使用，在不断实践的过程中更好地掌握它的各种应用和开发技巧，从而不断提高工作效率。AutoCAD 2014 具有广泛的适应性，它可以在各种操作系统支持的微型计算机和工作站上运行。AutoCAD 2014 包括标准版、高级版和旗舰版。

1.1.1　AutoCAD 2014 基本特点

1）具有完善的图形绘制功能。

2）有强大的图形编辑功能。

3）可以采用多种方式进行二次开发或用户定制。

4）可以进行多种图形格式的转换，具有较强的数据交换能力。

5）支持多种硬件设备。

6）支持多种操作平台。

7）具有通用性、易用性，适用于各类用户。此外，从 AutoCAD2000 开始，该系统又增添了许多强大的功能，如 AutoCAD 设计中心（ADC）、多文档设计环境（MDE）、Internet 驱动、新的对象捕捉功能、增强的标注功能以及局部打开、局部加载的功能。

1.1.2 AutoCAD 2014 功能介绍

1）平面绘图　AutoCAD 2014 能以多种方式创建直线、圆、椭圆、多边形、样条曲线等基本图形对象。

2）绘图辅助工具　AutoCAD 2014 提供了正交、对象捕捉、极轴追踪、捕捉追踪等绘图辅助工具。正交功能使用户可以很方便地绘制水平、竖直直线，对象捕捉可帮助用户拾取几何对象上的特殊点，而追踪功能使画斜线及沿不同方向定位点变得更加容易。

3）编辑图形　AutoCAD 2014 具有强大的编辑功能，可以移动、复制、旋转、阵列、拉伸、延长、修剪、缩放对象等。

4）标注尺寸　AutoCAD 2014 可以创建多种类型尺寸，标注外观可以自行设定。

5）书写文字　AutoCAD 2014 能轻易在图形的任何位置、沿任何方向书写文字，可设定文字字体、倾斜角度及宽度缩放比例等属性。

6）图层管理功能　图形对象都位于某一图层上，可设定图层颜色、线型、线宽等特性。

7）三维绘图　AutoCAD 2014 可创建 3D 实体及表面模型，能对实体本身进行编辑。

8）网络功能　AutoCAD 2014 可将图形在网络上发布，或是通过网络访问 AutoCAD 资源。

9）数据交换　AutoCAD 2014 提供了多种图形图像数据交换格式及相应命令。

10）二次开发　AutoCAD 2014 允许用户定制菜单和工具栏，并能利用内嵌语言 Autolisp、Visual Lisp、VBA、ADS、ARX 等进行二次开发。

1.1.3 AutoCAD 2014 简体中文版新特性

1）增强连接性，提高合作设计效率。在 AutoCAD 2014 中集成有类似 QQ 一样的通信工具，可以在设计时，通过网络交互的方式和项目合作者分享，提高开发速度。

2）支持 Windows 8 系统。不用担心 Windows 8 系统是否支持 AutoCAD 2014，最新的 AutoCAD 2014 能够在 Windows 8 中完美运行，并且增加了部分触屏特性。

3）动态地图，现实场景中建模。可以将用户的设计与实景地图相结合，在现实场景中建模，更精确的预览设计效果。

4）新增文件选项卡。如同 office tab 所实现的功能一样，AutoCAD 在 2014 版本中增加此功能，更方便用户在不同设计中进行切换。

1.2　AutoCAD 2014 的安装和启动

1.2.1　AutoCAD 2014 的安装

AutoCAD 2014 是 AutoCAD 系列软件的最新版本，为了发挥其强大的功能，同样也需要计算机软硬件的支持。

1. 软件环境

1）操作系统：WindowsXP/Windows 7/Windows 8 等版本。

2）浏览器：IE7.0 及更高版本或其他同等浏览器。

2. 硬件环境

1）处理器：建议 Pentium 4 或 AMD Athlon™双核以上处理器，1.6GHz 或更高。

2）内存：建议 4GB 以上内存。

3）显示器：1024 ×768 真彩色。建议安装独立显卡。

4）硬盘：典型安装需要 2GB 可用磁盘空间。

特别提示

AutoCAD 2014 软件有 32 位和 64 位两种版本，根据电脑操作系统选择。

3. 安装步骤

（1）安装　根据电脑系统选择 32 位或 64 位 AutoCAD 安装程序。放入光盘，单击安装程序，电脑运行初始化设置，自动打开安装向导，单击图 1-1 所示“安装”。按照提示步骤操作，并输入序列号和产品密钥，指定安装路径，系统即可自动完成安装。

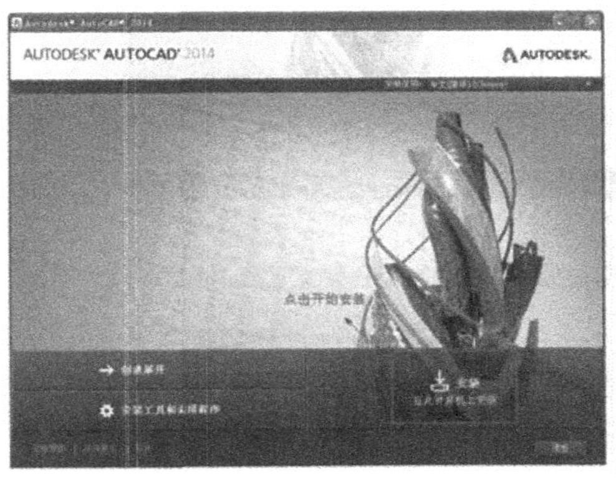

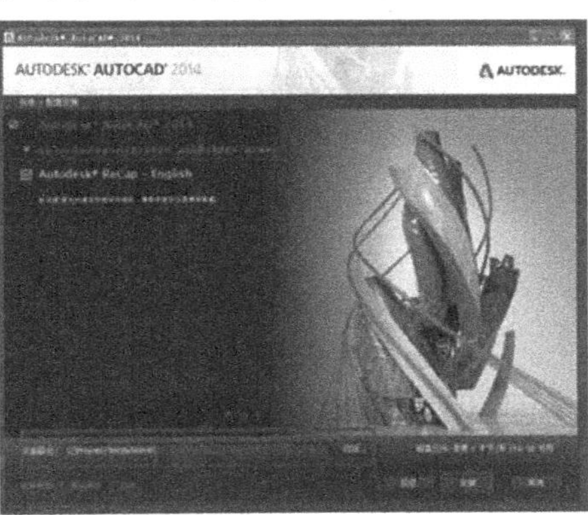

图 1-1　AutoCAD 2014 安装向导

（2）激活　安装成功后，双击桌面 AutoCAD 2014 快捷方式图标或单击“开始”/“所有程序”/“Autodesk”/“AutoCAD 2014-Simplified Chinese”/“AutoCAD 2014”，运行 AutoCAD 2014。在“Autodesk 许可”界面单击“激活”按钮，在弹出的对话框输入激活码，单击“下一步”完成注册。

1.2.2　AutoCAD 2014 的启动

启动 AutoCAD 2014 的几种常用方法如下：

1）双击桌面快捷方式。

2）单击“开始”/“所有程序”/“Autodesk”/“AutoCAD 2014-Simplified Chinese”/“AutoCAD 2014”。

3）双击计算机中已存在的任意一个 CAD 图形文件。

1.3　AutoCAD 2014 工作界面

AutoCAD 2014 有四种工作空间界面，分别是“草图与注释”“三维基础”“三维建模”和“AutoCAD 经典”，如图 1-2 所示。这四种工作界面可以方便地进行切换：单击下拉菜单“工具”/“工作空间”。更简便的切换方式是单击界面左上角或右下角的按钮进行选择，如图 1-3 所示。工作界面的选择根据个人喜好习惯及绘图对象决定，传统的 AutoCAD 界面是“AutoCAD 经典”。也可以将老版本 CAD 设置移植到 AutoCAD 2014 中。

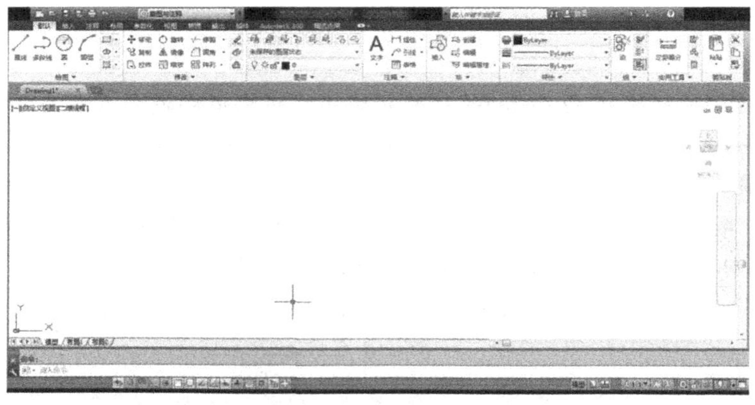

a)

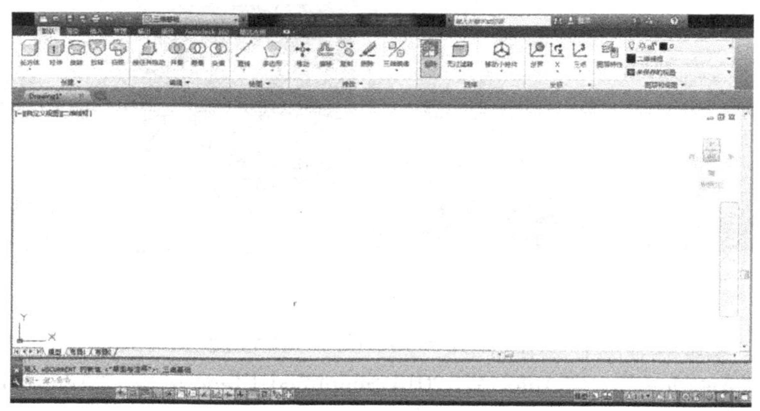

b)

图 1-2　工作空间

a）草图与注释　b）三维基础

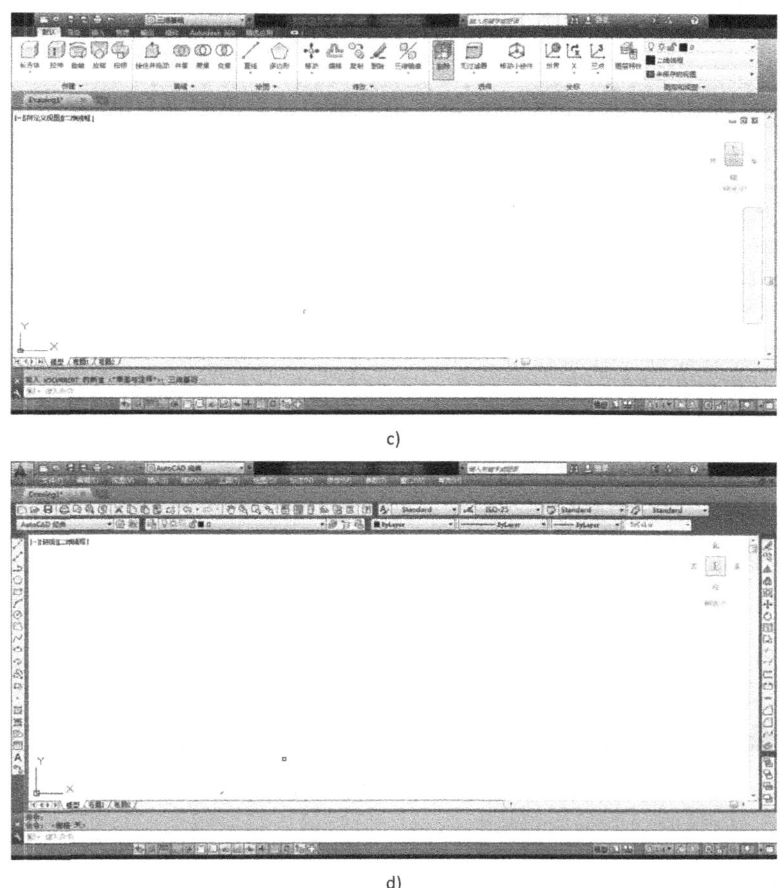

图 1-2 工作空间（续）
c）三维建模 d）AutoCAD 经典

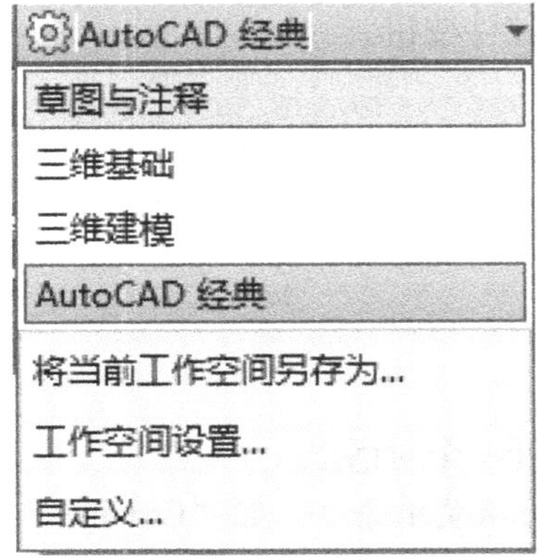

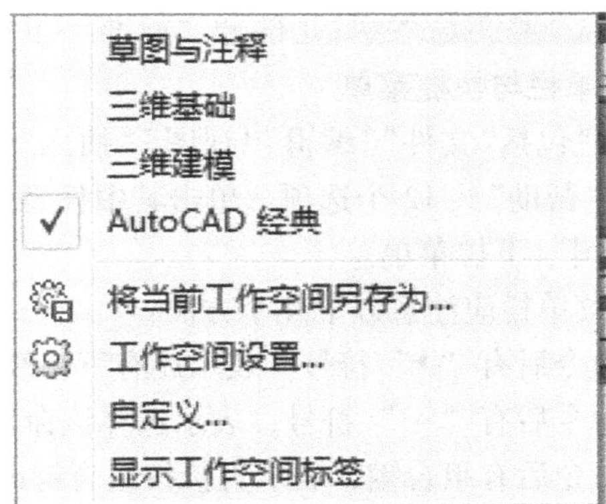

图 1-3 工作空间切换

AutoCAD 2014 的经典工作界面主要由标题栏、菜单栏、工具栏、绘图区、文本窗口与命令行、状态栏等部分组成，如图 1-4 所示。

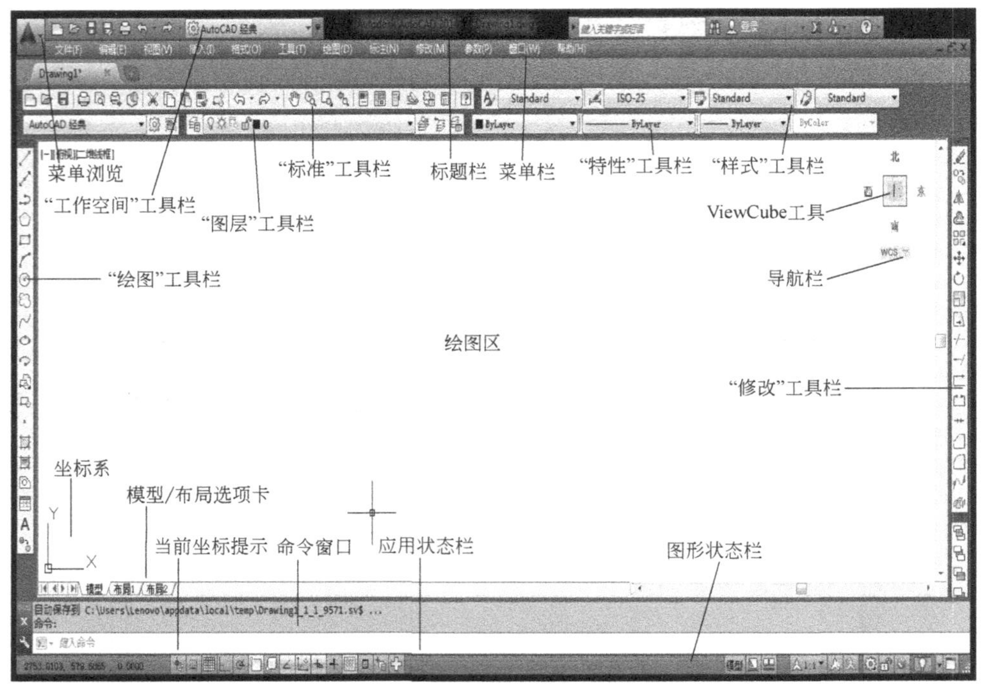

图 1-4 "AutoCAD 经典" 工作界面

AutoCAD 2014 的 AutoCAD 经典工作界面各部分说明如下。

1. 标题栏、菜单浏览器和快速访问栏

标题栏位于整个界面的最顶部，它主要用来显示程序名称、文件名称和路径。单击菜单浏览器按钮，出现一个下拉菜单，可以代替部分"文件"下列菜单的作用。快速访问栏是部分"标准"工具栏的控件按钮。

2. 菜单栏与快捷菜单

菜单栏包括"文件""编辑""视图""插入""格式""工具""绘图""标注""修改""参数""窗口"及"帮助"共 12 个选项。单击其中任意一个选项，都会出现一个下拉菜单。图 1-5 所示为"绘图"下拉菜单。

使用菜单栏应注意以下几个方面：

1）命令后有"▸"符号，表示还有下一级菜单。

2）命令后有"…"符号，表示选择该命令可打开一个对话框。

3）命令后有组合键，表示直接按组合键即可执行该菜单命令，如"Ctrl + C"为复制命令。

4）命令后有快捷键，表示单击该下拉菜单后按快捷键即可执行该命令。如直线的快捷键"L"，单击"绘图"菜单，按 <L> 键即执行"直线"命令。

5）命令呈现灰色，表示该命令在当前状态下不可使用。

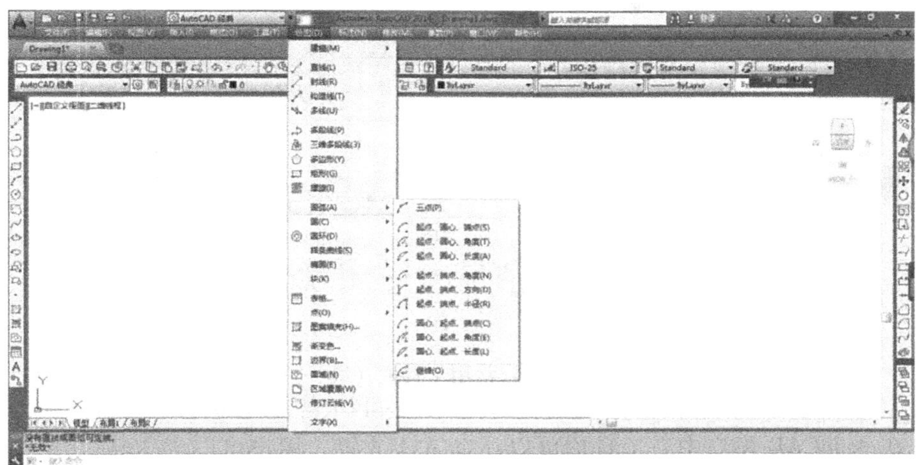

图 1-5　“绘图”下拉菜单

特别提示

下拉菜单几乎包含了所有 AutoCAD 命令及功能，但因操作繁琐，所以常用工具栏来代替，如工作界面左侧的绘图工具栏就可以代替“绘图”下拉菜单的部分功能。需要注意的是，工具栏只是列出了最常用的命令，所以其内容没有下拉菜单全。

快捷菜单又称为上下文相关菜单。在绘图区域、工具栏、状态栏、模型与布局选项卡以及一些对话框上单击鼠标右键将弹出快捷菜单。该菜单中的命令与 AutoCAD 的当前状态相关。使用它们可以在不必启动菜单栏的情况下快速、高效地完成某些操作。

3. 常用的工具栏

工具栏是应用程序调用命令的另一种方式，它包含许多由图标表示的命令按钮。在 AutoCAD 中，系统共提供了三十多个已命名的工具栏。默认情况下，“标准”“特性”“图层”“样式”“绘图”和“修改”等工具栏处于打开状态，各工具栏如图 1-6 所示。

a)

Standard　ISO-25　Standard　Standard

b)

图 1-6　常用工具栏

a）标准工具栏　b）样式工具栏

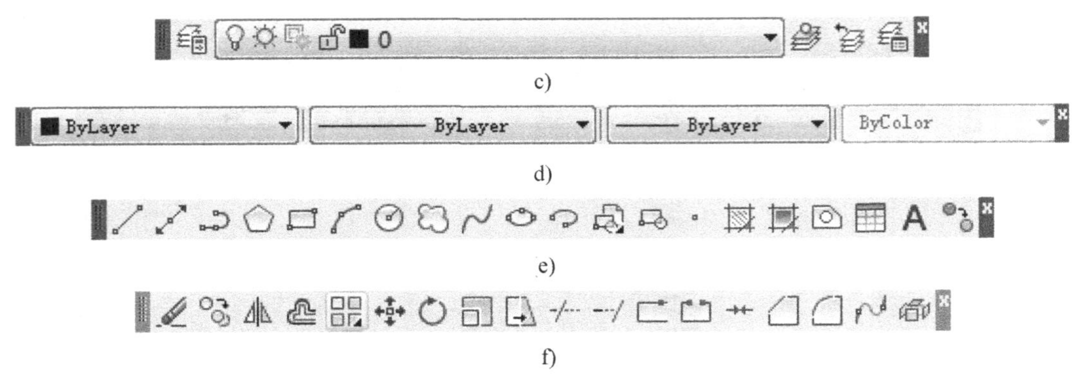

图 1-6　常用工具栏（续）

c）图层工具栏　d）特性工具栏　e）绘图工具栏　f）修改工具栏

1）在 AutoCAD 窗口中，工具栏可以浮动方式放置，用户可以用鼠标按住工具栏前边位置，在窗口中任意拖动放置工具栏。

2）如果要显示当前隐藏的工具栏，可在任意工具栏上单击鼠标右键，此时将弹出一个快捷菜单，如图 1-7 所示，选择或去除对应命令即可显示或隐藏对应的工具栏。

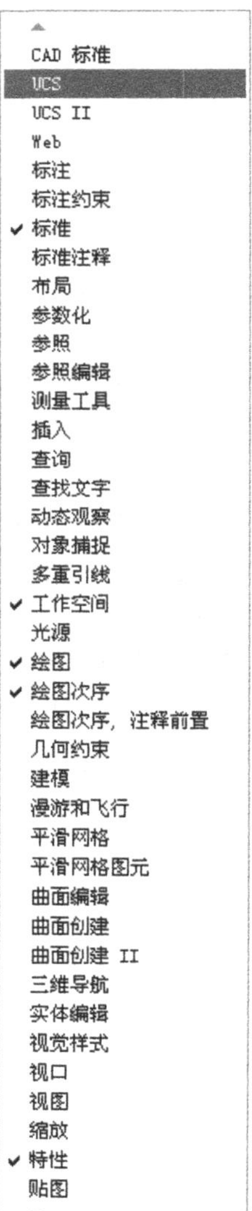

图 1-7　工具栏快捷菜单

4. 绘图区

绘图区域在屏幕的中间，是用户工作的主要区域，用户的所有工作效果都反映在这个区域中，相当于手工绘图的图纸。绘图区域的右侧和下侧有垂直方向和水平方向的滚动条，拖动滚动条可以垂直或水平移动视图。选项卡控制栏位于绘图区的下边缘，单击 模型 / 布局1 / 布局2 选项，可以在模型空间和图纸空间之间进行切换。

5. 命令行

执行一个 AutoCAD 命令有多种方法，除了下拉菜单、单击绘图工具栏的按钮外，执行 AutoCAD 命令最常用的第三种方式就是在命令行直接输入命令。命令行主要用来输入 AutoCAD 绘图命令、显示命令提示及其他相关信息，如图 1-8 所示。在使用 AutoCAD 进行绘图时，不管用什么方式，每执行一个命令，用户都可以在命令行获得命令执行的相关提示及信息，它是进行人机对话的重要区域。特别对于初学者来说，一定要养成随时观察命令行提示的好习惯，它是指导用户正确执行 AutoCAD 命令的有力工具。

通常命令行只有三行左右，我们可以将光标移动到命令行提示窗口的上边缘，当光标变成 ≑ 时，按住鼠标左键上下拖动来改变命令行的大小。

想看到更多的命令，可以查看 AutoCAD 文本窗口。AutoCAD 文本窗口是记录 AutoCAD 命令的窗口，是放大的命令行窗口，它记录了已执行的命令，也可以用来输入新命令。在 AutoCAD 2014

中，可以通过“视图”/“显示”/“文本窗口”、执行“TEXTSCR”命令或按F2键来打开文本窗口，查看所有操作。

特别提示

1）在命令行输入命令后，有的需按空格键或 <Enter> 键来执行或结束命令。输入的命令可以是命令的全称，也可以是相关的快捷命令，如“直线”命令，可以输入“LINE”，也可输入“直线”命令的快捷命令“L”，输入的字母不分大小写。在逐渐熟悉AutoCAD的绘图命令后，使用快捷命令比单击工具栏绘图按钮速度快得多，可以大大提高工作效率。

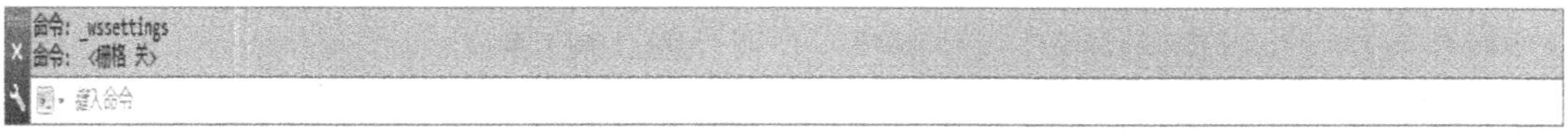

图1-8　命令行

2）命令行还有下一步操作提示，所以需要随时留意命令行的提示，并按照其要求操作。

6. 状态栏

图1-9所示的状态栏位于工作界面的最底部。当光标在绘图区域移动时，状态栏的左边区域可以实时显示当前光标的三维坐标值。状态栏中间是“推断约束”“捕捉模式”“栅格显示”“正交模式”“极轴追踪”“对象捕捉”“三维对象捕捉”“对象捕捉追踪”“动态UCS”“动态输入”“线宽”“透明度”“快捷特性”及“选择循环”14个开关按钮。用鼠标单击它们可以打开或关闭相应的辅助绘图功能，也可使用相应的快捷键打开。状态栏的右边添加了缩放注释等工具。

图1-9　状态栏

1.4　AutoCAD 2014 辅助绘图工具

为了提高绘图的精确性和绘图效率，AutoCAD为用户提供了一系列准确定位的辅助绘图工具，使用系统提供的对象捕捉、对象追踪、极轴捕捉等功能，可快速准确定位；使用正交、栅格等功能，有助于对齐图形中的对象。

1.4.1　“草图设置”对话框

图1-10所示的“草图设置”对话框内有七个标签，它们分别是“捕捉和栅格”“极轴追踪”“对象捕捉”“三维对象捕捉”“动态输入”“快捷特性”和“选择循环”。

运行“草图设置”对话框的方法有如下两种：

1）执行“工具”/“绘图设置”命令，弹出一个“草图设置”对话框，如图1-10所示。

2）状态栏提供了辅助绘图按钮，包括推断约束、捕捉模式、栅格显示、正交模式、极轴追踪、对象捕捉、对象捕捉追踪、显示线宽等，将光标移动到相应按钮上，单击鼠标右键，在弹出的快捷菜单中选择“设置”命令，也可弹出图 1-10 所示“草图设置”对话框。

1.4.2 推断约束

一般绘制的图形对象间没有约束关系，比如绘制两条平行线，改变其中一条线的角度，另一条线的角度是不改变的。推断约束命令可以使两个或多个对象间产生约束关系。

1. 推断约束设置

启动“推断约束”的按钮是状态工具栏的 。在此按钮上单击鼠标右键，选择“设置”，出现图 1-11 所示的对话框，从中可以选择需要的约束类型。

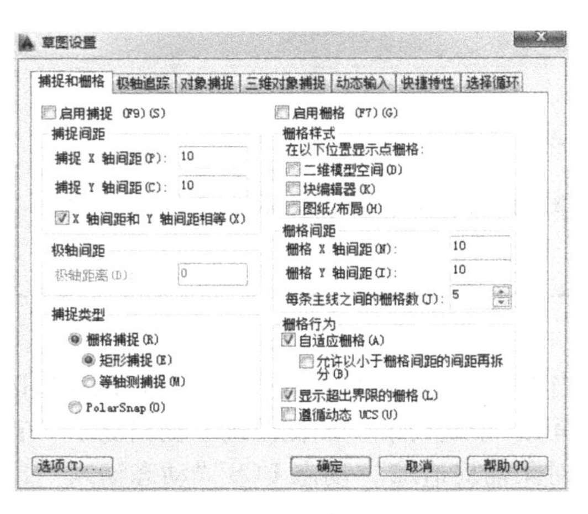

图 1-10 “草图设置”对话框

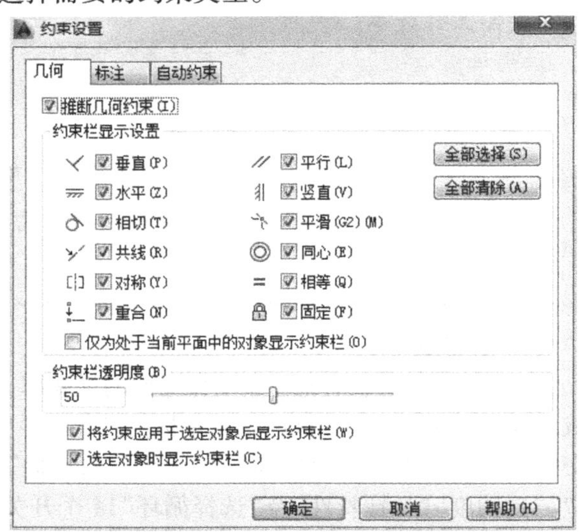

图 1-11 约束设置

2. 应用示例

用推断约束绘制图 1-12a 所示的图形，并将其改变成图 1-12c 所示的图形。

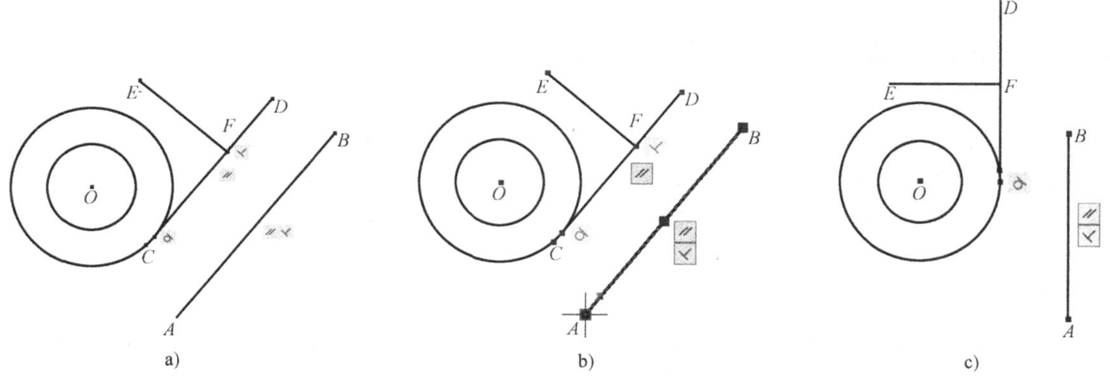

图 1-12 用推断约束绘图

a）原图开启推断约束 b）选中 *AB* 直线并旋转 c）结果

【操作步骤】

1）开启推断约束和对象捕捉，绘制图 1-12a 所示图形，其中的约束关系是直线 *AB* 和

CD 平行，直线 *CD* 与大圆相切，两个圆是同心圆，直线 *EF* 与 *CD* 垂直。产生约束关系后会出现约束图标，如平行约束为 ⫽，改变其中一条平行线的方向，有平行约束的另一条平行线也相应改变方向。删除约束的方法是在约束图标 ⫽ 上单击鼠标右键，选择“删除”，或将鼠标放置在约束图标上按 <Delete> 删除键。

2）利用夹点操作法将图形转换成图 1-12c 所示图形。夹点分为冷夹点和热夹点，在图 1-12b 中单击选择直线 *AB*，直线上有三个蓝色的夹点，称为冷夹点。将鼠标放在某个夹点上，夹点变绿，单击后夹点变红，红色的夹点称为热夹点，鼠标移动热夹点也跟着移动。直线上两端两个夹点可以用来旋转或伸缩直线，中间的夹点可以用来平移直线。在热夹点上单击鼠标右键出现快捷菜单，也可以选择旋转、移动等命令。

3）从图 1-12c 所示图形可以看出，直线 *AB* 角度发生变化，与之有平行约束关系的 *CD* 做了相应变化仍保持平行，与 *CD* 有垂直约束的直线 *EF* 也跟着变化，与 *CD* 有相切约束的大圆也跟着变化，与大圆有同心约束的小圆也跟着变化。

1.4.3　栅格显示

栅格是按照设置的间距显示在图形区域中的线，它能提供直观的距离和位置的参照，类似于坐标纸中方格的作用。如果取消选择图 1-10 所示对话框中“显示超出界限的栅格”，则栅格只在用“LIMITS”命令设定的图纸界限内显示，如图 1-13 所示。

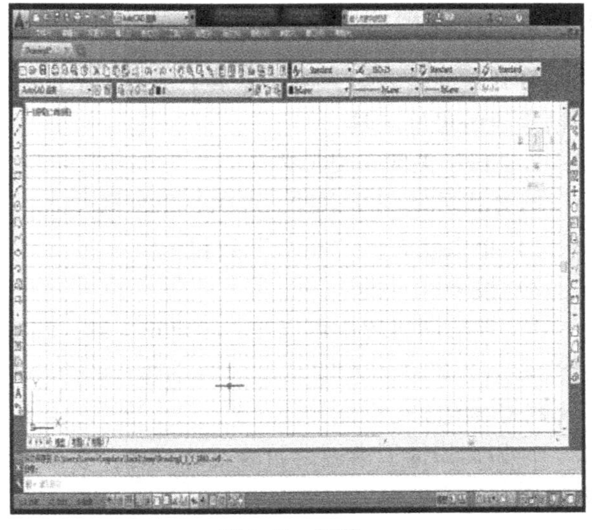

图 1-13　栅格

1. 打开/关闭栅格

打开/关闭栅格显示的方法有以下四种：

1）在“草图设置”对话框的“捕捉和栅格”选项卡内选择“启用栅格”选项，如图 1-10 所示。

2）单击状态栏“栅格”按钮 ▦。

3）按 <F7> 键。

4）命令：GRID。

2. 设置栅格间距

在“捕捉和栅格”选项卡内，用户可以设置 *X*、*Y* 轴的栅格间距。栅格间距缺省均为 10。如果绘图范围较大，而栅格默认的间距为 10，可能会出现因栅格线阵太密而无法显示栅格的情况。可以通过“草图设置”对话框来调整栅格间距，使栅格显示在整个界面区域。

1.4.4　捕捉模式

捕捉是将光标控制在栅格线或栅格点上移动。捕捉和栅格一般需要同时启用。捕捉使光标只能停留在图形中指定的栅格点或线上，以便于将图形放置在特殊点上，有利于以后的编辑工作。一般来说，栅格与捕捉的间距和角度都设置为相同的数值，打开捕捉功能后，光标只能定位在图形中的栅格点上跳跃式移动。

1. 打开/关闭捕捉

打开/关闭捕捉有以下四种方法：

1）在“草图设置”对话框的“捕捉和栅格”选项卡内选择“启用捕捉”选项。

2）单击状态栏“捕捉模式”按钮。

3）按 <F9> 键。

4）命令：SNAP。

2. 设置捕捉间距

在“捕捉和栅格”选项卡内，用户可以设置 X、Y 轴的捕捉间距。捕捉间距缺省均为 10，当其设置为 0 时，捕捉间距设置无效。

捕捉间距与栅格间距是性质不同的两个概念。二者的值可以相同，也可以不同。如果捕捉间距设置为 5，而栅格间距设置为 10，则光标移动两步才能从栅格中的一个点移到下一个点。

> **特别提示**
>
> 栅格显示和捕捉模式在精确绘图时一般不开启。

1.4.5 正交模式

打开正交模式后，系统提供了类似丁字尺的绘图辅助工具“正交”，是快速绘制水平线和铅垂线的最好工具。

1. 打开/关闭正交模式

打开或关闭正交方式，可执行下列操作之一：

1）单击状态栏“正交”按钮。

2）按 <F8> 键。

3）在绘图过程中可以按住 <Shift> 键，临时启用或关闭正交模式。

> **特别提示**
>
> 如果知道水平线或铅垂线的长度，在正交模式下将光标放在合适的位置和方向，直接输入直线长度是非常快捷的绘图方法。

2. 应用示例

用正交模式绘制图 1-14 所示的图形。

分析：图中所有的线都是水平线或铅垂线，可以采用坐标法绘图，但更简单的是用正交模式绘图。

【操作步骤】

1）命令：_line，启动“直线”命令，在屏幕上任意位置单击鼠标，指定 A 点作为图形左下角点。

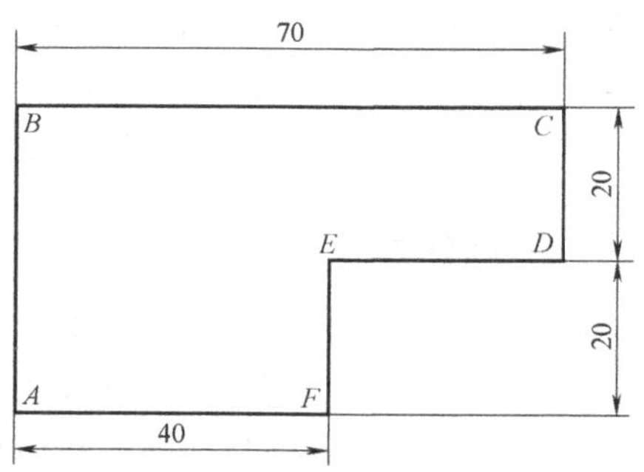

图 1-14　利用正交模式绘图

2）指定下一点或［放弃（U）］：打开“正交”模式，然后光标移动到 A 点上方，输入 AB 长度20，按 <Enter> 键确定 B 点。

3）指定下一点或［放弃（U）］：光标移动到 B 右方，输入30，按 <Enter> 键得到 C 点。

4）指定下一点或［闭合（C）/放弃（U）］：光标移动到 C 点下方，输入 20，按 <Enter> 键得到 D 点。

5）指定下一点或［闭合（C）/放弃（U）］：光标移动到 D 点左方，输入 40，按 <Enter> 键确定 E 点。

6）指定下一点或［闭合（C）/放弃（U）］：光标移动到 E 点下方，输入 40，按 <Enter> 键确定 F 点。

7）指定下一点或［闭合（C）/放弃（U）］：输入“C”，按 <Enter> 键形成闭合图形。

1.4.6　对象捕捉

在绘图的过程中，经常要指定一些点，而这些点是已有对象上的点，例如端点、圆心、两个对象的交点等。如果只是凭用户的观察来拾取它们，无论怎样细心，都不可能非常准确地找到这些点。AutoCAD 提供了对象捕捉功能，可以帮助用户快速、准确地捕捉到某些特殊点，从而能够精确、快速地绘制图形。

对象捕捉功能分二维对象捕捉和三维对象捕捉两种：二维对象捕捉主要用在平面绘图中，三维对象捕捉用在三维绘图中。本节主要介绍二维对象捕捉。

执行对象捕捉有两种方式：一是利用“草图设置”对话框设置隐含对象捕捉（也称为自动对象捕捉模式），二是利用“对象捕捉”工具栏，执行单点优先方式的对象捕捉（也称为临时对象捕捉模式）。

1. 自动对象捕捉模式

执行“工具”/“草图设置”命令，或在状态栏单击鼠标右键，选择“设置”，弹出“草图设置”对话框，选择“对象捕捉”选项卡，如图 1-15 所示。在对话框中选择一个或多个捕捉模式，单击“确定”按钮，即可执行相应的对象捕捉，这种捕捉方式即自动对象捕捉方式。

特别提示

对象捕捉只有在执行命令而且要求指定点的时候才进入捕捉状态。

2. 临时对象捕捉模式

进行临时对象捕捉可以采用以下两种方式：

1）在 AutoCAD 提示指定一个点时，按住 <Shift> 键不放，在屏幕绘图区单击鼠标右键，则弹出一个如图 1-16 所示的快捷菜单，在菜单中选择了捕捉点后，菜单消失，再回到绘图区去捕捉相应的点。将鼠标移到要捕捉的点附近，会出现相应的捕捉点标记，光标下方还有对这个捕捉点类型的文字说明，这时单击鼠标左键，就会精确捕捉到这个点。

2）在任意工具栏位置单击鼠标右键，弹出快捷菜单，从快捷菜单中选择“对象捕捉”，即可显示出“对象捕捉”工具栏，如图 1-17 所示。在绘图和编辑过程中，命令行提示输入一个点时，用户可直接点取“对象捕捉”工具栏内的相应捕捉按钮，再移动鼠标捕捉目标。

这种执行对象捕捉的方式只影响当前要捕捉的点，操作一次后自动退出对象捕捉状态。

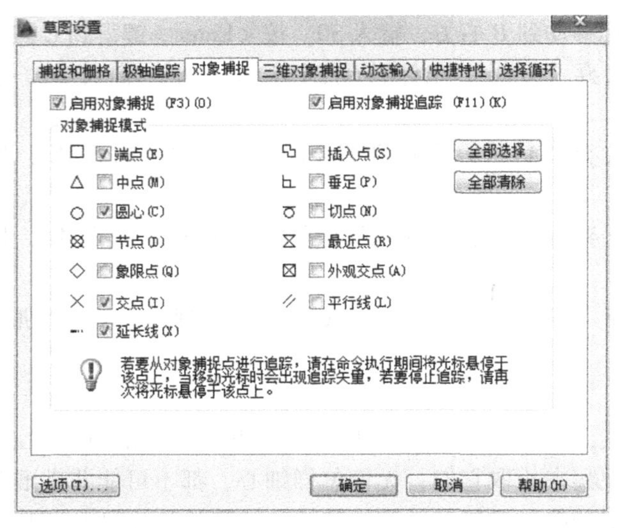

图 1-15　“对象捕捉”对话框

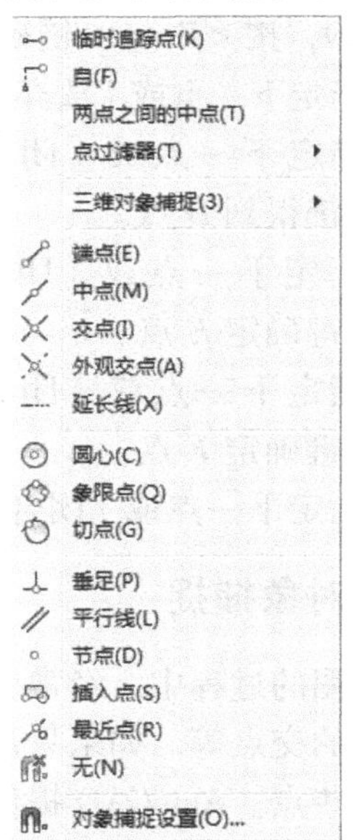

图 1-16　快捷菜单

图 1-17　“对象捕捉”工具栏

3. 应用示例

绘制图 1-18a 所示图形，其中 *O* 为圆心，直线 *AO* 为铅垂线，直线 *AB* 与圆相切，直线 *OC* 与 *AB* 平行。

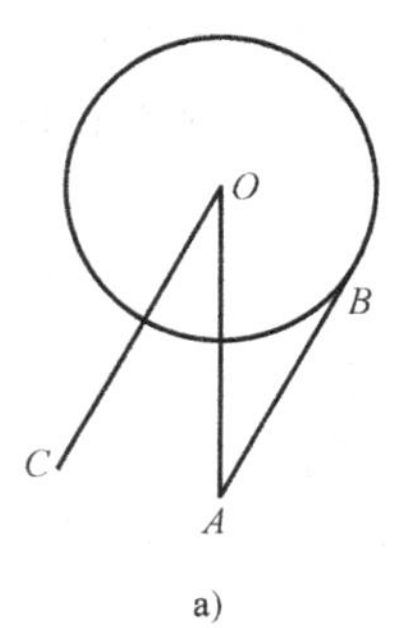

a)

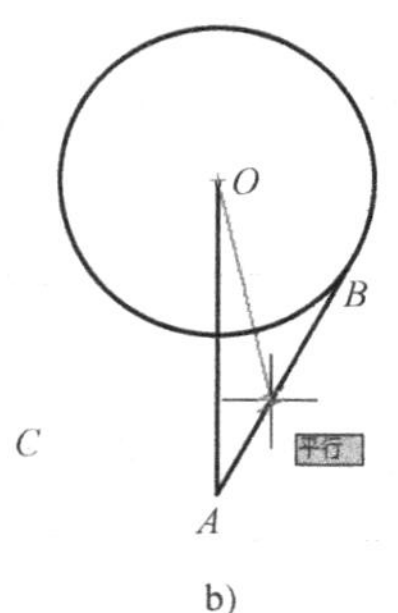

b)

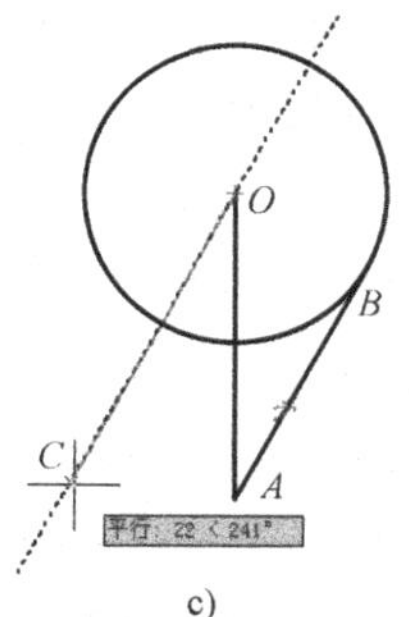

c)

图 1-18　利用对象捕捉绘图

a）原图　b）选中捕捉平行线　c）结果

【操作步骤】

1）用绘图工具栏命令绘制一个圆。

2）打开正交模式，调用命令，打开对象捕捉，捕捉到圆心 *O*，绘制铅垂线 *AO*。

3）关闭正交模式，将鼠标放到圆上，出现时即捕捉到切点，单击该点即绘制圆的切线 *AB*。

4）调用命令，捕捉到圆心 *O* 点，关闭对象捕捉，单击图 1-17 所示工具栏的平行线

捕捉或按住 <Shift> 键单击鼠标右键，选捕捉平行线。将鼠标放到直线 AB 上（不要单击），出现图 1-18b 捕捉平行标志时，移动鼠标到大约是 C 点的位置，出现橡皮线，如图 1-18c 所示，此时单击左键，则 OC 平行于 AB。

4. 三维对象捕捉

三维对象捕捉功能可捕捉三维对象的顶点、边中点、面中心、节点、垂足、最靠近面等。

1.4.7　自动追踪

自动追踪是光标跟随参照线确定点位置的方法，它有两种工作方式：极轴追踪和对象捕捉追踪。极轴追踪是光标沿设定的角度增量显示参照线，在参照线上确定所需的点。利用对象捕捉追踪可获得对象上关键的点位，这些点即追踪点，它们是参照线的出发点。

1. 极轴追踪

极轴追踪是指按事先给定的角度增量来追踪特征点。极轴追踪功能可以在系统要求指定一个点时，按预先设置的角度增量显示一条无限延伸的辅助线，这时用户就可以沿辅助线追踪得到光标点。

用户可利用“草图设置”对话框中的“极轴追踪”选项卡对极轴追踪的参数进行设置，如图 1-19 所示。

“极轴追踪”选项卡中各选项的功能和含义如下：

1）“启用极轴追踪”复选框：用于打开或关闭极轴追踪，也可以按 <F10> 键来打开或关闭极轴追踪。

2）“极轴角设置”选项区域：用于设置极轴角度。在“增量角”下拉列表框中可以选择系统预设的角度，如果该下拉列表框中的角度不能满足需要，可选择“附加角”复选框，然后单击“新建”按钮，在“附加角”列表中增加新角度。

如图 1-20 所示，开启极轴追踪，设定增量角为 45°，调用“直线”命令，在任意位置点一点作为直线起点，然后绕该点移动鼠标，每隔 45°显示一条参照线。

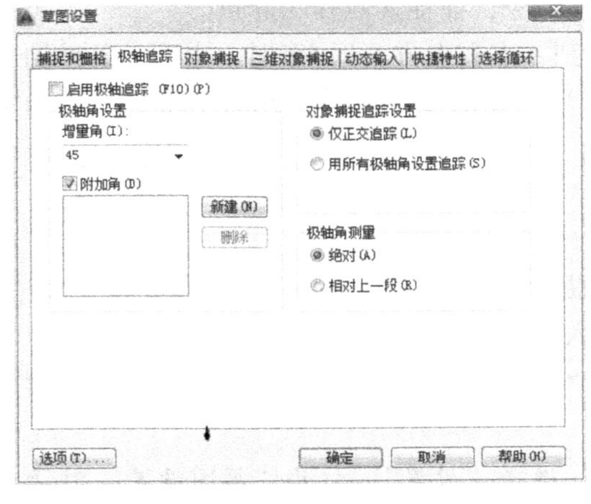

图 1-19　设置极轴追踪

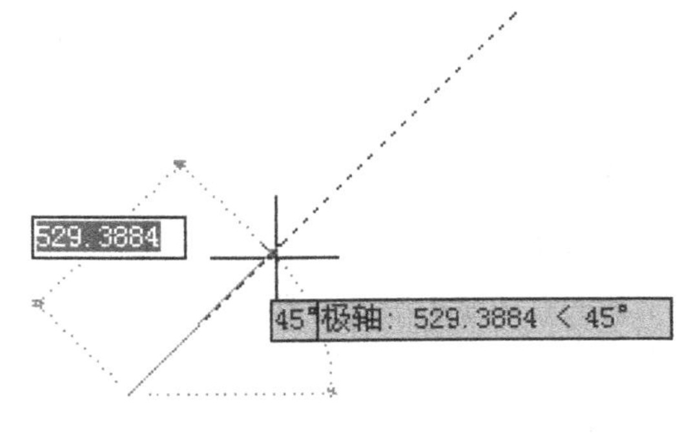

图 1-20　极轴追踪

2. 对象捕捉追踪

对象捕捉追踪是指按与对象的某种特定关系来追踪，这种特定关系确定了一个事先并不知道的角度。也就是说，如果事先不知道具体的追踪方向（角度），但知道与其他对象的某种关系（如相交），则使用对象捕捉追踪。如果事先知道要追踪的方向（角度），则使用极轴追踪。对象捕捉追踪和极轴追踪可以同时使用。

3. 应用示例

绘制图 1-21a 所示的标高符号。

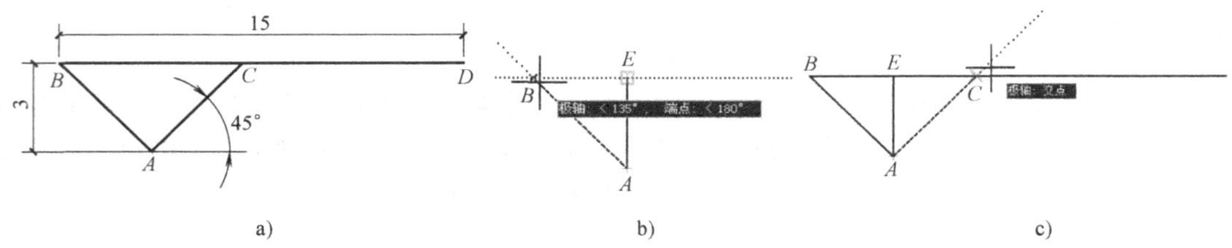

图 1-21　标高符号的绘制

【操作步骤】

1）打开对象捕捉，打开极轴追踪，并将追踪角增量设置为 45°，打开对象捕捉追踪。

2）首先绘制一条高度辅助线 *EA*，然后再绘图。

3）启动“直线”命令，并在绘图区任意指定一点作为 *E* 点。

4）指定下一点或 [放弃（U）]：打开正交，将光标移动到 *E* 点下方，输入长度 3，确定 *A* 点。

5）指定下一点或 [放弃（U）]：关掉正交，将光标移动到 *A* 点左上方，近 45°时，出现一条极轴追踪的虚线（参照线）；然后再将光标移动到 *E* 点处，出现捕捉框时左移，出现对象捕捉追踪虚线；当光标移动到合适位置时，两条虚线出现交点，此时单击鼠标，确定图 1-21b 中的 *B* 点。

6）指定下一点或 [放弃（U）]：打开正交，将光标移动到 *B* 点右方，输入 *BD* 长度 15。

7）指定下一点或 [放弃（U）]：按 <Enter> 键结束画线。

8）命令：_line ，再次按 <Enter> 键重复直线命令，捕捉 *A* 点作为起点。

9）指定下一点或 [放弃（U）]：将光标移动到 *A* 点右上方，近 45°时，出现一条极轴追踪的虚线，然后再将光标移动到 *C* 点附近时，出现交点捕捉的叉号，此时单击鼠标，确定图 1-21c 中的 *C* 点。按 <Enter> 键结束命令。

1.4.8　动态输入

动态输入主要由指针输入、标注输入和动态提示三部分组成，如图 1-22 所示。它是一种全新的直观显示法，一般绘图时都开启动态输入。

特别提示

在 按钮上单击鼠标右键，出现快捷菜单，选择“设置”，打开“草图设置”对话框的“动态输入”选项卡，单击指针输入的“设置”按钮，如图 1-23 所示，可以对动态输入进行设置。后面讲到的坐标输入法，有时系统默认是相对坐标，需要改成绝对坐标。

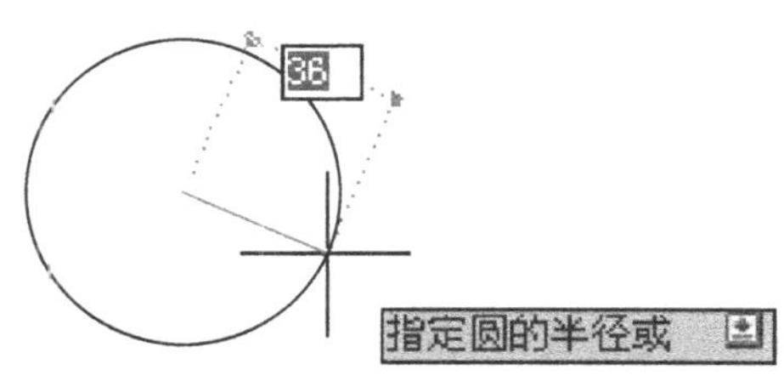

图 1-22　动态输入

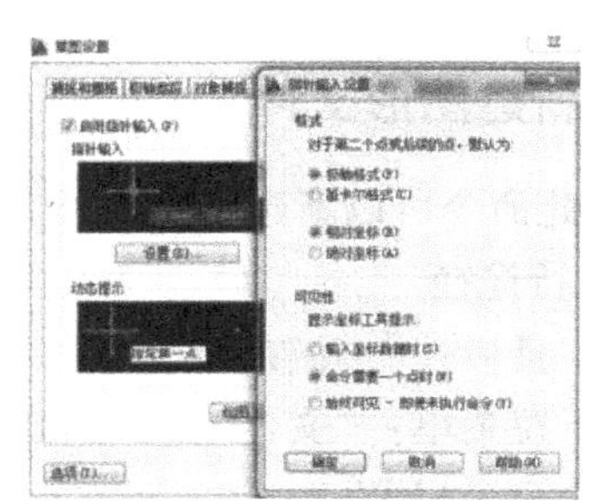

图 1-23　动态输入设置

1.4.9　显示线宽

为了提高系统运行速度和成图效率，CAD 系统将所有的线都以细线显示，如果要显示线宽，可单击状态工具栏线宽按钮。

1.4.10　快捷特性

快捷特性可以显示选定元素的特性信息。如图 1-24 所示，选定直线，则出现直线颜色图层线型长度等特性窗口。

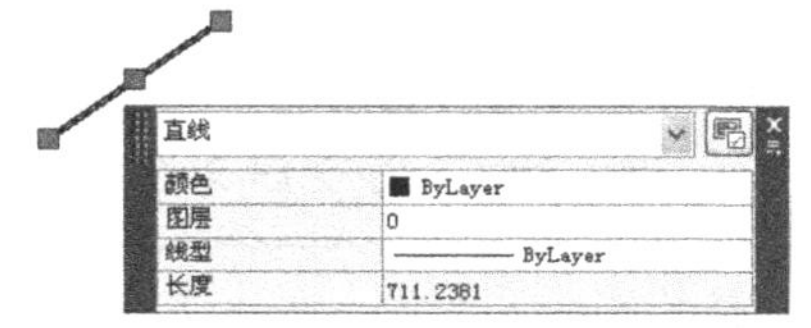

图 1-24　快捷特性

1.4.11　选择循环

“选择循环”允许用户选择重叠的对象。可以通过图 1-10 所示的“草图设置”对话框中的“选择循环”选项卡进行设置。

1.4.12　显示透明度

用户可以使用“透明度”工具控制对象和图层的透明度级别。设定选定的对象或图层的透明度级别，可以提升图形品质或降低仅用于参照的区域的可见性。出于性能原因的考虑，打印透明对象在默认情况下被禁用。若要打印透明对象，可在“打印”对话框或“页面设置”对话框中选中“使用透明度打印”选项。

1.4.13　用户坐标系（UCS）

坐标系确定了坐标原点和三个方向的坐标轴 *X*、*Y*、*Z*。根据不同的需要，用户会自己设置创建一个临时的用户坐标系。

用户坐标系（UCS）与世界坐标（WCS）的性质一样，都是由坐标原点与坐标轴组成的。不同点在于，世界坐标系的原点与坐标轴始终不变，而用户坐标系可以根据需要随时改变。

一般只有在画三维图时才会用到 UCS 命令。

1.5　AutoCAD 2014 图形文件管理

在 AutoCAD 中，图形文件管理操作命令包括新建、打开及保存图形文件。

1.5.1　新建图形文件

执行此命令可以新建一个图形文件。

1. 执行途径

1）工具栏：按钮。

2）下拉菜单："文件"／"新建"。

3）命令：NEW。

4）快捷键：Ctrl + N。

2. 操作说明

执行新建图形文件命令后，屏幕出现如图 1-25 所示的"选择样板"对话框。用户可以选择其中一个样本文件，单击"打开"按钮即可。但这些样板文件通常不符合我国的制图标准，建议用户不要使用，用户可使用"acadiso. dwt"等空白文件。

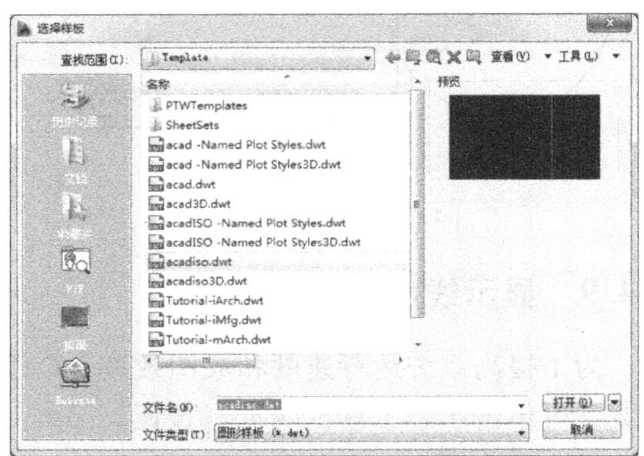

图 1-25　"选择样板"对话框

特别提示

除了系统给定的这些可供选择的样板文件（样板文件扩展名为 . dwt），用户还可以自己创建所需的样板文件（保存文件类型为 . dwt），避免重复劳动。如将设置好图层、线宽、文字样式、尺寸标注样式、多线样式、图块和图框标题栏的图形保存为 . dwt 样板文件。

1.5.2　打开图形文件

打开一个已存在的图形文件。

1. 执行途径

1）工具栏：按钮。

2）下拉菜单："文件"／"打开"。

3）命令：OPEN。

4）快捷键：Ctrl + O。

2. 操作说明

单击在"标准"工具栏中的"打开"按钮，此时将打开"选择文件"对话框，如图 1-26 所示。

1）在"选择文件"对话框的文件列表框中，选择需要打开的图形文件，在右侧的"预览"框中将显示该图形的预览图像。

2）用户可以以"打开""以只读方式打开""局部打开""以只读方式局部打开"4

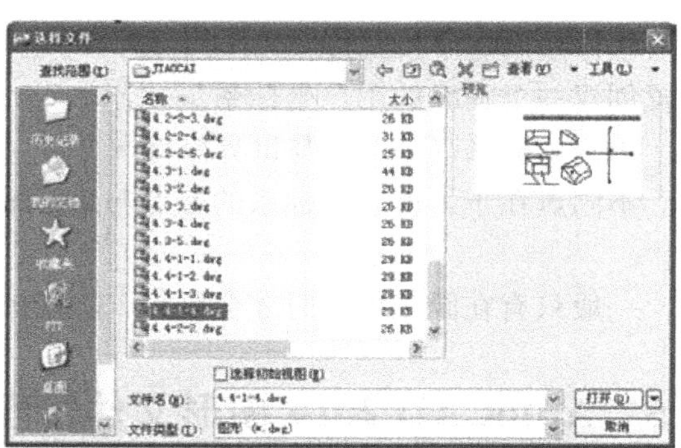

图 1-26　"选择文件"对话框

种方式打开图形文件，每种方式都对图形文件进行了不同的限制。如果以“打开”和“局部打开”方式打开图形，可以对图形文件进行编辑。如果以“以只读方式打开”和“以只读方式局部打开”方式打开图形时，则无法对图形文件进行编辑。

1.5.3　保存图形文件

为了防止因突然断电、死机等情况的发生对已绘图样的影响，用户应养成随时保存所绘图样的良好习惯。可以用以下几种方法快速保存 AutoCAD 文件：

一、保存文件

1. 执行途径

1）工具栏：按钮。

2）下拉菜单：“文件”/“保存”。

3）命令行：QSAVE。

4）快捷键：Ctrl + S。

2. 操作说明

执行该命令后，对当前已命名的图形文件直接存盘保存；如该文件尚未命名，则弹出“图形另存为”对话框，如图 1-27 所示。可从中选择路径并输入文件名，确认后进行保存。在“保存”对话框中单击文件类型的下箭头，可保存成不同版本的不同类型的文件。

二、另存文件

1. 执行途径

1）下拉菜单：“文件”/“另存为”。

2）命令：SAVEAS。

3）快捷键：Ctrl + Shift + S。

2. 操作说明

AutoCAD 向用户提供了更为安全有效的文件保存设置，即用户可以为自己的设计文件添加密码，作为打开该文件的图形口令，只有知道口令的人员才能将文件打开使用。

添加密码方法为：在“图形另存为”对话框右上角单击“工具”/“安全”选项，出现图 1-28 所示的对话框，在对话框中输入密码。

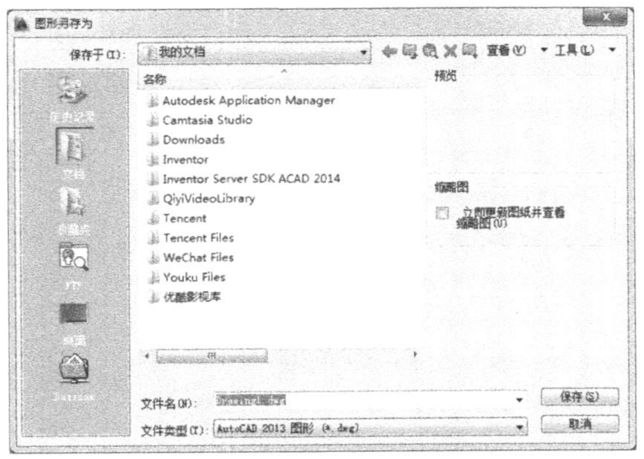

图 1-27　“图形另存为”对话框

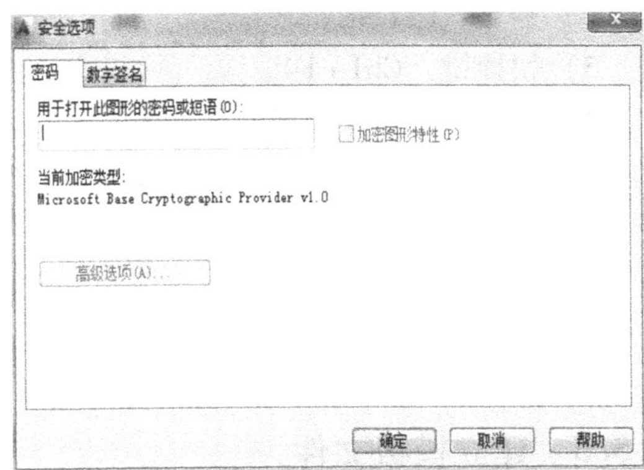

图 1-28　文件密码设置

> **特别提示**
> 在没有使用 AutoCAD 2014 新功能的前提下，建议最后将文件另存为版本较低的文件，以便在其他安装低版本 CAD 的电脑上也能打开该文件。

三、自动保存文件

AutoCAD 系统有自动保存功能。自动保存路径查询或修改方法为：单击“工具”/“选项”，出现图 1-29a 所示的对话框，选择“文件”选项卡，单击“自动保存位置”，可查询或单击修改保存位置。选择“打开和保存”选项卡，如图 1-29b 所示，可设置自动保存间隔时间。

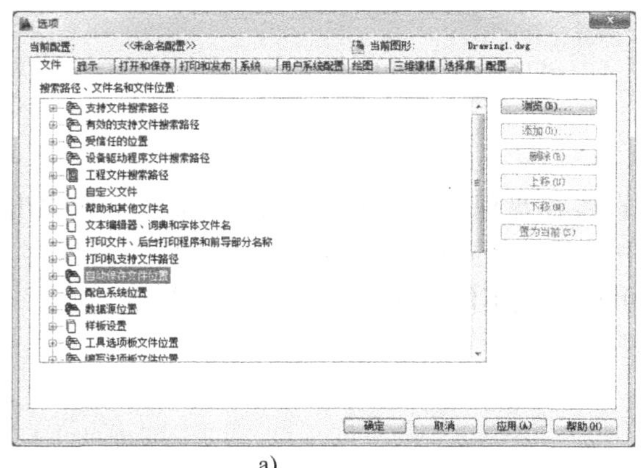

a)

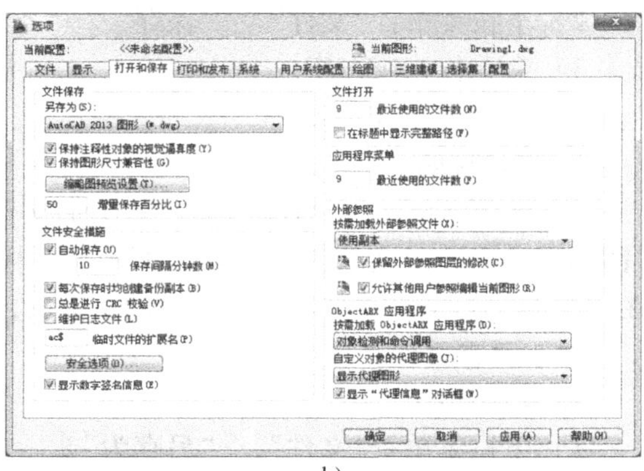

b)

图 1-29　自动保存设置

1.5.4　关闭文件

1. 关闭当前打开的文件而不退出 AutoCAD 系统

可以使用下列方法：

1）下拉菜单：“文件”/“关闭”。

2）命令：CLOSE。

3）快捷键：Ctrl + F4。

4）按钮：下拉菜单最右侧的×。

2. 关闭文件并退出 AutoCAD 系统

可以使用下列方法：

1）命令：QUIT 或 EXIT。

2）快捷键：Ctrl + Q。

3）按钮：屏幕右上角的×。

1.5.5　建立模板文件

经常绘图的用户每次打开空白的新建文档绘图，是件很麻烦的事情。可以做一个符合国家标准要求的文档（即模板），放在模板文件夹中，每次新建文档时调出使用，非常方便。

1. 执行途径

1）下拉菜单："文件"/"另存为"。

2）命令：SAVEAS。

3）快捷键：Ctrl + Shift + S。

2. 操作说明

制作的方法是：新建一个 CAD 文档，把图层、文字样式、标注样式等都设置好后另存为"文件类型——AutoCAD 图形样板（＊. DWT）"格式的 CAD 的模板文件，如图 1-30 所示。

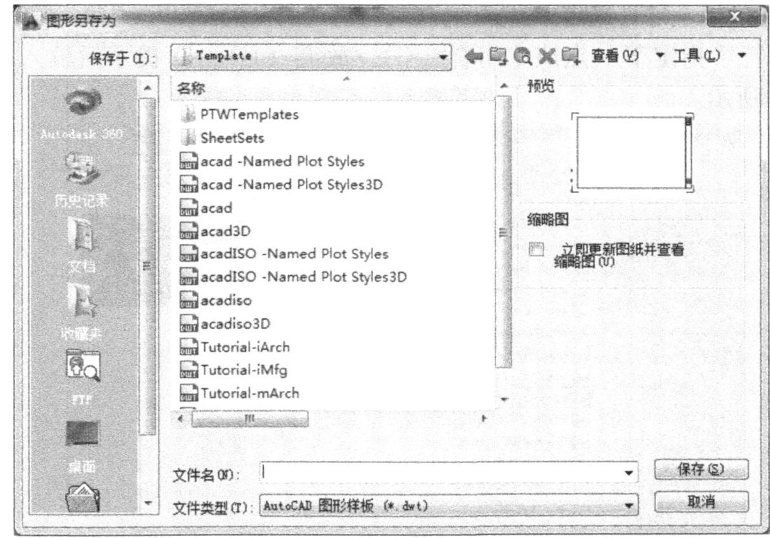

图 1-30　另存为样板文件

单击"保存"按钮，即可把刚创建的 DWT 文件放进 DWT 模板文件夹里。以后使用过程中，新建文档提示选择时，选择该绘图模板文件即可。

另外，把该文件取名为"acad. dwt"（CAD 默认模板），替换默认模板，使用时只要打开它就可以了。

1.6　上机指导

例题：创建一个 AutoCAD 文件，使用"直线"命令绘制如图 1-31 所示的等腰三角形，将其保存在 D 盘的"AutoCAD 2014"文件夹中，文件名为"练习"。文件夹中再保存一个版本为 AutoCAD2004 的备份，文件名为"练习备份"，保存完成后退出 AutoCAD 系统。

【操作步骤】

1）双击桌面 AutoCAD 2014 图标，启动 AutoCAD 2014 系统。

2）单击工具栏 □ 按钮，弹出"图形另存为"对话框，在名称列表中选择"acadiso. dwt"样板，如图 1-32 所示，创建一个 AutoCAD 新文件。

3）打开正交模式，在绘图工具栏中单击“直线”按钮，在屏幕上任点一点 *A*，将光标放在 *A* 点右侧，在命令行输入 *AB* 长度“100”并按 <Enter> 键，如图 1-33a 所示。

4）关掉正交模式，打开对象捕捉，打开极轴追踪，设定增量角为 45°，打开对象捕捉追踪。将光标移动到 *AB* 终点位置，系统捕捉到中点（不要单击鼠标），向上移动鼠标，如图 1-33b 所示，在某个位置会出现极轴追踪参照线和 *AB* 中点的对象捕捉追踪参照线，系统捕捉到两条参照线的交点，单击鼠标左键，确定 *C* 点。

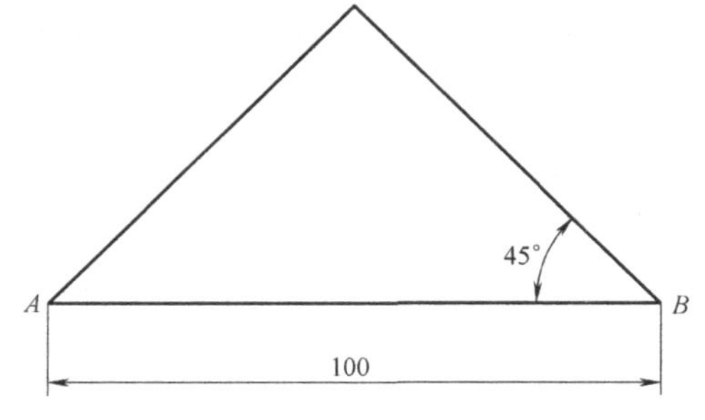

图 1-31　使用“直线”命令绘制三角形

5）在命令行“指定下一点或［闭合（C）/放弃（U）］:”提示后输入“C”，闭合图形，如图 1-33c 所示。

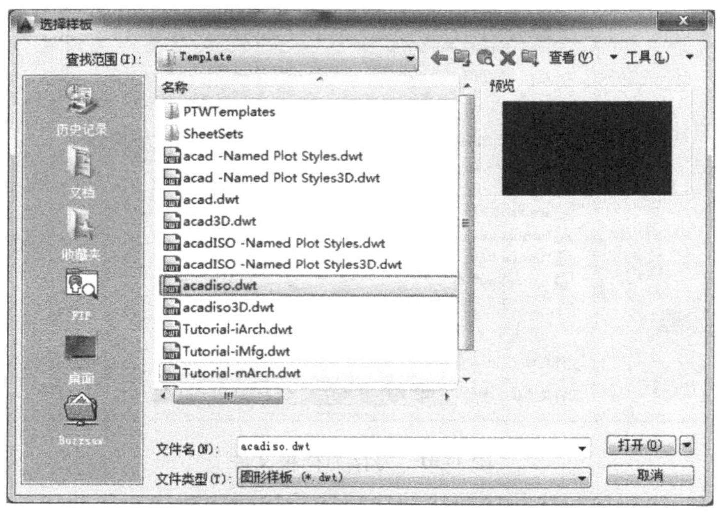

图 1-32　“选择样板”对话框

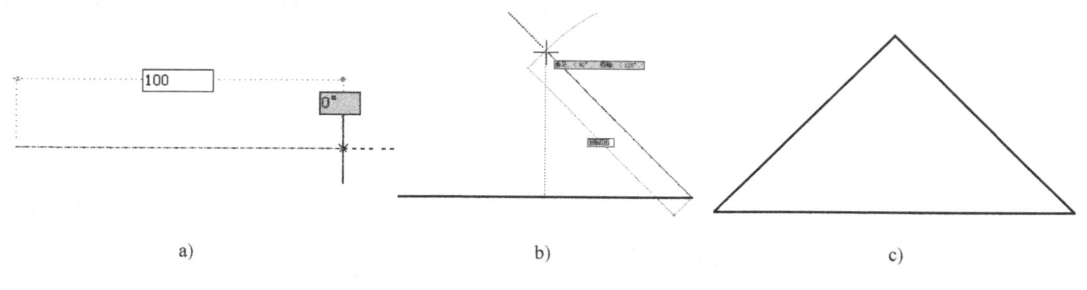

图 1-33　绘图过程

6）绘制完毕后，单击标准工具栏按钮，弹出“图形另存为”对话框。在“保存于”下拉列表框中选择路径“D：/ AutoCAD 2014 文件”，在“文件名”文本框中输入“练习”，如图 1-34 所示。单击“保存”按钮，保存图形文件。

7）单击下拉菜单“文件”/“另存为”命令，弹出“图形另存为”对话框。在“保存于”下拉列表框中选择路径“D：/ AutoCAD 2014 文件”，在文件名文本框中输入“练习备份”，在文件类型框选择 AutoCAD2004 图形格式，如图 1-35 所示。单击“保存”按钮，保存图形文件。

8）单击关闭按钮，关闭本文件或退出 CAD 系统。

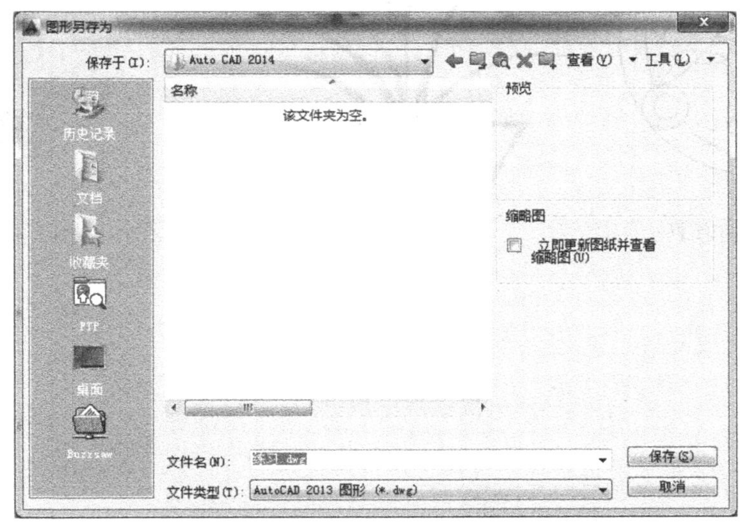

图 1-34　“图形另存为”对话框

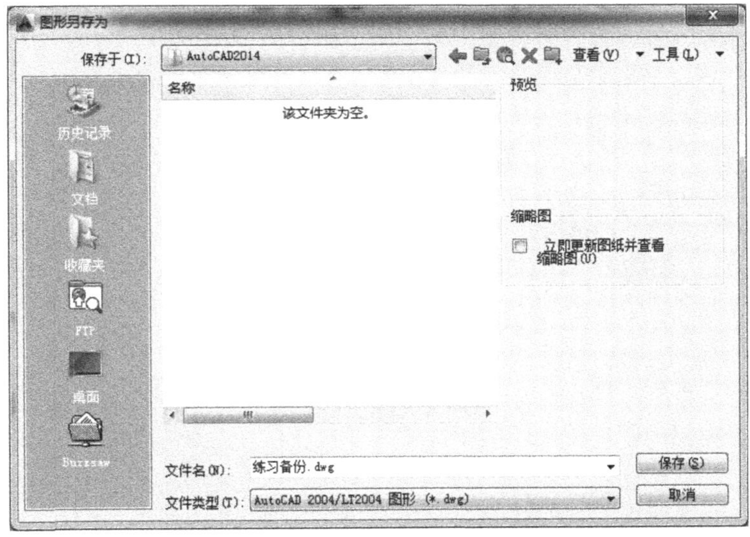

图 1-35　选择 AutoCAD 2004 图形格式

1.7　操作练习

新建绘图文件，绘制图 1-36 ~ 图 1-38 所示的图形，并保存，尺寸自定。

图 1-36　图形 1　　图 1-37　图形 2　　图 1-38　图形 3

第 2 章 AutoCAD 2014 基本操作

【教学目标与任务】

通过对本章的学习，读者应掌握 AutoCAD 2014 基本操作、绘图环境的设置、坐标系的使用、图层的创建方法，并能够使用图层绘制图形。

【教学重点与难点】

- AutoCAD 2014 基本操作
- 设置绘图环境
- 使用坐标系
- 设置图层的颜色、线型、线宽
- 设置图层的特性
- 控制图层的状态
- 使用图层绘制图形

2.1 AutoCAD 2014 基本命令

2.1.1 命令的输入与终止

在 AutoCAD 中，最基本的操作是命令的输入与终止。

1. 输入设备

AutoCAD 中输入命令的设备有键盘、鼠标及数字化仪等，通常是键盘和鼠标。鼠标用于控制 AutoCAD 的光标和屏幕指针。当鼠标处于绘图窗口内，AutoCAD 的光标为十字线形式；当光标移至菜单选项、工具栏或对话框内时，它会变成一个箭头。

通常使用鼠标左键单击菜单项、工具栏按钮或屏幕菜单来执行命令。

2. 输入命令

AutoCAD 输入命令的途径有如下四种：

1）命令行输入：所谓命令行输入，即由键盘输入 AutoCAD 命令，而且键盘是输入文本对象、数值参数（包括坐标）或进行参数选择的唯一方法。如在命令行输入“LINE”或快捷命令“L”按 <Enter> 键确认后即执行绘制直线命令。

2）下拉菜单输入：通过选中下拉菜单选项，执行 AutoCAD 命令，此时命令行显示的命令与从键盘输入的命令一样。

3）工具栏输入：通过单击工具栏按钮执行 AutoCAD 命令，此时命令行显示该命令。

4）鼠标右键输入：在不同的区域单击鼠标右键，会弹出相应的菜单，从菜单中选择执行命令。

3. 确认命令/ 结束命令

确认命令和结束命令可用 < Enter > 键。一般情况下空格键可以起到 < Enter > 键的作用。例如绘制直线时，输入直线命令，按 < Enter > 键或空格键表示确认，命令行提示“指定第一点”，在命令行输入第一点坐标后按 < Enter > 键或空格键表示确认，命令行提示“指定下一点”，采用相同的操作步骤。要结束命令，按 < Enter > 键或空格键或单击鼠标右键，并选择“确定”按钮。

> **特别提示**
>
> 假如绘制直线结束命令后，如果接下来仍绘制直线，可以直接按 < Enter > 键或空格键重复执行上一次的命令，即执行“直线”命令。其他的命令也是一样的。

4. 终止命令

在命令执行过程中，用户可以随时按键盘 < Esc > 键终止执行任何命令。

2.1.2　命令的复制、放弃与重做

在 AutoCAD 中，用户可以方便地重复执行同一条命令，或撤销前面执行的一条或多条命令。此外，撤销前面执行的命令后，还可通过重做来恢复前面执行的命令。

1. 重复命令

在 AutoCAD 中，用户可以使用多种方法来重复执行 AutoCAD 命令。例如，要重复执行上一个命令，可以按 < Enter > 或空格键，或在绘图区域中单击鼠标右键，从弹出的快捷菜单中选择“重复”命令；要重复执行最近使用的 6 个命令中的某一个命令，可以在命令窗口或文本窗口中单击鼠标右键，从弹出的快捷菜单中选择“近期使用的命令”命令下最近使用过的 6 个命令之一即可；要多次重复执行同一个命令，可以在命令行提示下输入“MULTIPLE”命令，然后在“输入要重复的命令名:”提示下输入需要重复执行的命令，AutoCAD 将重复执行该命令，直到用户按 < Esc > 键为止。

2. 放弃前面所进行的命令

有多种方法可以放弃最近一个或多个操作，最简单的就是使用按钮或“UNDO”命令（快捷命令 U）或 Ctrl + Z 来放弃单个操作。用户也可以一次撤销前面进行的多步操作。这时可在命令提示下输入“UNDO”命令，然后在命令行中输入要放弃的操作数目。

3. 重做

如果要重做使用 UNDO 命令放弃的最后一个操作，可以使用“REDO”命令或 Ctrl + Y，或重新选择“编辑”/“重做”命令。

2.1.3　常用透明命令

所谓透明命令是指在其他命令执行的同时可以执行的命令。透明命令一般用于环境的设置或辅助绘图。常用的透明命令包括“实时缩放”“实时平移”等。透明命令执行完后，可以继续执行原命令。

1. 实时缩放

单击标准工具栏按钮执行该命令后，屏幕上的光标变成一放大镜的标记。按住鼠标左键向上移动则将图形放大，向下移动则将图形缩小。按 <Esc> 键或 <Enter> 键退出。

特别提示

实时缩放最常用的方法是直接用鼠标滚轮，以光标所在点为基准点上滚放大，下滚缩小。需要提示的是，实时缩放只是显示的缩放，图形尺寸没有改变。

2. 实时平移

单击标准工具栏按钮执行该命令后，屏幕上的光标呈一小手的标记。按住鼠标左键上下左右移动则将图形跟着上下左右移动。按 <Esc> 键或 <Enter> 键退出。

特别提示

实时平移最常用的方法是直接按住鼠标滚轮移动鼠标。需要提示的是，实时平移是视口的平移，图形在图纸上的位置没有改变。

3. 窗口缩放

单击标准工具栏按钮执行该命令后，由两角点定义的“窗口”内的图形将尽可能大地显示到屏幕上。

4. 全部缩放

“视图”下拉菜单中“缩放”的下级菜单选 全部(A)，将绘制的所有图形最大化显示在屏幕上。

特别提示

全部缩放最常用的方法是，在命令行中输入“ZOOM”命令（快捷命令 Z），按 <Enter> 键后输入 A，按 <Enter> 键，将绘制的所有图形最大化显示在屏幕上。如果所绘制的某个图形在屏幕中找不到了就用此法。

2.1.4　图形的选取模式

当执行编辑命令后，命令行提示：“选择对象”。此时，十字光标将变成一个拾取框□，移动拾取框来选择一个或多个对象。AutoCAD 提供多种选择方法。

1. 单击方式

这是一种默认方式。当光标变为拾取框后，用鼠标移动拾取框，使其覆盖在被选对象上，然后单击鼠标，对象变为虚线，表示已被选中。这种方法适合选择少量或分散对象。

2. 窗口方式

该方式是通过对角线的两个端点来定义一个矩形窗口，凡完全落在该矩形窗口内的图形对象均被选中。但指定两端点的顺序必须自左向右指定，如图 2-1 所示。

3. 窗交方式

该方式也是通过对角线的两个端点来定义一个矩形窗口，凡完全落在该矩形窗口内及与窗口相交的图形对象均被选中。但指定两端点的顺序必须自右向左指定，如图 2-2 所示。

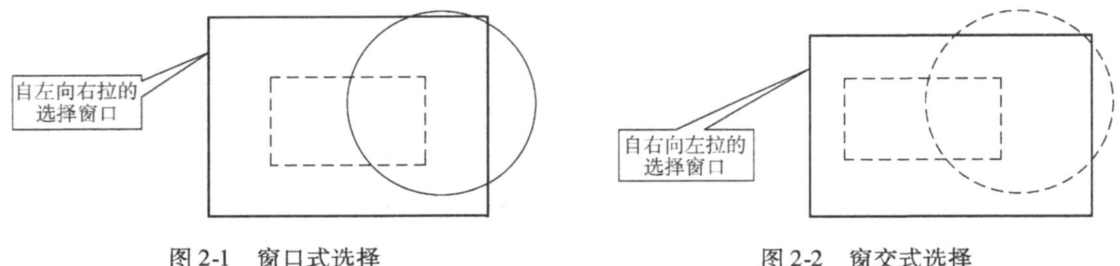

图 2-1　窗口式选择　　　　图 2-2　窗交式选择

4. 全选方式

当命令行提示选择对象时，在选择状态下用键盘输入“ALL”，或在空命令下通过 Ctrl + A，全部选择。

特别提示

1）按住 <Shift> 键再次单击曾选中的对象，可将其取消选中。

2）在空命令下也可执行选取对象，只是光标不是拾取框口，而仍是十字光标，如选取某个图形，按 <Delete> 键删除该图形。

2.2　AutoCAD 坐标系

2.2.1　世界坐标系（WCS）和用户坐标系（UCS）

在绘图过程中，要精确定位某个对象，必须以某个坐标系作为参照，以便精确拾取点的位置。AutoCAD 坐标系包括世界坐标系（WCS）和用户坐标系（UCS）。通过 AutoCAD 的坐标系可以按照非常高的精度设计并绘制图形。

1. 世界坐标系（WCS）

世界坐标系包括 X 轴和 Y 轴（如果在 3D 空间工作，还有 Z 轴），如图 2-3 所示，其坐标轴的交汇处显示一“口”形标记。如果坐标系图标位于图形窗口的左下角，此时坐标零点并不一定在坐标轴的交汇点。

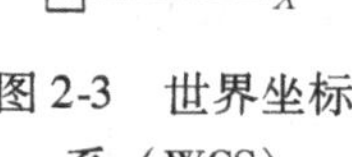

图 2-3　世界坐标系（WCS）

2. 用户坐标系统（UCS）

世界坐标系是固定的，不能改变，用户在绘图时有时会感到不便。为此 AutoCAD 为用户提供了可以在 WCS 中任意定义的坐标系，称为用户坐标系（UCS），如图 2-4 所示。UCS 的原点可以在任意位置上，其坐标轴可任意旋转和倾斜。另外，用户坐标系的坐标轴交汇处没有“口”形标记。

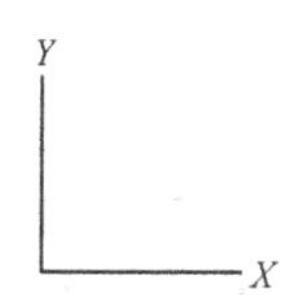

图 2-4　用户坐标系（UCS）

特别提示

最常用的创建 UCS 的方法是执行“工具”菜单中“新建 UCS”下的“原点”命令，可以将坐标系的原点放到需要的位置。在三维绘图时常用到“工具”菜单中“新建 UCS”下的“三点”命令，即用指定原点及 *X*、*Y* 轴上的点来确定 UCS。

2.2.2　点坐标的表示方法及其输入

在 AutoCAD 中，表示点坐标的方法有绝对直角坐标、绝对极坐标、相对直角坐标和相对极坐标 4 种。

1. 绝对坐标

绝对坐标是指相对于当前坐标系原点的坐标。用户以绝对坐标的形式输入点时，可以采用直角坐标或极坐标。

（1）绝对直角坐标　绝对直角坐标是相对坐标系原点（0，0）或（0，0，0）表示点的 *X*、*Y*、*Z* 坐标值。当使用键盘键入点的坐标时，*X*、*Y*、*Z* 坐标值之间用英文状态下的逗号“,”隔开，不能加括号，坐标值可以为负。二维绘图时不需要输入 *Z* 的坐标值 0。

例如：绘制图 2-5a 所示的直线 *AB*。执行“直线”命令，指定第一点只需输入 *A* 点的坐标“10，20”坐标。命令栏提示指定下一点，只需输入 *B* 点坐标“30，20”。按两次 <Enter> 键后即可完成直线 *AB* 的绘制。

（2）绝对极坐标　绝对极坐标也是相对坐标系原点（0，0）或（0，0，0）的，但它给定的是距离和角度，其中距离和角度用“ < ”分开，且规定“角度”方向以逆时针为正，即 *X* 轴正向为 0°，*Y* 轴正向为 90°。

例如：绘制图 2-5b 所示直线 *OC*。执行“直线”命令，指定第一点只需输入 *O* 点坐标“0，0”按 <Enter> 键。提示指定下一点，输入 *C* 点极坐标“30 < 45”。按两次 <Enter> 键后即可完成直线 *OC* 的绘制。

特别提示

1）坐标值之间一定要用英文状态下的逗号“,”隔开，不能用汉语状态下的逗号。输入坐标值时不能加括号。

2）在极坐标输入中，度数“°”不需要输入。

2. 相对坐标

相对直角坐标和相对极坐标是指相对于某一点的 *X* 轴和 *Y* 轴位移，或距离和角度。它的表示方法是在绝对坐标表达方式前加上“@”。其中，相对极坐标中的角度是新点和上一点连线与 *X* 轴的夹角。

例如：绘制图 2-5c 所示直线 *DE*。已知前一个 *D* 点（即基准点）的坐标为“10，10”，*E* 点相对 *D* 点的坐标是（30，20）。执行“直线”命令，输入 *D* 点绝对坐标“10，10”，在指定下一点提示时，输入 *E* 点相对直角坐标“@30，20”（该点的绝对坐标为“40，30”），则绘制完成直线 *DE*。

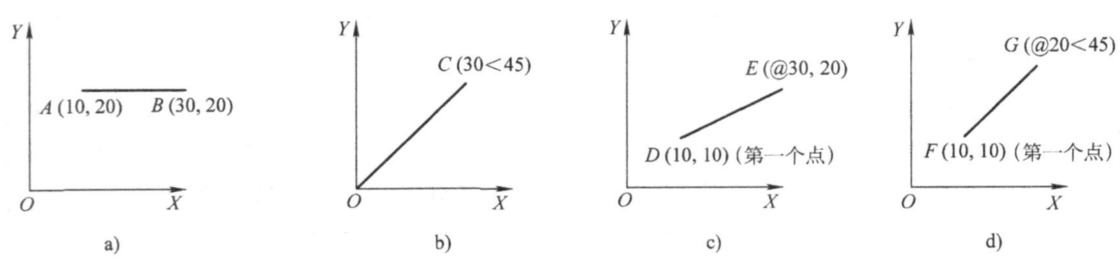

图 2-5　绝对坐标和相对坐标

a）绝对直角坐标　b）绝对极坐标　c）相对直角坐标　d）相对极坐标

例如：绘制如图 2-5d 所示直线 *FG*。已知前一个 *F* 点（即基准点）的坐标为“10，10”，*G* 点相对 *F* 点的极坐标是（20 <45）。执行直线“命令”，输入 *F* 点的绝对坐标“10，10”，在指定下一点提示时输入 *G* 点相对极坐标“@ 20 <45”，则新点 *G* 与前一点 *F* 的连线距离为 20，连线与 *X* 轴正向夹角为 45°，完成直线 *FG* 的绘制。

特别提示

绘制水平线、铅垂线一般不使用坐标输入，而是在正交模式下指定第一点后，将鼠标放在第一点左右或上下位置，直接输入直线的长度值。

3. 应用示例

用坐标输入法绘制图 2-6 所示的五角星。

【操作步骤】

1）命令：_line ，执行“直线”命令，输入 *A* 点的绝对直角坐标值或用鼠标任定一点。

2）指定下一点或［放弃（U）］：，打开正交模式，鼠标放在 *A* 点右侧，输入 *AB* 水平线的长度 100。

3）指定下一点或［放弃（U）］：输入 *C* 点相对 *B* 点的极坐标值@ -100 <36。

4）指定下一点或［闭合（C）/放弃（U）］：输入 *D* 点相对 *C* 点的极坐标值@ 100 <72。

5）指定下一点或［闭合（C）/放弃（U）］：输入 *E* 点相对 *D* 的极坐标值@ －100 <108。

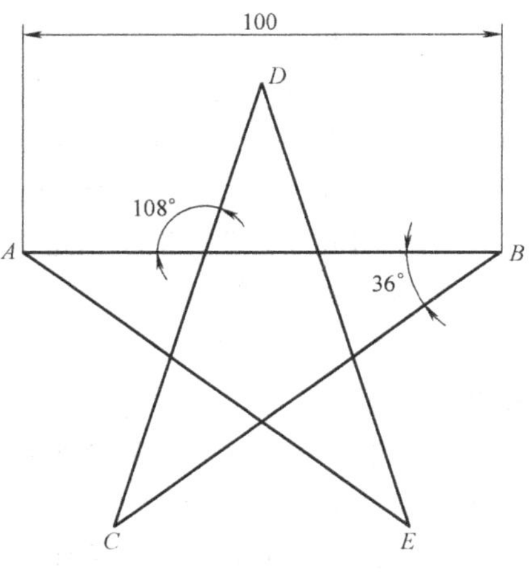

图 2-6　五角星

6）指定下一点或［闭合（C）/放弃（U）］：输入“C”，闭合到 *A* 点。

2.3　基本绘图环境设置

在用户使用 AutoCAD 绘图之前，首先要对绘图单位以及绘图区域进行设置，以便能够确定绘制的图样与实际尺寸的关系，便于用户绘图。

2.3.1　设置绘图界限

一般来说，如果用户不作任何设置，AutoCAD 系统对作图范围没有限制。可以将绘图区看作是一幅无穷大的图纸，但所绘图形的大小是有限的，因此为了更好地绘图，需要设定作图的有效区域。在 AutoCAD 中，使用“LIMITS”命令可以在模型空间中设置一个想象的矩形绘图区域，也称为图形界限。

设置绘图界限的步骤如下：

1）选择“格式”/“图形界限”命令，或在命令行中输入 LIMITS，命令行提示如下：

指定左下角点或[开(ON)/关(OFF)] <0.0000,0.0000>:按 <Enter> 键,默认(0,0)点。

指定右上角点 <420.0000,297.0000>:如果输入坐标(297,210)那就是 A4 纸横放。

如图 2-7 所示的栅格区域就是设定的图形界限（需要取消图 1-12 中的“显示超出界限的栅格”选项）。

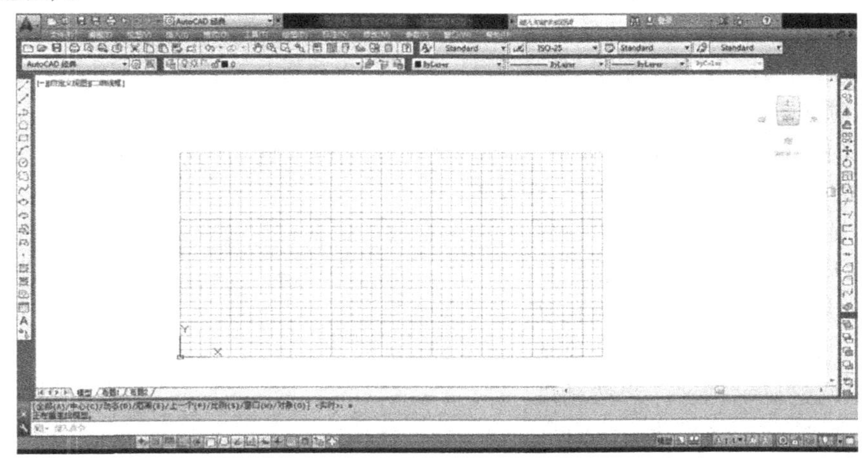

图 2-7　图形界限

2）在执行“LIMITS”命令的过程中，将出现 4 个选项，分别为“开”“关”“指定左下角点”和“指定右上角点”。

①“开”选项：表示打开绘图界限检查。如果所绘图形超出了图限，则系统不绘制出此图形并给出提示信息，从而保证了绘图的正确性。

②“关”选项：表示关闭绘图界限检查。

③“指定左下角点”选项：表示设置绘图界限左下角坐标。

④“指定右上角点”选项：表示设置绘图界限右上角坐标。

2.3.2　设置绘图单位和精度

在 AutoCAD 中,用户可以采用 1:1 的比例因子绘图,因此,所有的直线、圆和其他对象都可以以真实大小来绘制。用户可以使用各种标准单位进行绘图,对于中国用户来讲,通常使用毫米、厘米、米和千米等作为单位,毫米是最常用的一种绘图单位。不管采用何种单位,在绘图时只能以图形单位计算绘图尺寸,在需要打印出图时,再将图形按图纸大小进行缩放。

设置绘图单位和精度的步骤如下：

1）执行“格式”/“单位…”命令，弹出一个“图形单位”对话框，如图 2-8 所示。

2）在“长度”区内选择单位类型和精度，工程绘图中一般使用“小数”和精度“0.00”。

3）在“角度”区内选择角度类型和精度，工程绘图中一般使用“十进制小数”和精度“0”。

4）在“插入时的缩放单位”中一般选择“毫米”。

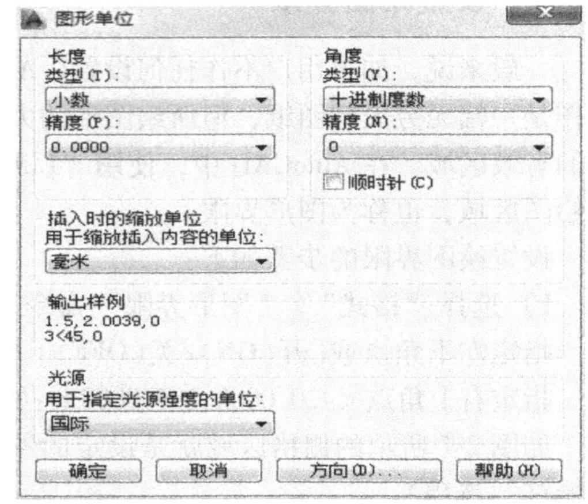

图 2-8 “图形单位”对话框

2.3.3 设置参数选项

选择“工具”/“选项”命令，或执行“OPTIONS”命令，可打开“选项”对话框。在该对话框中包含“文件”“显示”“打开和保存”“打印和发布”“系统”“用户系统设置”“绘图”“三维建模”“选择集”和“配置”等选项卡，如图 2-9 所示。

1. 各选项卡含义

（1）“文件”选项卡　用于确定 AutoCAD 搜索支持文件、驱动程序文件、菜单文件和其他文件时的路径以及用户定义的一些设置。

（2）“显示”选项卡　用于设置窗口元素、布局元素、显示精度、显示性能、十字光标大小和参照编辑的褪色度等显示属性。如果圆、圆弧或直线显示不光滑，可以调整显示精度。当然精度越高，图形生成速度越慢。单击“颜色”可设置屏幕绘图区背景色。

（3）“打开和保存”选项卡　用于设置是否自动保存文件，以及自动保存文件时的时间间隔，是否维护日志，以及是否按需加载外部参照文件等。

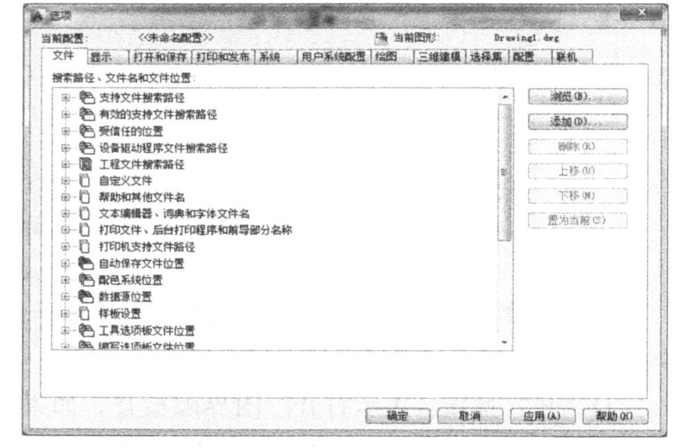

图 2-9 “选项”对话框

（4）“打印和发布”选项卡　用于设置 AutoCAD 的输出设备。默认情况下，输出设备为 Windows 打印机。但在很多情况下，为了输出较大幅面的图形，用户也可能需要使用专门的绘图仪。

（5）“系统”选项卡　用于设置当前三维图形的显示特性，设置定点设备、是否显示 OLE 特性对话框、是否显示所有警告信息、是否检查网络连接、是否显示启动对话框、是否允许长符号名等。

（6）“用户系统配置”选项卡　用于设置是否使用快捷菜单和对象的排序方式。

（7）“绘图”选项卡　用于设置自动捕捉、自动追踪、自动捕捉标记框颜色和大小、靶框大小。

（8）“三维建模”选项卡　用于设置三维十字光标，三维对象显示等。

（9）“选择集”选项卡　用于设置选择集模式、拾取框大小以及夹点大小等。

（10）“配置”选项卡　用于实现新建系统配置文件、重命名系统配置文件以及删除系统配置文件等操作。

2. 应用示例

设置绘图窗口的背景颜色为白色。

【操作步骤】

1）选择“工具”/“选项”命令，打开“选项”对话框。

2）选择“显示”选项卡，如图 2-10 所示。在“窗口元素”选项区域中单击“颜色”按钮，打开图 2-11 所示的“图形窗口颜色”对话框。

3）在“上下文”窗口（即第一个窗口）中选择“二维模型空间”选项。

4）在“界面元素”窗口中选择“统一背景”选项。

5）在“颜色”窗口中选择“白色”选项，这时二维模型空间背景颜色即设置为白色。单击“应用并关闭”按钮完成设置。

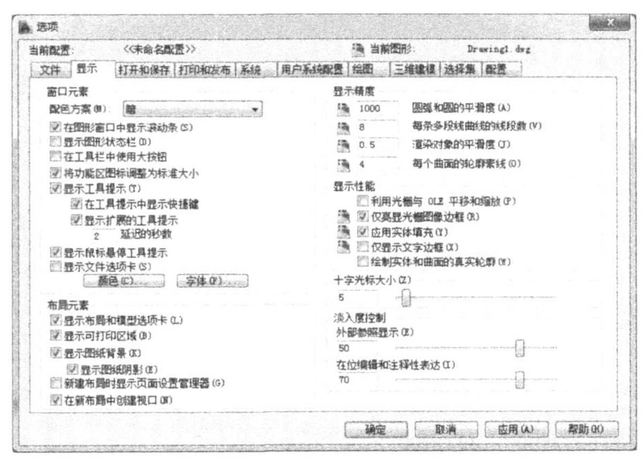

图 2-10　“显示”选项卡

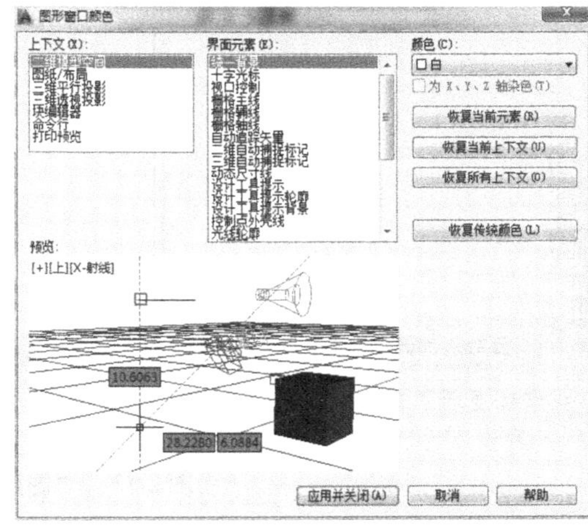

图 2-11　将模型空间背景颜色设置为白色

2.4　图层的创建与设置

图层相当于多层“透明纸”重叠而成，在每一层上都可绘图。在 AutoCAD 中，用户可以根据需要创建很多图层，然后将相关的图形对象放在同一层上，以此来管理图形对象。例如相同的线型放在同一个图层中。

每个图层都有自己的属性和状态，包括：图层名、开关状态、冻结状态、锁定状态、颜色、线型、线宽、透明度、打印样式和是否打印等。当然用户可以对位于不同图层上的对象同时进行编辑操作。

2.4.1　图层的创建

1. 执行途径

1）工具栏：单击图层工具栏的 按钮，如图 2-12 最左侧按钮所示。

2）下拉菜单：“格式”/“图层”。

图 2-12　图层工具栏

3）命令：LAYER（快捷命令 LA）。

2. 操作说明

执行上述命令，会弹出“图层特性管理器”对话框，如图 2-13 所示，用户可以在此对话框中进行图层的创建、基本操作和管理。

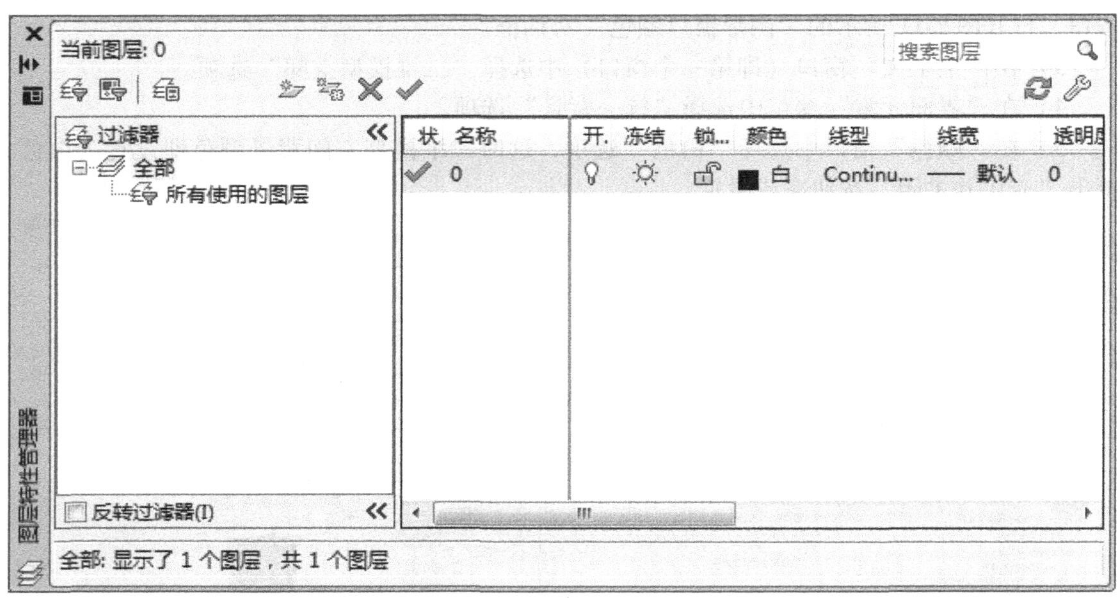

图 2-13　“图层特性管理器”对话框

2.4.2　图层基本操作

在“图层特性管理器”对话框中，用户可以通过对话框上的一系列按钮对图层进行基本操作。

（1）新建图层　单击按钮，列表中将显示新创建的图层。第一次新建，列表中将显示名为“图层 1”的图层，随层名称依次为“图层 2”“图层 3”……。该名称处于选中状态，用户可以直接输入一个新图层名。对于已经创建的图层，如果需要修改图层的名称，可以单击鼠标右键，选择“重命名”或直接按 <F2> 键重命名。

（2）删除图层　单击按钮，可以删除用户选定的图层，但 0 图层不能删除。

（3）置为当前　单击按钮，将选定图层设置为当前图层。用户都是在当前图层中绘图的。

特别提示

0 图层是系统默认的图层，不能对其重新命名。

2.4.3 图层管理

在“图层特性管理器”对话框中，用户可以对图层的特性和状态进行管理。特性管理包括名称、颜色、线型、线宽、透明度、打印样式等。

1. 颜色设置

每个图层都可设一定的颜色。所谓图层的颜色，是指该图层上面的实体颜色。

1）在建立图层的时候，图层的颜色承接上一个图层的颜色，对于 0 图层系统默认的是 7 号颜色，该颜色相对于黑色的背景显示白色，相对于白色的背景显示黑色（仅该色例外，其他色不论背景为何种颜色，颜色不变）。

2）在绘图过程中，需要对各个层的对象进行区分，改变该层的颜色，默认状态下该层的所有对象的颜色将随之改变。单击图 2-13 对话框中“颜色”列表下的颜色特性图标，弹出如图 2-14 所示的“选择颜色”对话框，用户可以对图层颜色进行设置。在“颜色”输入窗中可以直接输入索引颜色值：1 为红、2 为黄、3 为绿、4 为青、5 为蓝、6 为洋红、7 为黑/白。

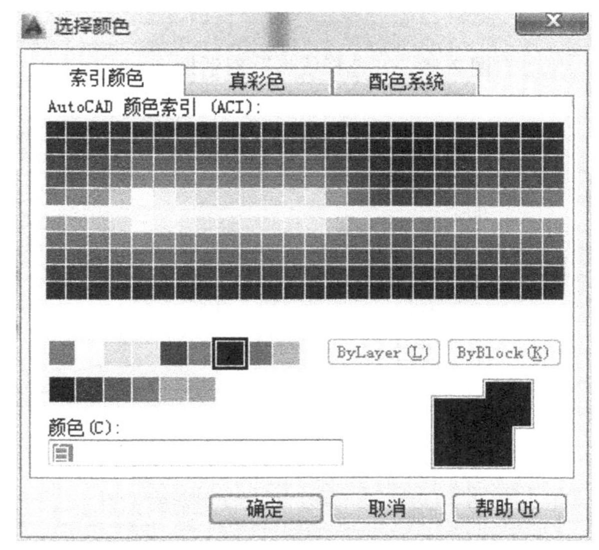

图 2-14 “索引颜色”设置颜色

2. 线型设置

图层的线型是指在图层中绘图时所用的线型，每一层都应有一个相应线型。

（1）加载线型　AutoCAD 提供了标准的线型库，该库文件为 ACADISO. LIN，可以从中选择线型，也可以定义自己专用的线型。

在 AutoCAD 中，系统默认的线型是 Continuous，线宽默认值是 0 单位，该线型是连续的。在绘图过程中，如果用户希望绘制点画线、虚线等其他种类的线，就需要设置图层的线型和线宽。

1）单击图 2-13 对话框中“线型”列表下的线型特性图标 Continuous，弹出如图 2-15 所示的“选择线型”对话框。默认状态下，“选择线型”对话框中只有 Continuous 一种线型。

2）单击“加载”按钮，弹出如图 2-16 所示的“加载或重载线型”对话框，用户可以在“可用线型”列表框中选择所需要的线型。

3）单击“确定”按钮返回“选择线型”对话框，刚刚加载选定的线型出现在窗口中，选定后单击“确定”按钮，图层线型设置完成。

（2）调整线型比例　在 AutoCAD 定义的各种线型中，除了 Continuous 线型外，每种线型都是由线段、空格、点或文本所构成的序列。用户设置的绘图界限与默认的绘图界限差别较大时，在屏幕上显示或绘图仪输出的线型会不符合工程制图的要求，如虚线或点画线显示为实线，此时需要调整线型比例。

调整线型比例的命令是“LTSCALE”，或单击“格式”菜单下的“线型”子菜单，如图 2-17 所示，出现“线型管理器”对话框。单击对话框中“显示细节”按钮，则在对话框下方出现详细信息。

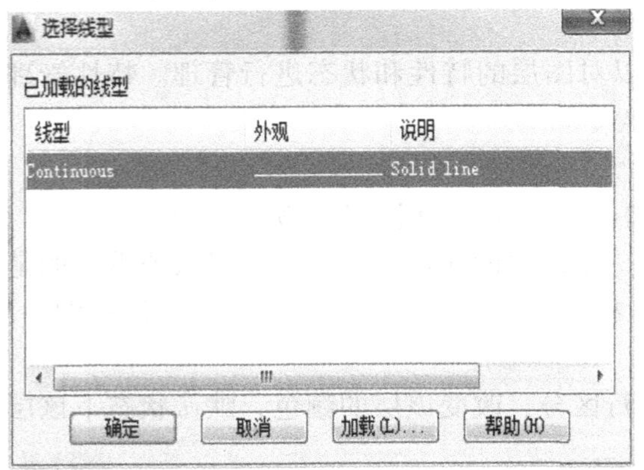

图 2-15 “选择线型”对话框

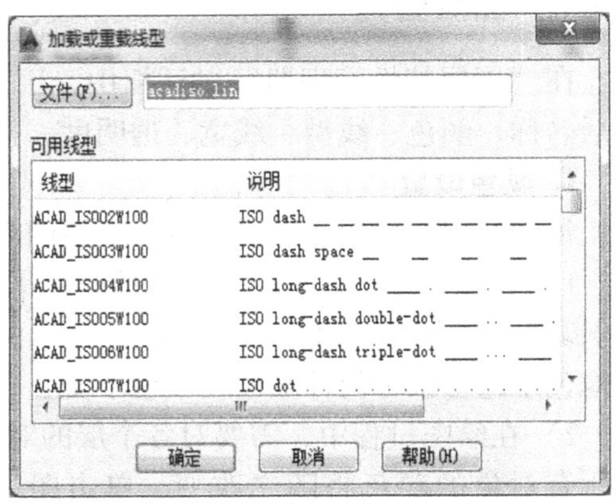

图 2-16 “加载或重载线型”对话框

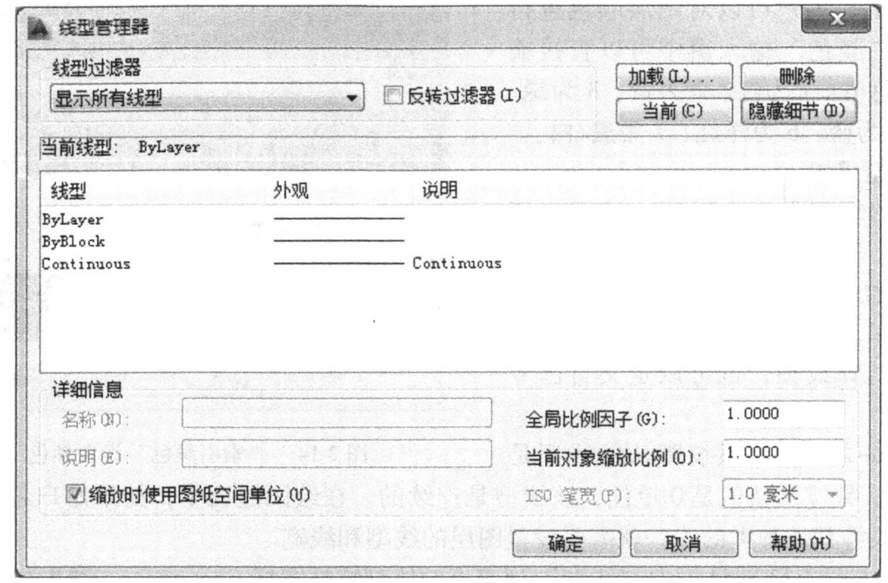

图 2-17 线型管理器

在“详细信息”栏内有两个调整线型比例的编辑框：“全局比例因子”和“当前对象缩放比例”。

1）“全局比例因子”将调整已有对象和将要绘制对象的线型比例。

2）“当前对象缩放比例”调整将要绘制对象的线型比例。

线型比例值越大，线型中的要素也越大。图 2-18 所示线型比例分别为 1、2、0.5。

3）“详细信息”栏内有一个“ISO 笔宽”列表框，它只对 ISO 线型有效。

4）“详细信息”栏内的“缩放时使用图纸空间单位”复选框用于调整不同图纸空间视口中线型的缩放比例。

3. 线宽设置

工程图对粗细线要求严格，所以需要设置线宽。单击图 2-13 对话框中“线宽”列表下

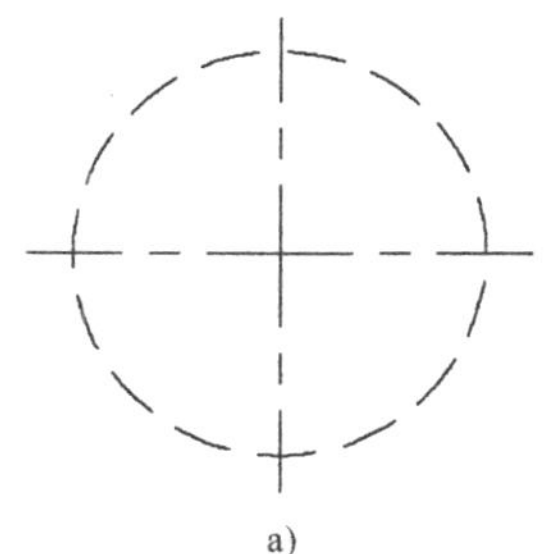
a)

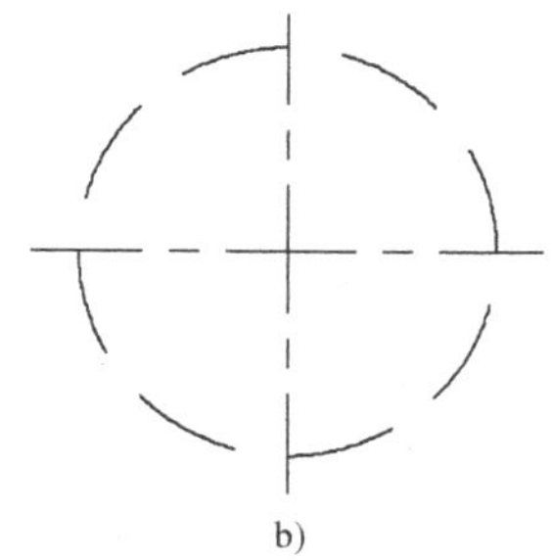
b)

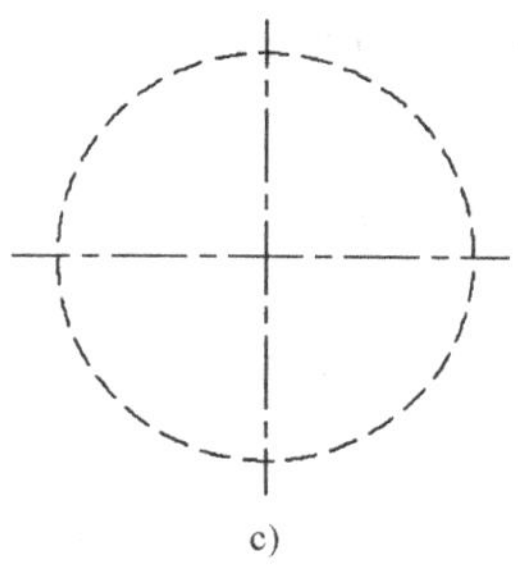
c)

图 2-18 线型比例的作用

a）比例为 1 b）比例为 2 c）比例为 0.5

的线宽特性图标，弹出如图 2-19 所示的“线宽”对话框。在“线宽”列表框中选择需要的线宽，单击“确定”按钮，完成设置线宽操作。

4. 透明度设置

单击图 2-13 对话框中“透明度”列表下透明度值，弹出图 2-20 所示的“图层透明度”对话框。透明度的设置范围为 0～90，0 表示不透明，90 则完全透明。如果该图层透明度设为 90，在该图层上绘制的图形完全透明，即不可见。

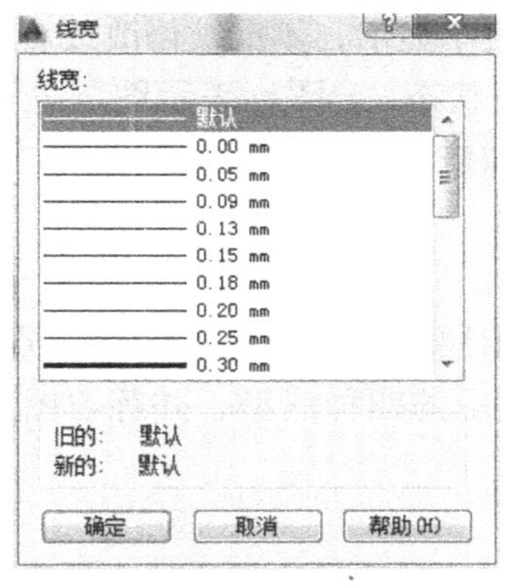

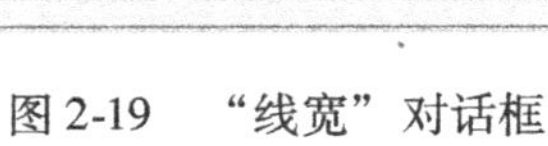

图 2-19 “线宽”对话框

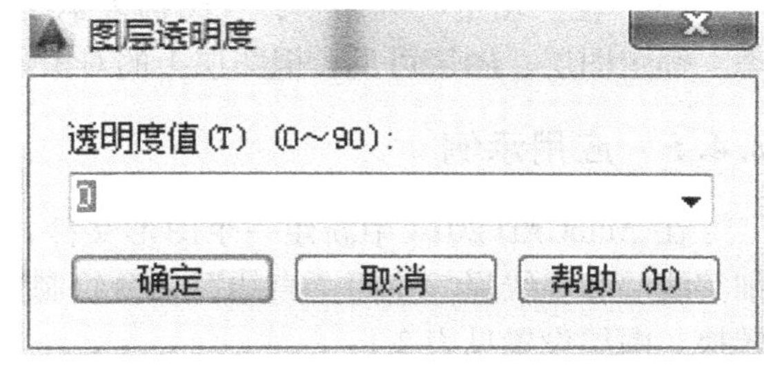

图 2-20 “透明度”对话框

5. 转换图层

图层创建完后，在图 2-12 所示的图层工具栏中就显示出所创建的图层。样式工具栏中显示图层颜色、图层线型、图层线宽。

在一个图层上的图像可以转到另一个图层上，可使用“特性匹配”命令或“夹持点”操作。两种方法操作有所不同。

（1）用“特性匹配”命令

1）分别在 A 图层和 B 图层画一条线，需要将 A 图层的线转换到 B 图层。

2）单击“标准”工具栏/“特性匹配” 按钮，就是俗称的格式刷。

3）单击 B 图层的线。

4）再单击 A 图层的线。

（2）用“夹持点”功能

1）选中要转换的 A 图层的图形。

2）然后单击图 2-12 图层工具栏下拉列表框。

3）选择所需的 B 图层。

特别提示

在特性工具栏中将显示当前图层的颜色、线型、线宽。“ByLayer”的意思是随层，即该特性和图层设置特性保持一致，建议采用随层。如果特性工具栏改动，即不用“ByLayer”随层，则图层设定的特性对绘制的图形特性不起作用。

2.4.4 控制图层状态

控制图层包括控制图层开关、图层冻结和图层锁定等。

（1）在“开关”列表下，图标表示图层处于打开状态，图标表示图层处于关闭状态。关闭图层可以加快 ZOOM、PAN 和其他一些操作的运行速度，增强对象选择的性能，并减少复杂图形的重生成时间。当图层被关闭以后，该图层上的图形将不能显示在屏幕上，不能被编辑，不能被打印输出。

（2）在“冻结”列表下，图标表示图层处于解冻状态，图标表示图层处于冻结状态。冻结图层，该图层不能置为当前层，图层上的对象将不显示，不能被修改或打印。

（3）在“锁定”列表下，图标表示图层处于解锁状态，图标表示图层处于锁定状态。锁定图层，图层可见，但图层上的对象不能被编辑和修改。

2.4.5 应用示例

在 AutoCAD 2014 中新建一个图形文件，创建四种图层，分别是粗实线层、点画线层、细实线层和虚线层。使用“直线”命令绘制如图 2-21 所示的四种线型，并练习图层之间的转换。图层设置见表 2-1。

表 2-1 图层设置

名称	颜色（颜色号）	线型	线宽
粗线	黑色（7）	Continuous	0.3
点画线	红色（1）	Center	0.15
细实线	绿色（3）	Continuous	0.15
虚线	黄色（2）	Dashed	0.15

【操作步骤】

1）打开 AutoCAD 2014 程序，选择工具栏“标准”/“新建”按钮，新建一个空白图形文件。

2）单击工具栏“特性”/“图层”按钮，打开“图层管理器”对话框。

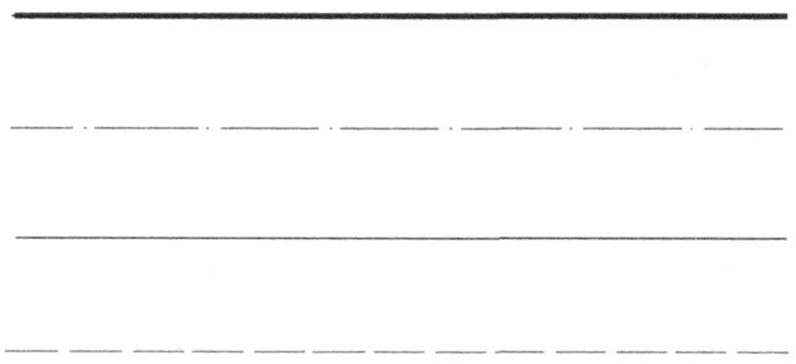

图 2-21 使用“直线”命令绘制四种线型

3）单击“新建”按钮，依次起名粗实线层、点画线层、细实线层、虚线层。

4）单击颜色图标■方块，在“选择颜色”对话框中，依次为粗实线层、点画线层、细实线层、虚线选择不同的颜色。如图 2-14 索引颜色号依次是 7、1、3、2。

5）单击线型图标“Continuous”，弹出“选择线型”对话框，单击“加载”，弹出“加载或重载线型”对话框。选择所需要的线型，虚线“ACAD IS002W100”、点画线“ACAD IS004W100”。

6）单击线宽图标“—— 默认 ”，弹出“线型”对话框，选择线型的宽度，粗线 0.3，细线 0.13。设置的四个图层如图 2-22 所示。

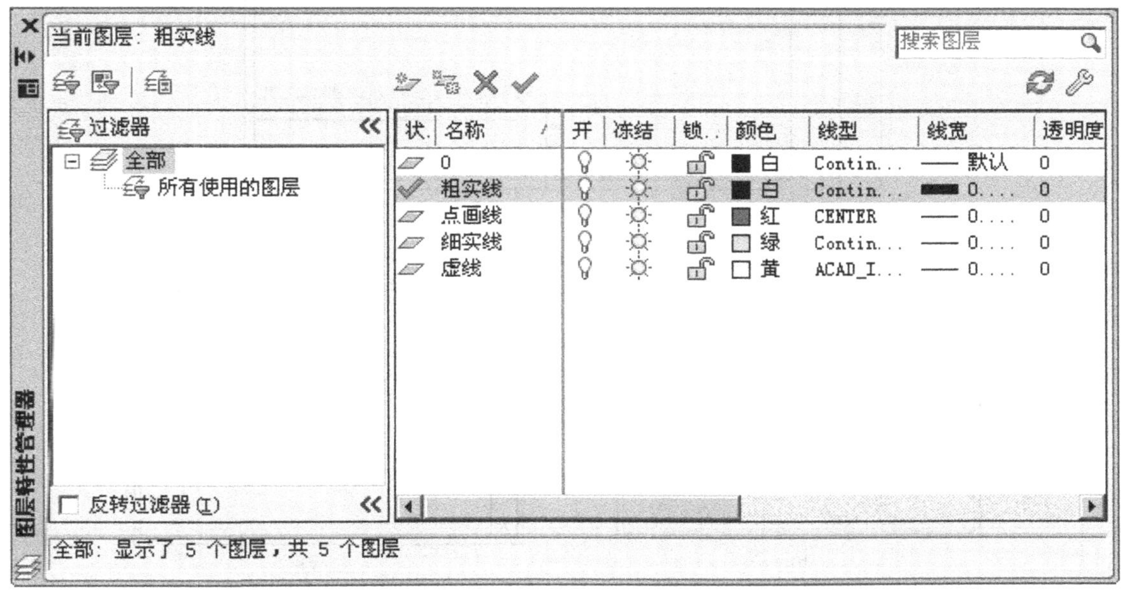

图 2-22　设置图层

7）单击图层工具栏的下拉列表，选择粗实线层为当前层。

8）单击绘图工具栏中的 按钮，画出四条直线，如图 2-23 所示。

9）选中第二条直线，然后从图层工具栏窗口中选择“细实线”层（图 2-24），则第二条线变成了细实线，其他的两条直线采用相同的方法可变成点画线和虚线，如图 2-21 所示。

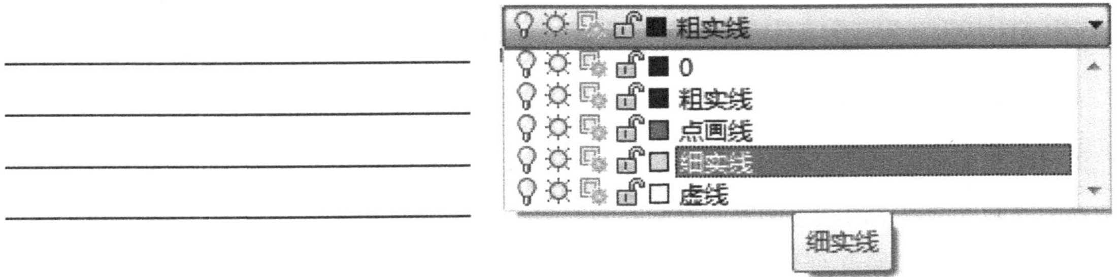

图 2-23　画出四条直线　　图 2-24　选择“细实线”层

2.5　上机指导

例题：绘制横放 4 号图（图 2-25a）图框和标题栏。

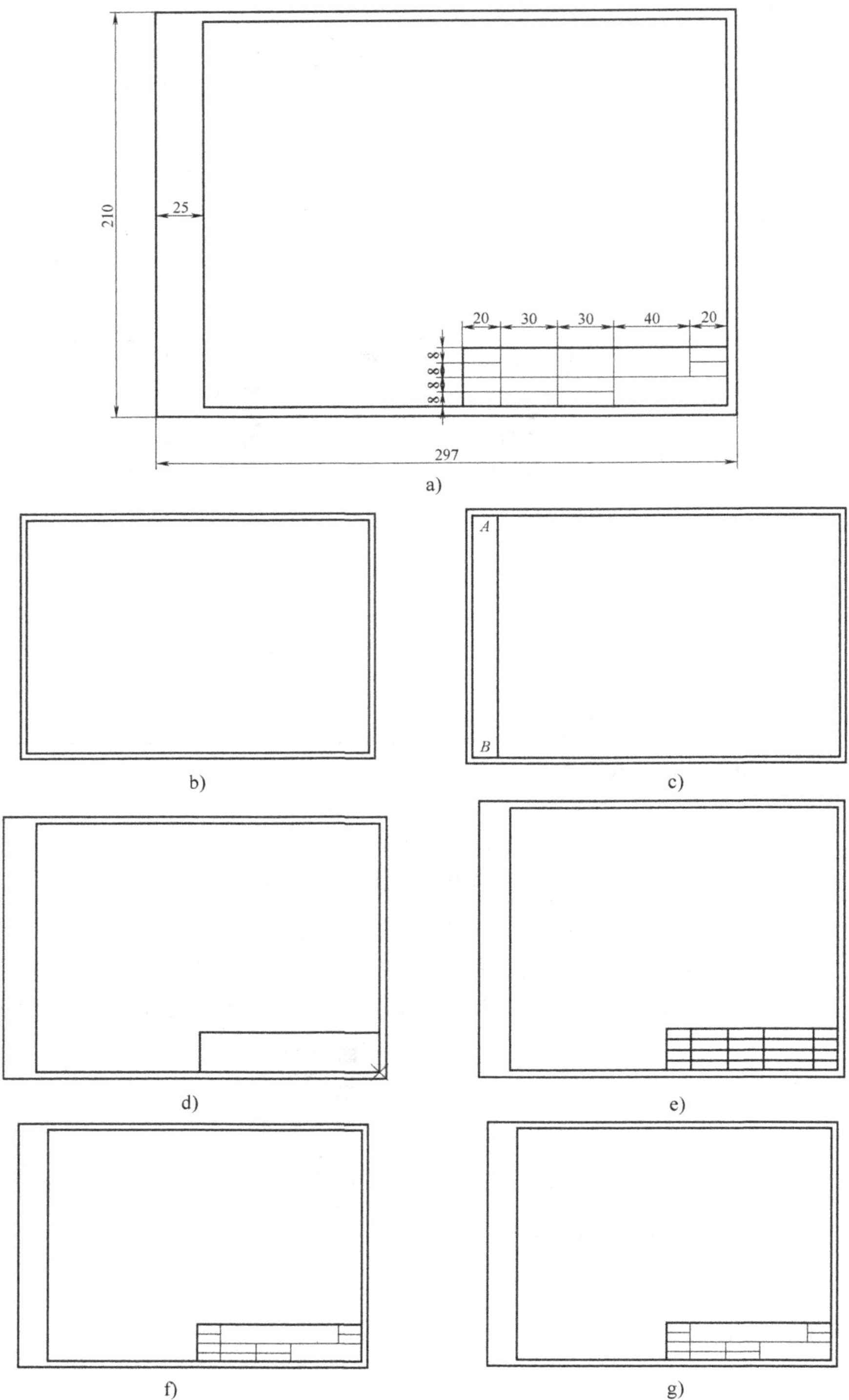

图 2-25　绘制图框和标题栏

a）图框标题栏　b）偏移并分解矩形　c）偏移装订边　d）修剪装订边并绘制标题栏外框
e）偏移标题栏　f）修剪标题栏　g）标题栏框内改成细线

【操作步骤】

1）设置图层“粗实线”和“细实线”，将“细实线”设为当前图层。单击“绘图”工具栏/“矩形”按钮，命令行提示：“指定第一角点”，鼠标放在绘图区任意位置单击，指定矩形左下角点。

2）命令行提示“指定另一角点：”，键盘输入“@297，210”，用相对坐标指定右上角点，矩形绘制完成。

3）单击“修改”工具栏/“偏移”按钮，命令行提示：“指定偏移距离”，键盘输入“5”，按 <Enter> 键。

4）命令行提示：“指定偏移对象”，鼠标选择图样外框矩形。

5）命令行提示：“指定偏移方向”，鼠标放在矩形内侧单击。偏移线框如图 2-25b 所示。

6）单击“修改”工具栏/“分解”按钮，命令行提示：“选择对象”，鼠标选择内侧矩形，按 <Enter> 键。即将矩形分解成了四条直线。

7）单击“修改”工具栏/“偏移”按钮，命令行提示：“指定偏移距离”，键盘输入“20”，按 <Enter> 键。偏移内矩形的左侧边距离为 20mm，装订边距 25mm = 5mm + 20mm，如图 2-25c 所示。

8）单击“修改”工具栏/“剪切”按钮，修剪多余线条。执行“修剪”提示：“选择对象”，选择图 2-25c 中的 *AB* 线，按 <Enter> 键。命令行提示：“选择修剪对象”，选择要修剪掉的部分。并删除偏移 *AB* 线的源对象，结果如图 2-25d 所示。

9）开启对象捕捉，单击“绘图”工具栏/“矩形”按钮，命令行提示：“指定第一角点”，鼠标捕捉内矩形右下角点。

10）命令行提示：“指定另一角点”，键盘输入“@-120，32”。按 <Enter> 键，完成图框线和标题栏外框，如图 2-25d 所示。

11）单击“修改”工具栏/“分解”按钮，命令行提示：“选择对象”，鼠标选择标题栏外框矩形，按 <Enter> 键。

12）单击“修改”工具栏/“偏移”按钮，偏移水平线和铅垂线，偏移距离见图 2-25a 标题栏尺寸，结果如图 2-25e 所示。

13）单击“修改”工具栏/“剪切”按钮，命令行提示：“选择对象”，框选右下角的全部直线，即让所有的线都作为修剪边界，如图 2-25f 所示，按 <Enter> 键后命令行提示：“选择剪切对象”，鼠标单击要修剪的线段，结果如图 2-25f 所示。

14）将图框线和标题栏外框转换成“粗实线”图层。选定图框线和标题栏外框线，在“图层”工具栏中选“粗实线”层。结果如图 2-25g 所示。

特别提示

在以上例题中标题栏修剪时，因为所有线都选为修剪边界，在修剪过程中可能出现因为边界已被修剪掉，有的线就无法再修剪了，此时只需要选定该线，用 <Delete> 键删除即可。

2.6　操作练习

1. 绘制图 2-26、图 2-27 所示的常见底板图形。

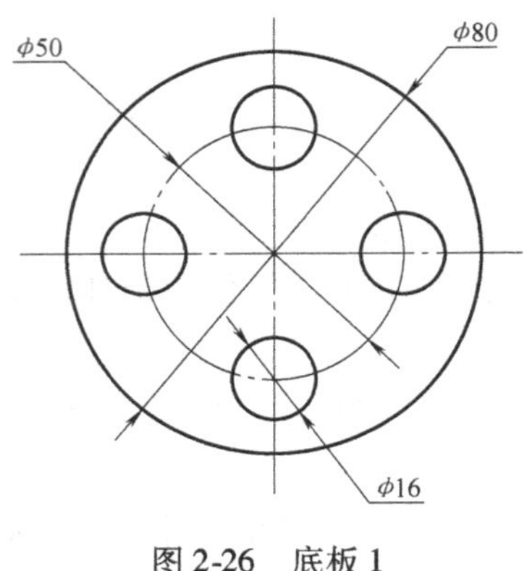

图 2-26　底板 1

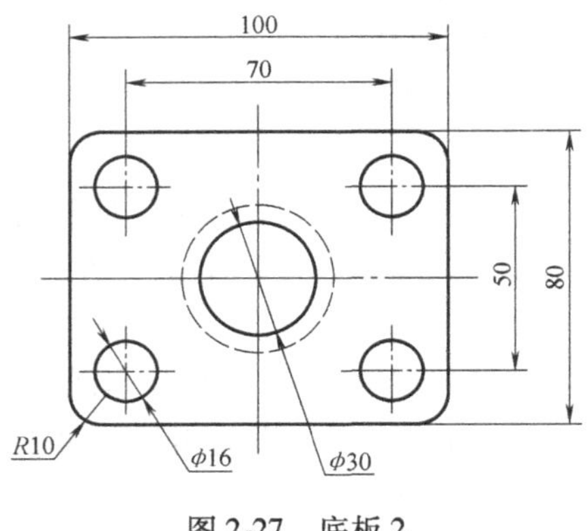

图 2-27　底板 2

2. 绘制图 2-28、图 2-29 所示的常见机械元素图形。

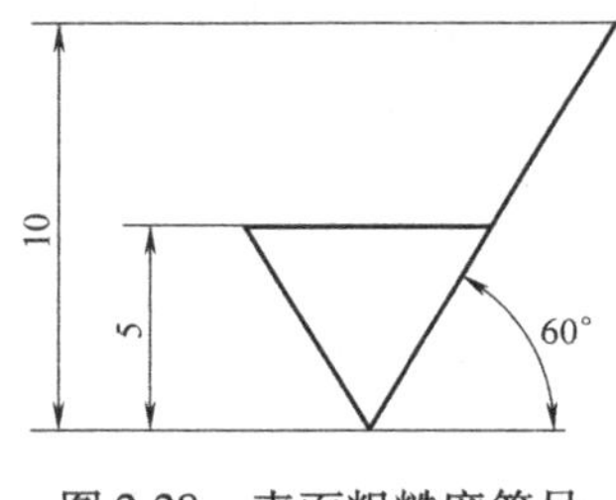

图 2-28　表面粗糙度符号

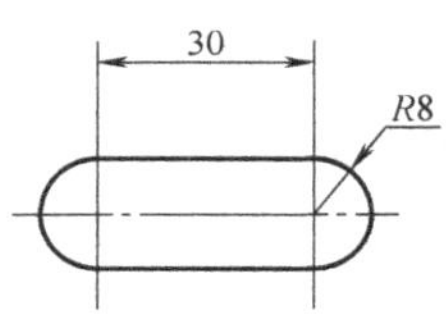

图 2-29　键槽

3. 绘制图 2-30 ~ 图 2-39 所示的平面图形。

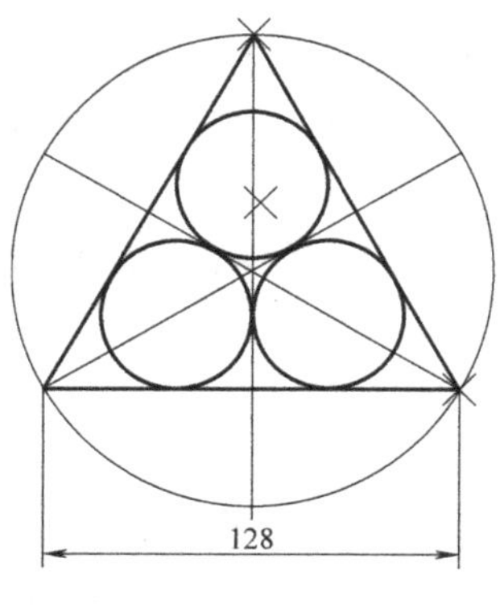

图 2-30　图形 1

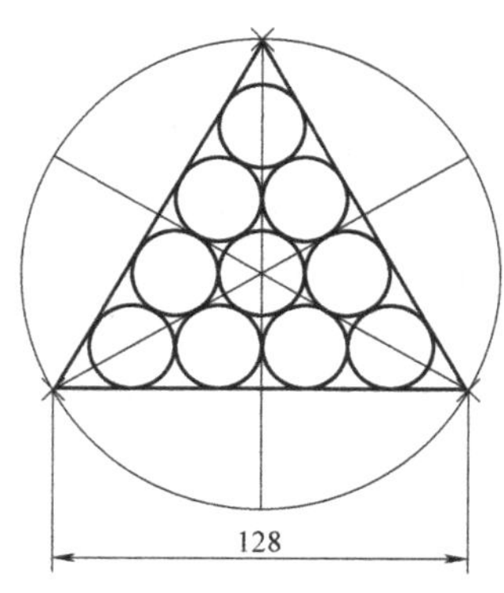

图 2-31　图形 2

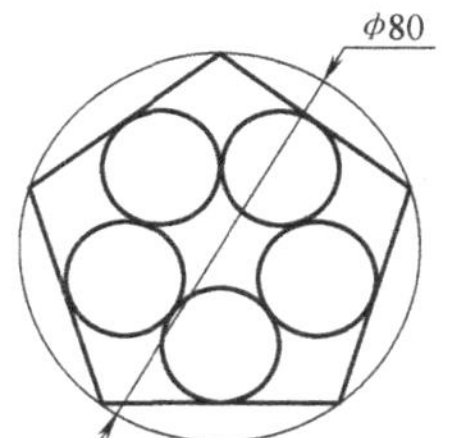

图 2-32　图形 3

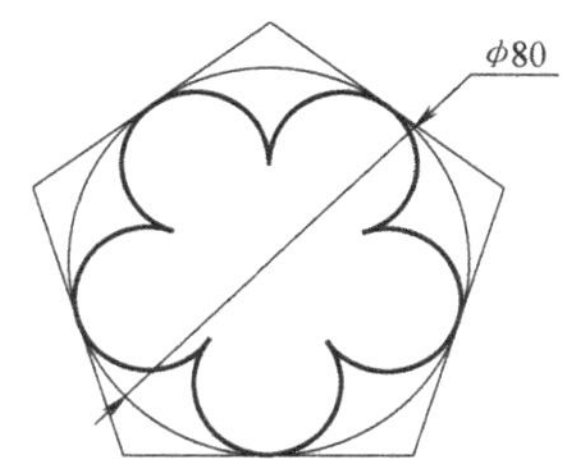

图 2-33　图形 4

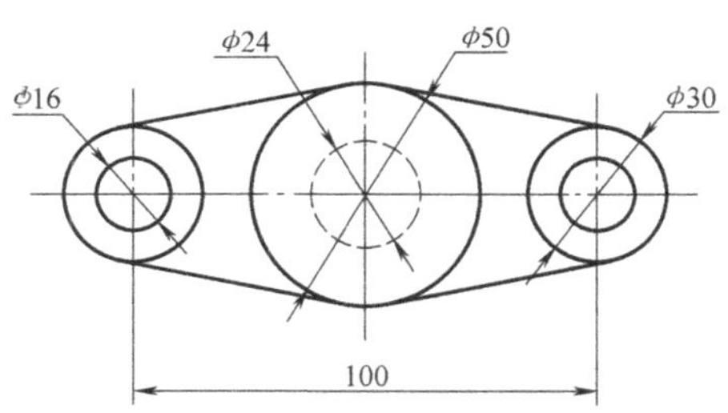

图 2-34　图形 5

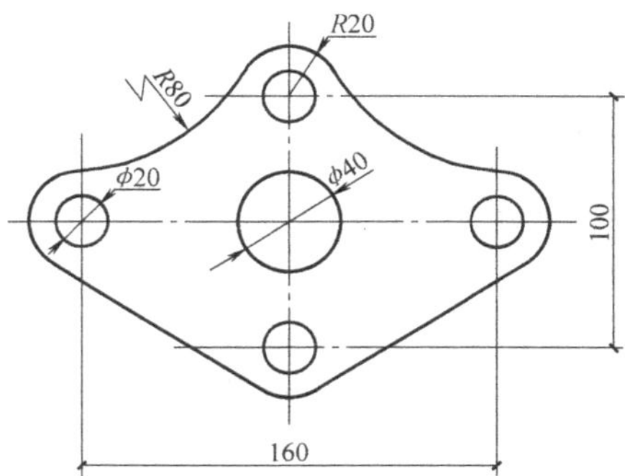

图 2-35　图形 6

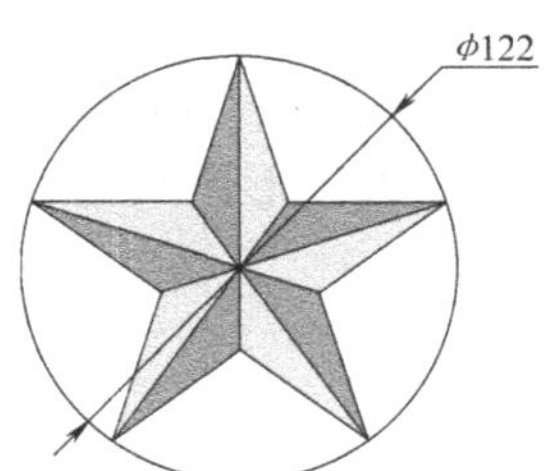

图 2-36　图形 7

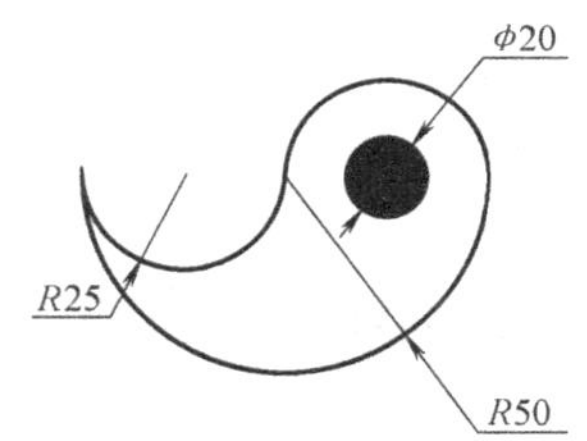

图 2-37　图形 8

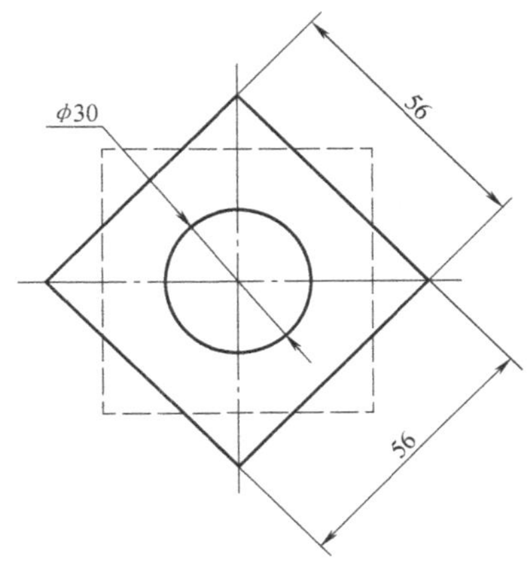

图 2-38　图形 9

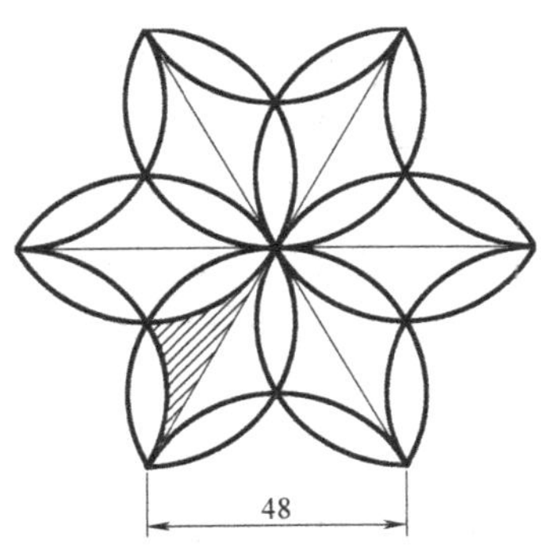

图 2-39　图形 10

第 3 章　常用的绘图命令

【教学目标与任务】

通过对本章的学习，读者应掌握 AutoCAD 中各种二维基本图形的绘制方法，以及各种参数的具体设置。

【教学重点与难点】

- 绘制二维图形方法
- 绘制点、直线、多段线和多线
- 绘制矩形、正多边形
- 绘制圆、圆弧、椭圆和椭圆弧
- 图案填充

在 AutoCAD 中，使用“绘图”菜单中的命令，不仅可以绘制点、直线、圆、圆弧、多边形等简单二维图形，还可以绘制多线、多段线和样条曲线等高级图形对象。二维图形的形状都很简单，创建起来也很容易，但它们是整个 AutoCAD 的绘图基础，因此，用户只有熟练地掌握它们的绘制方法和技巧，才能够更好地绘制出复杂的二维图形以及三维模型。

3.1　绘制二维图形的方法

为了满足不同用户的需要，体现操作的灵活性、方便性，用户可以使用“绘图”菜单、绘图工具栏以及绘图命令 3 种途径来绘制二维图形。

1. 使用“绘图”菜单

“绘图”菜单如图 3-1 所示。“绘图”菜单中包含了 AutoCAD 几乎所有的绘图命令，用户通过选择该菜单中的命令或子命令，可绘制出相应的二维图形。

2. 使用绘图工具栏

绘图工具栏的每个工具按钮都对应于“绘图”菜单中相应的绘图命令，用户单击它们可执行相应的绘图命令，如图 3-2 所示。

特别提示

绘图工具栏中只是最常用的绘图命令，有些命令需要从“绘图”菜单才能找到，如绘制圆命令中的“相切，相切，相切”就需要使用“绘图”菜单。

3. 使用绘图命令

在命令提示行后输入绘图命令，按 <Enter> 键或空格键，并根据提示行的提示信息进

图 3-1　绘图菜单

图 3-2　绘图工具栏

行绘图操作。这种方法快捷，准确性高，但需要掌握绘图命令及其各选项的具体功能。如绘制直线，可以在命令行输入“LINE”或直接输入快捷命令“L”即可。

> **特别提示**
> 尽量记住尽可能多的绘图快捷命令，用快捷命令绘图，可以极大地提高绘图速度。

3.2　点、直线、射线、构造线、多段线、多线

3.2.1　绘制点

点一般作为辅助参考点。点对象有单点、多点、定数等分和定距等分 4 种，用户根据需要可以绘制各种类型的点。

1. 执行途径

绘制点的途径有三种：

1）工具栏：“绘图”／“点”按钮（多点）。

2）下拉菜单：“绘图”／“点”。

3）命令：POINT（单点）（快捷命令 PO）。

2. 操作说明

执行“绘图”／“点”后，显示出下级子菜单，用户可根据需要，选择点的类型。

1）选择“单点”命令，可以在绘图窗口中一次绘制一个点。

2）选择“多点”命令，可以在绘图窗口中一次绘制多个点，最后可按 < ESC > 键结

束。

3）选择“定数等分”命令，可以在指定的对象上绘制等分点或者在等分点处插入块。图 3-3a 所示为将已知直线五等分。

4）选择“定距等分”命令，可以在指定的对象上按指定的长度绘制点或者插入块。

特别提示

在使用“定距等分”命令绘制点时，等分的起点与鼠标选取对象时点击的位置有关。如图 3-3b 所示，鼠标靠近右端点单击选取直线，其结果以直线的右端点为等分起点。

a)　　b)

图 3-3　点的定数等分和定距等分

a）将长度为 100 的直线 5 等分（定数等分）　b）将长度为 100 的直线分割间距为 15（定距等分）

3. 调整点的样式和大小

调整点的样式和大小的方法如下：

1）执行“格式”/“点样式”命令，弹出图 3-4 所示的对话框。

2）在该对话框中，用户可以选择所需要的点的样式。

3）在“点大小”栏内调整点的大小。

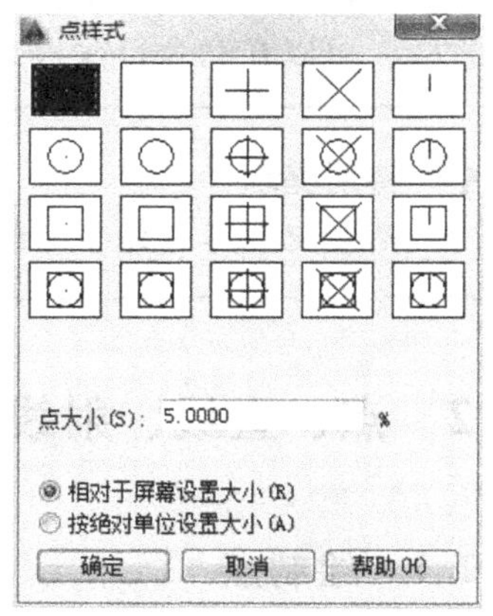

图 3-4　点样式

3.2.2　绘制直线

直线是各种绘图中最常用、最简单的一类图形对象。在几何学中，两点决定一条直线。执行“直线”命令，用户只需给定起点和终点，即可画出一条线段。一条线段即是一个图元。在 AutoCAD 中，图元是最小的图形元素，它不能再被分解。一个图形是由若干个图元组成的。

1. 执行途径

绘制直线的途径有三种：

1）工具栏：“绘图”工具栏/“直线”按钮。

2）下拉菜单：“绘图”/“直线”。

3）命令：LINE（快捷命令 L）。

2. 操作说明

1）执行“直线”命令后，命令行显示：

指定第一点：单击鼠标或从键盘输入起点的坐标。

2）命令行显示：指定下一点或［放弃（U）］：移动鼠标并单击，或坐标输入，即可指定第二点，同时画出了一条线段。

3）指定下一点，即可连续画直线。

4）按 <Enter> 键，结束操作。

特别提示

1）在绘制直线，命令行提示“指定下一点”时，若输入“U”或选择快捷菜单中的“放弃”命令，则取消刚刚指定的点，即取消刚刚绘制的线段。连续输入“U”并按<Enter>键，即可连续取消相应的已画线段。

2）在空命令提示下输入“U”，则取消上一步执行的命令。

3）在绘制直线，命令行提示“指定下一点或［闭合（C）/放弃（U）］:”时，若输入“C”或选择快捷菜单中的“闭合”命令，可使绘出的折线封闭并结束操作。

4）若要画水平线和铅垂线，可开启正交模式，可以直接输入线的长度。

5）若要准确画线到某一特定点，可用对象捕捉工具。

3. 应用示例

使用“直线”命令绘制图 3-5 所示的图形。

【操作步骤】

1）在“绘图”工具栏中单击直线按钮，或在命令行输入“L”并按<Enter>键。

2）在“指定第一点:”提示行输入 *A* 点坐标（0，0）。

3）依次在“指定下一点或［放弃（U）］:”提示行中输入其他点坐标：*B*（0，40）、*C*（70，40）、*D*（70，20）、*E*（40，20）、*F*（40，0）。

4）在“指定下一点或［闭合（C）/放弃（U）］:”提示行输入字母“C”，然后按<Enter>键，即可到封闭的图形。

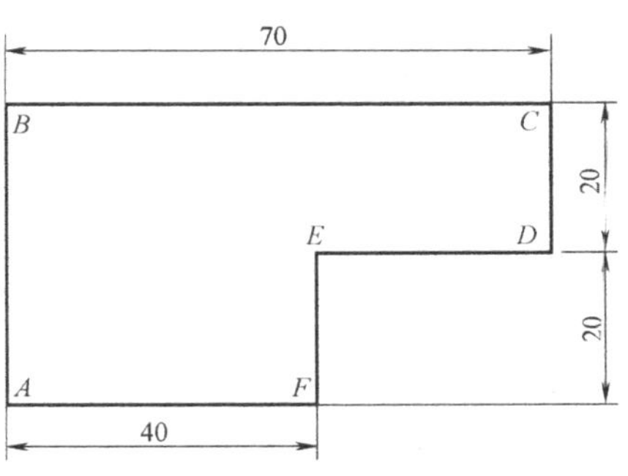

图 3-5　使用“直线”命令绘制图形

特别提示

因为此图中的直线都是水平线和铅垂线，所以采用如下方法简单：

1）打开正交模式。执行“直线”命令。

2）在提示“指定第一点:”时，鼠标任点一点 *A*。

3）将鼠标移到 *A* 点上侧，输入“40”按<Enter>键，得到 *B* 点。鼠标移到 *B* 点右侧，输入“70”按<Enter>键，得到 *C* 点，以此类推。

3.2.3　绘制射线

射线为一端固定，另一端无限延伸的直线。在 AutoCAD 中，射线主要用于绘制辅助线。

1. 执行途径

绘制射线的途径有两种：

1）下拉菜单：“绘图”/“射线”。

2）命令：RAY。

2. 操作说明

1）执行“绘图”/“射线”命令。

2）单击鼠标或从键盘输入起点的坐标，以指定起点。

3）移动鼠标并单击，或输入点的坐标，即可指定通过点，同时画出了一条射线。

4）连续移动鼠标并单击，即可画出多条射线。

5）按 <Enter> 键，结束画射线的操作。

3.2.4 绘制构造线

构造线是指在两个方向上无限延长的直线。构造线主要用作绘图时的辅助线。当绘制多视图时，为了保持投影联系，可先画出若干条构造线，再以构造线为基准画图。

1. 执行途径

绘制构造线的途径有三种：

1）工具栏：“绘图”/“构造线”按钮。

2）下拉菜单：“绘图”/“构造线”。

3）命令：XLINE（快捷命令 XL）。

2. 操作说明

单击“构造线”按钮，命令行显示：指定点或［水平（H）/垂直（V）/角度（A）/二等分（B）/偏移（O）］：

缺省选项是“指定点”。若执行括号内的选项，需输入选项后括号内的字符。

各选项的含义如下：

1）水平（H）：绘制通过指定点的水平构造线。

2）垂直（V）：绘制通过指定点的垂直构造线。

3）角度（A）：绘制与 X 轴正方向成指定角度的构造线。

4）二等分（B）：绘制角的平分线。执行该选项后，用户输入角的顶点、角的起点和终点后，即可画出角平分线。

5）偏移（O）：绘制与指定直线平行的构造线。该选项的功能与“修改”菜单中的“偏移”功能相同。执行该选项后，给出偏移距离或指定通过点，即可画出与指定直线相平行的构造线。

3. 应用示例

使用“构造线”工具，绘制图 3-6 所示图形中 $\angle BAC$ 的角平分线。

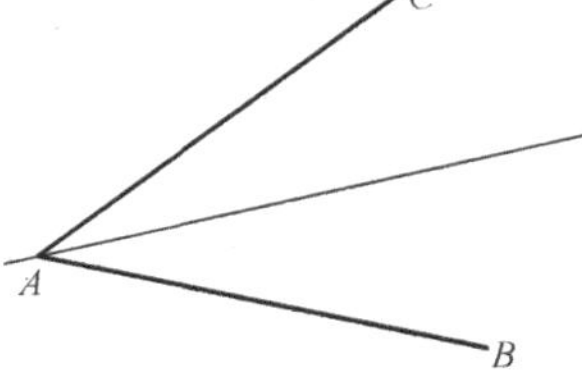

图 3-6 使用“构造线”命令绘制图形

【操作步骤】

1）单击按钮。

2）在“指定点或［水平（H）/垂直（V）/角度（A）/二等分（B）/偏移（O）］”提示下输入“B”，按 <Enter> 键，即二等分。

3）指定角点 A，指定角的起点 B 和另一端点 C，即绘制出 $\angle BAC$ 的角平分线。

3.2.5　绘制多段线

多段线是作为单个对象创建的相互连接的序列线段，可以创建直线段、弧线段或两者的组合线段。多段线中的线条可以设置成不同的线宽以及不同的线型，具有很强的实用性。

1. 执行途径

绘制多段线的途径有三种：

1）工具栏：“绘图”/“多段线”按钮。

2）下拉菜单：“绘图”/“多段线”。

3）命令：PLINE（快捷命令 PL）。

2. 操作说明

执行多段线命令，系统显示如下提示：

指定起点：输入或点击起点。

指定下一点或［圆弧（A）/闭合（C）/半宽（H）/长度（L）/放弃（U）/宽度（W）］：

1）圆弧（A）：该选项使“PLINE”命令由绘直线方式变为绘制圆弧方式，并给出圆弧的提示。

2）闭合（C）：执行该选项，系统从当前点到多段线的起点以当前宽度画一条直线，构成封闭的多段线，并结束“PLINE”命令的执行。

3）半宽（H）：该选项用来确定多段线的半宽度。

4）长度（L）：该选项用于确定多段线的长度。

5）放弃（U）：可以删除多段线中刚画出的直线段（或圆弧段）。

6）宽度（W）：该选项用于确定多段线的宽度，操作方法与半宽度选项类似。

3. 应用示例

利用“多段线”命令绘制图3-7中的图形。

【操作步骤】

（1）绘制箭头（图3-7a）

1）执行多段线命令。打开正交，在绘图窗口中单击 E 点，鼠标放在 E 点右侧，输入长度值“10”按 <Enter> 键，绘制线段 EF。

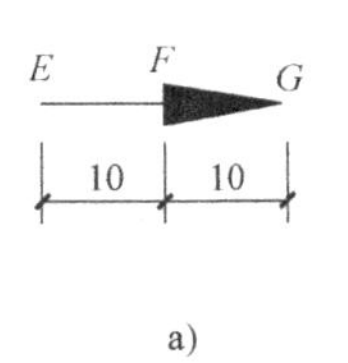

a)

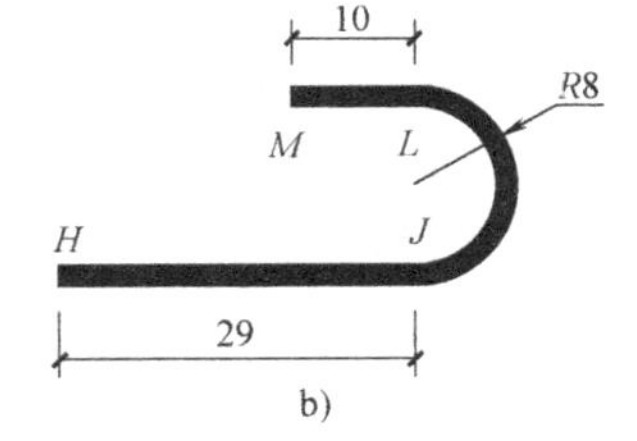

b)

图3-7　使用“多段线”命令绘制图形

2）输入“W”（设置线宽），按 <Enter> 键。

3）输入“3”（设置起点宽度），按 <Enter> 键。

4）输入“0”（设置终点宽度），按 <Enter> 键，鼠标放在 F 点右侧，输入长度值“10”按 <Enter> 键，完成箭头的绘制。

（2）绘制钢筋弯钩（图3-7b）

1）重复执行多段线命令，输入“W”，按 <Enter> 键；输入“29”，按 <Enter> 键，绘制直线 HJ。

2）输入“A”（开始画圆弧），按 <Enter> 键。打开正交，鼠标放在 J 点正上方，输入

“16”，确定钢筋弯钩的另一端点 L。

3）输入“L”（切换到画直线模式），鼠标放在 L 点左侧，输入“10”，按 <Enter> 键。完成钢筋弯钩。

3.2.6 绘制多线和编辑多线

多线由 1 ~ 16 条平行线组成，这些平行线称为元素。“多线”命令可以一次绘制多条平行线，主要用来绘制房屋的墙线及门窗线。用户可以自己创建、保存并编辑多线样式。

1. 创建多线样式

在绘制多线前应该对多线样式先进行定义，然后用定义的样式绘制多线。通过指定每个元素距多线原点的偏移量可以确定元素的位置。用户还可以设置每个元素的颜色、线型以及显示或隐藏多线的封口。所谓封口就是指那些出现在多线元素每个顶点处的线条。

（1）执行途径

1）下拉菜单：“格式”/“多线样式”。

2）命令：MLSTYLE。

（2）操作说明

1）执行“多线样式”命令，弹出一个“多线样式”对话框，如图 3-8a 所示。

2）单击“新建”按钮，弹出“创建新的多线样式”对话框。在新样式名称栏内输入名称，如图 3-8b 所示。

3）单击“继续”按钮，弹出“新建多线样式”对话框，如图 3-8c 所示。

4）在“封口”选项区域确定多线的封口形式、填充和显示连接，一般选直线封口。图 3-8d 所示为几种封口样式。图 3-8e 所示为显示和不显示连接的比较。

5）在“图元”选项区域，单击“添加”按钮，在元素栏内增加一个元素。

6）在“偏移”栏内可以设置新增图元的偏移量。选定某图元，也可以修改其偏移量。一般最外两直线图元间距离为 120mm，图 3-8c 所示两线间距为 240mm。

7）分别利用颜色、线型按钮设置新增元素的颜色和线型。

8）单击“确定”按钮，返回到“多线样式”对话框。

9）单击“置为当前”按钮，最后单击“确定”按钮，完成创建定义多线样式。

2. 绘制多线

使用“多线”命令绘制图线，用户可以用预先定义的多线样式，也可以用默认的样式。

（1）执行途径

1）下拉菜单：“绘图”/“多线”。

2）命令：MLINE（快捷命令 ML）。

（2）操作说明

执行“多线”命令，命令行提示：

指定起点或［对正（J）/比例（S）/样式（ST）］：

各选项的含义如下：

1）指定起点：执行该选项后（即输入多线的起点），系统会以当前的多线样式、比例和对正方式绘制多线，绘图方法和“直线”命令类似。

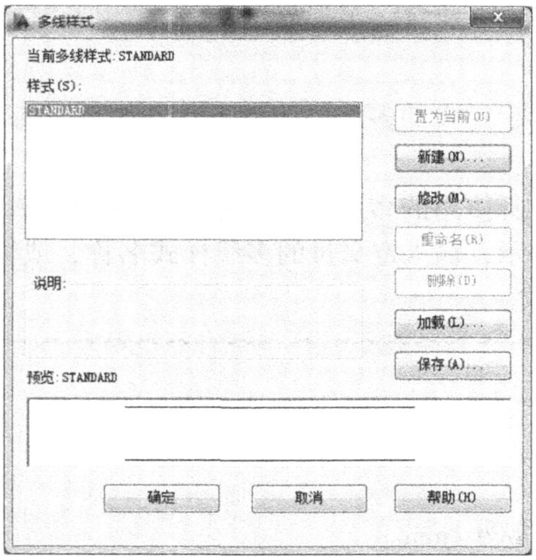

多线样式

当前多线样式：STANDARD

样式(S)：STANDARD

置为当前(U)　新建(N)...　修改(M)...　重命名(R)　删除(D)　加载(L)...　保存(A)...

说明：

预览：STANDARD

确定　取消　帮助(H)

a)

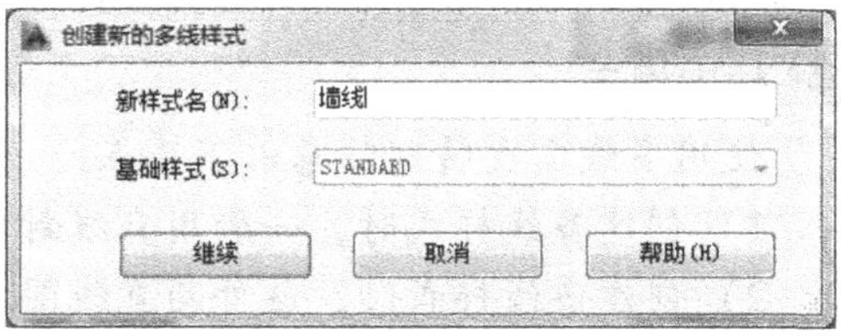

创建新的多线样式

新样式名(N)：墙线

基础样式(S)：STANDARD

继续　取消　帮助(H)

b)

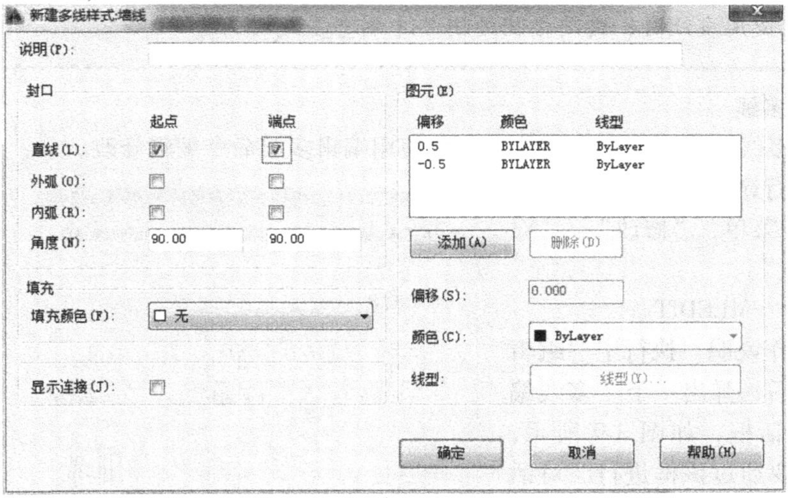

新建多线样式:墙线

说明(P)：

封口

	起点	端点
直线(L)：	☑	☑
外弧(O)：	☐	☐
内弧(R)：	☐	☐
角度(N)：	90.00	90.00

填充

填充颜色(F)：□ 无

显示连接(J)：☐

图元(E)

偏移	颜色	线型
0.5	BYLAYER	ByLayer
-0.5	BYLAYER	ByLayer

添加(A)　删除(D)

偏移(S)：0.000

颜色(C)：■ ByLayer

线型：线型(Y)...

确定　取消　帮助(H)

c)

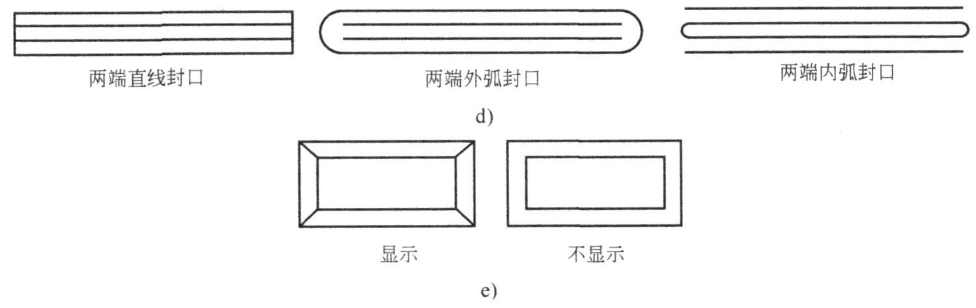

图3-8　设置“多线样式”

a)“多线样式”对话框　b)“创建多线新样式”对话框　c) 新建“多线样式”对话框　d) 不同封口效果对比　e) 显示连接效果对比

2）对正（J）：该选项用于确定绘制多线的对正方式。输入“J”按 <Enter> 键，有三种对正方式，一般选择“无（Z）”，即中线对正。

3）比例（S）：该选项用来确定所绘多线相对于定义的多线的比例系数。如果绘制 240 墙线，比例改为 240，120 墙线比例改为 120。

4）样式（ST）：该选项用来确定绘制多线时所使用的多线样式，缺省样式为 STANDARD。输入“ST”，按 <Enter> 键，根据命令行提示，输入定义过的多线样式名称，或输入“?”显示已有的多线样式，选择创建好的多线样式。

特别提示

使用多线需要特别注意以下几点：

1）创建多线样式时，一般用直线封口。

2）创建多线样式时，最外两直线图元间距离为 1mm。

3）在使用多线时，一般设置多线对正方式为“无（Z）”，即中线对正。

4）在使用多线时，需要根据绘图尺寸调整多线比例。

3. 编辑多线

使用“多线”命令绘制的图线，必须使用编辑多线命令编辑修改。

（1）执行途径

1）下拉菜单：“修改”/“对象”/“多线”。

2）命令：MLEDIT。

（2）操作说明　执行了“编辑多线”命令后，弹出一个“多线编辑工具”对话框，如图 3-9 所示，编辑多线主要通过该框进行。对话框中的各个图标形象地反映了“MLEDIT”命令的功能。

图 3-9 “多线编辑工具”对话框

选择多线的编辑方式后，命令行提示：

选择第一条多线：指定要剪切的多线的保留部分。

选择第二条多线：指定剪切部分的边界线。

按 <Enter> 键命令可连续使用多线编辑。

图 3-10 所示为多线编辑的几种效果。

特别提示

编辑多线时注意选择第一条多线和第二条多线的顺序，顺序不同结果不同。

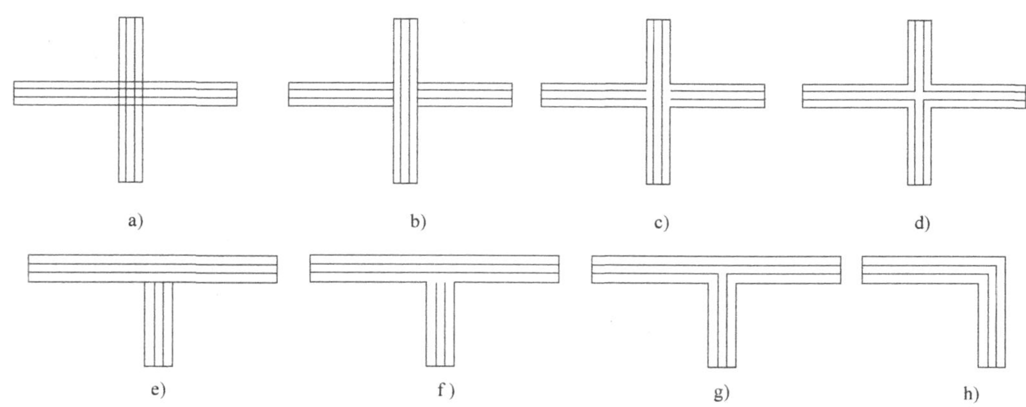

图3-10 多线编辑效果
a）多线对象 b）十字闭合 c）十字打开 d）十字合并
e）T形闭合 f）T形打开 g）T形合并 h）角点结合

3.3 矩形、正多边形

3.3.1 绘制矩形

用户可直接绘制矩形，也可以对矩形倒角或倒圆角，还可以改变矩形的线宽。

1. 执行途径

1）工具栏：“绘图”/“矩形”按钮□。

2）下拉菜单“绘图”/“矩形”。

3）命令：RECTANGLE（快捷命令：REC）。

2. 操作说明

执行矩形命令后，命令行提示：

指定第一个角点或[倒角（C）/标高（E）/圆角（F）/厚度（T）/宽度（W）]：确定第一个角点。

指定另一个角点或[面积（A）/尺寸（D）/旋转（R）]：

指定的两个角点就是矩形的两个对角点。两个对角点就确定一个矩形，如图3-11a所示。

各选项含义如下：

1）倒角（C）：选择该选项，可绘制一个带倒角的矩形，此时需要指定矩形的两个倒角距离，如图3-11b所示。

2）标高（E）：选择该选项，可指定矩形所在的平面高度。该选项一般用于在三维绘图时设置矩形的基面位置。

3）圆角（F）：选择该选项，可绘制一个带圆角的矩形，此时需要指定矩形的圆角半径，如图3-11c所示。

4）厚度（T）：选择该选项，可以以设定的厚度绘制矩形。该选项一般用于三维绘图时设置矩形的高度。

5）宽度（W）：选择该选项，可以以设定的线宽绘制矩形，此时需要指定矩形的线宽，如图 3-11d 所示。

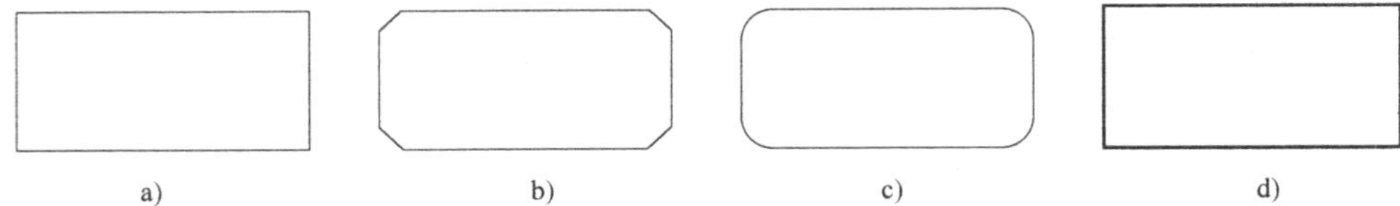

a) b) c) d)

图 3-11 使用“矩形”命令绘制图形
a）绘制矩形 b）绘制带倒角矩形 c）绘制带圆角矩形
d）绘制带宽度矩形

6）面积（A）：通过指定矩形的面积和一个边长来绘制矩形。

7）尺寸（D）：分别输入矩形的长、宽来画矩形。

8）旋转（R）：可绘制一个指定旋转角度的矩形。

3. 应用示例

绘制一个长 100mm，宽 60mm 倾斜 30°的矩形，如图 3-12 所示。

【操作步骤】

1）命令：_rectang，执行“矩形”命令。

2）指定第一个角点或［倒角（C）/标高（E）/圆角（F）/厚度 T）/宽度（W）］：在屏幕绘图区域用鼠标单击确定一点。

3）指定另一个角点或［面积（A）/尺寸（D）/旋转（R）］：输入“R”，指定旋转角度。

4）指定旋转角度或［拾取点（P）］ <0>：输入“30”。

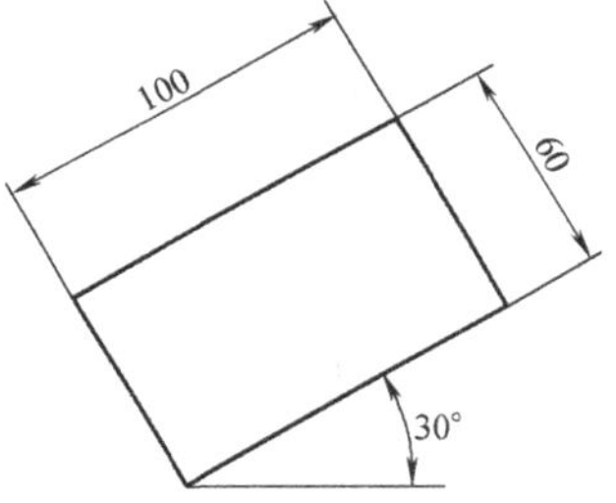

图 3-12 一定倾斜角度

5）指定另一个角点或［面积（A）/尺寸（D）/旋转（R）］：输入“D”，调整尺寸。

6）指定矩形的长度：输入长度“100”。

7）指定矩形的宽度：输入宽度“60”。

8）指定另一个角点或［面积（A）/尺寸（D）/旋转（R）］：用鼠标单击确定矩形方位，绘制出图 3-12 所示矩形。

3.3.2 绘制正多边形

创建正多边形是绘制正方形、等边三角形和正六边形等图形的简单方法。在 AutoCAD 中可以绘制边数为 3 ~ 1024 的正多边形。

1. 执行途径

执行绘制正多边形的途径有三种：

1）工具栏：“绘图”/“正多边形”按钮⬠。

2）下拉菜单：“绘图”/“正多边形”。

3）命令：POLYGON（快捷命令：POL）。

2. 操作说明

执行绘制正多边形命令后，命令行提示：

输入侧面数：即输入正多边形的边数。

指定正多边形的中心点或［边（E）］：

各选项含义如下：

1）边（E）：执行该选项后，输入边的第一个端点和第二个端点，即可由边数和一条边确定正多边形，如图3-13c所示，输入边数8，指定边*AB*，即可绘制正八边形。

2）正多边形的中心点 执行该选项，命令行提示：

输入选项［内接于圆（I）/外切于圆（C）］：

1）选择“内接于圆”是根据多边形的外接圆确定多边形，多边形的顶点均位于假设圆的弧上，需要指定边数和假设圆的半径，如图3-13a所示。

2）选择“外切于圆”是根据多边形的内切圆确定多边形，多边形的各边与假设圆相切，需要指定边数和假设圆的半径，如图3-13b所示。

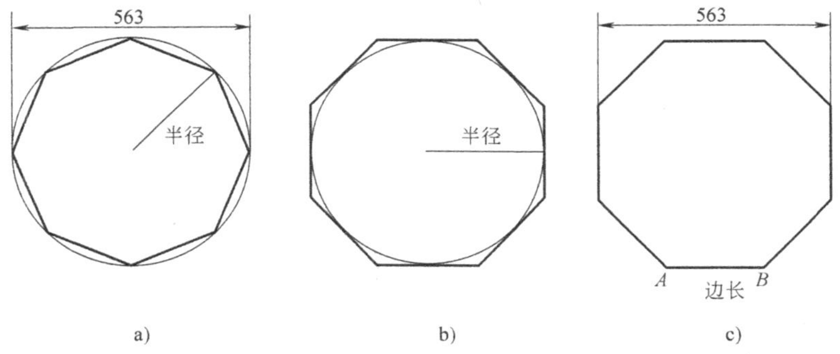

图3-13 使用“正多边形”命令绘制图形

a）根据内接圆确定多边形 b）根据外接圆确定多边形 c）根据边长确定多边形

特别提示

1）绘制正多边形，所谓的外接圆和内切圆是不出现的，只显示代表圆半径的直线段。

2）由多边形的已知尺寸条件来决定选择“内接于圆”还是“外切于圆”。图3-13a需要选择“内接于圆”，图3-13b需要选择“外切于圆”。

3.4 绘制圆、圆弧、椭圆和椭圆弧

在AutoCAD中，圆和圆弧的绘制方法相对线性对象来说要复杂一点，并且方法也比较多。

3.4.1 绘制圆

AutoCAD提供了6种画圆方法，用户可根据不同需要选择不同的方法。

1. 执行途径

执行绘制圆的途径有三种：

1）工具栏："绘图"／"圆"按钮。

2）下拉菜单："绘图"／"圆"。

3）命令：CIRCLE（快捷命令 C）。

2. 操作说明

执行"圆"命令，命令行显示如下：

指定圆的圆心或［三点（3P）/两点（2P）/相切、相切、半径（T）］：

指定圆心、半径或直径即可绘制一个圆。

各选项含义如下：

1）三点（3P）：根据三点画圆。依次输入不在一条直线上的三个点，可绘制出一个圆。

2）两点（2P）：根据两点画圆。依次输入两个点，即可绘制出一个圆，两点间的连线为圆的直径。

3）相切、相切、半径（T）：画与两个对象相切，且半径已知的圆。输入"T"后，根据命令行提示，指定相切对象并给出半径后，即可画出一个圆，如图 3-14 所示。需要注意的是，圆的半径太小可能因无法相切而无效。

4）相切、相切、相切：该命令只能用菜单"绘图"／"圆"／"相切、相切、相切"执行，如图 3-15a 所示，通过依次指定圆的 3 个切点来绘制圆。如图 3-15b 所示，采用"相切、相切、相切"命令，在三角形的三条边上选取三个切点，即绘制一个圆。

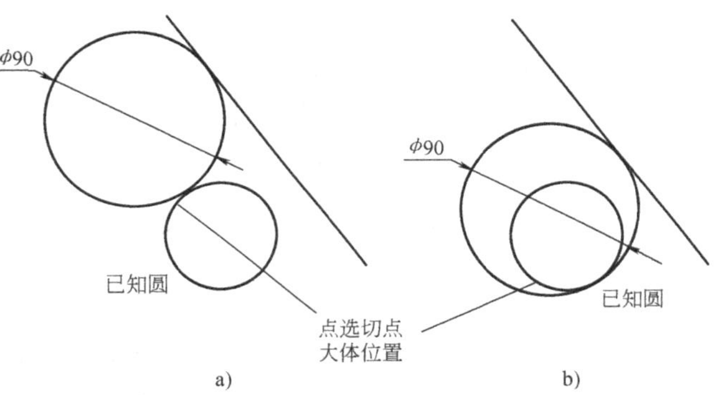

图 3-14　使用"相切、相切、半径"命令绘制圆时产生的不同效果

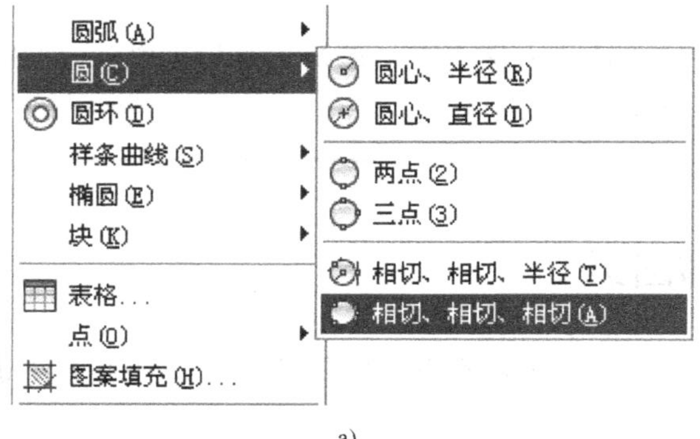

a)

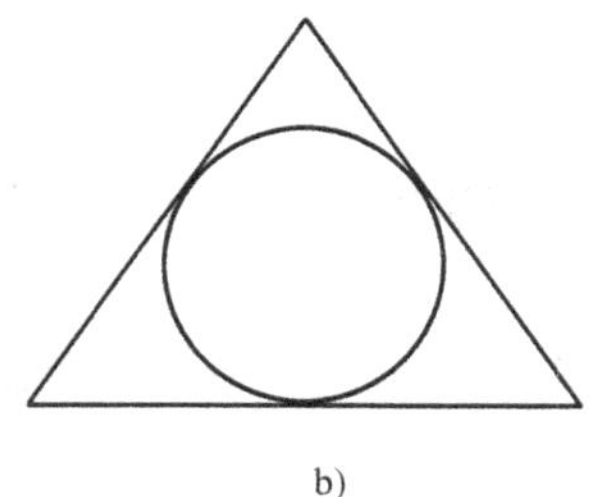

b)

图 3-15　使用"相切、相切、相切"命令绘制圆

特别提示

1）相切对象可以是直线、圆、圆弧、椭圆等图线，用相切绘制圆的方式在圆弧连接中经常使用。

2）用户在命令提示后输入半径或者直径时，如果所输入的值无效，如英文字母、负值等，系统将显示“需要数值距离或第二点”“值必须为正且非零”等信息，并提示用户重新输入值，或者退出该命令。

3）使用“相切、相切、半径”或“相切、相切、相切”命令时，系统总是在距拾取点最近的部位绘制相切的圆。因此，拾取相切对象时，所拾取的位置不同，最后得到的结果有可能也不相同，即内切和外切的不同。图3-14所示的小圆和直线为已知，绘制直径为90mm的圆与两者相切。切点选择不同结果不同。图3-14a为外切，图3-14b为内切。

3.4.2 绘制圆弧

AutoCAD提供了11种画圆弧的方法，用户可根据不同的情况选择不同的方式。

1. 执行途径

绘制圆弧的途径有三种：

1）工具栏：“绘图”/“圆弧”按钮。

2）下拉菜单：“绘图”/“圆弧”。

3）命令：ARC（快捷命令A）。

2. 操作说明

从下拉菜单中执行画圆弧的操作最为直观。图3-16是画圆弧的菜单。由此可以看出画圆弧的方式有11种，用户可以根据需要选择不同的画圆弧方式。

1）三点：通过给定的3个点绘制一个圆弧，此时应指定圆弧的起点、通过的第2个点和端点。

2）起点、圆心、端点：通过指定圆弧的起点、圆心和端点绘制圆弧。

3）起点、圆心、角度：通过指定圆弧的起点、圆心和角度绘制圆弧。

使用“起点、圆心、角度”命令绘制圆弧时，在命令行的“指定包含角:”提示下，所输入角度值的正负将影响到圆弧的绘制方向。默认环境下，若输入正的角度值，则所绘制的圆弧是从起始点绕圆心沿逆时针方向绘出；如果输入负的角度值，则沿顺时针方向绘制圆弧。

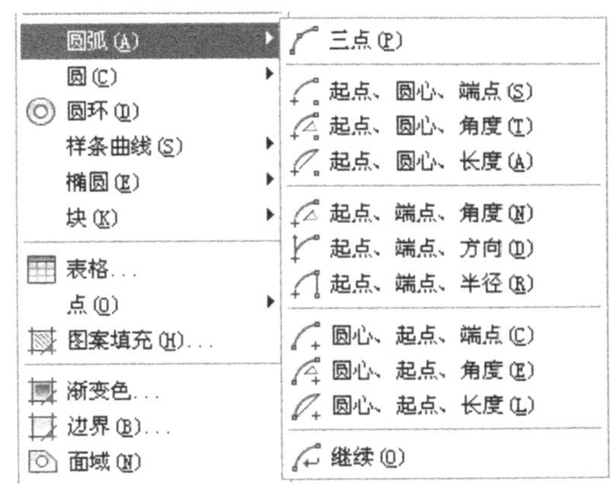

图3-16 绘制“圆弧”菜单

4）起点、圆心、长度：通过指定圆弧的起点、圆心和弦长绘制圆弧。

5）起点、端点、角度：通过指定圆弧的起点、端点和角度绘制圆弧。

6）起点、端点、方向：通过指定圆弧的起点、端点和方向绘制圆弧。

使用该命令时，当命令行提示“指定圆弧的起点切向：”时，可以通过拖动鼠标的方式动态地确定圆弧在起始点处的切线方向与水平方向的夹角。方法是：拖动鼠标，AutoCAD 会在当前光标与圆弧起始点之间形成一条橡皮筋线，此橡皮筋线即为圆弧在起始点处的切线。通过拖动鼠标确定圆弧在起始点处的切线方向后单击鼠标拾取，即可得到相应的圆弧。

7）起点、端点、半径：通过指定圆弧的起点、端点和半径绘制圆弧。

8）圆心、起点、端点：通过指定圆弧的圆心、起点和端点绘制圆弧。

9）圆心、起点、角度：通过指定圆弧的圆心、起点和角度绘制圆弧。

10）圆心、起点、长度：通过指定圆弧的圆心、起点和长度绘制圆弧。

11）继续：当执行绘圆弧命令，并在命令行的“指定圆弧的起点或［圆心（C）］”提示下直接按 <Enter> 键，系统将以最后一次绘制线段或圆弧过程中确定的最后一点作为新圆弧的起点，以最后所绘线段方向或圆弧终止点处的切线方向为新圆弧在起始点处的切线方向，然后再指定一点，就可以绘制出一个圆弧。

特别提示

1）有些圆弧不适合用“Arc”命令绘制，而更适合用“圆”命令画出整个圆，再用“修剪”命令修剪成圆弧。

2）AutoCAD 默认按逆时针方向绘制圆弧。

3. 应用示例

绘制图 3-17 所示的图形。

【操作步骤】

1）用“直线”命令(LINE)绘制两圆的定位轴线，注意轴线间距分别是 30mm 和 20mm。

2）用“圆”命令（CIRCLE）绘制 ϕ30mm 和 ϕ20mm 的圆。

3）重复画圆命令，选取“相切、相切、半径”方式绘制 R30mm 的圆，命令行提示：

指定圆的圆心或［三点（3P）/两点（2P）/相切、相切、半径（T）］：输入“T”，选择相切、相切、半径。

指定对象与圆的第一个切点：鼠标移动到右边大圆左上部分，出现捕捉切点标记时，单击拾取第一切点。

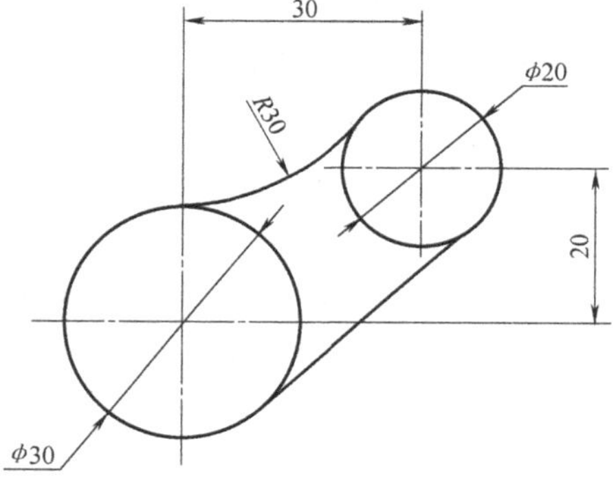

图 3-17　用圆命令与修剪命令来绘制圆弧

指定对象与圆的第二个切点：鼠标移动到左边小圆上部，出现捕捉切点标记时，单击拾取第二切点。

定圆的半径：输入圆的半径“30”，得到一个与 ϕ30mm 和 ϕ20mm 的圆都相切的 R30mm 的圆。

4）执行“修改”工具条的“修剪”命令 -/--，选取 ϕ30mm 和 ϕ20mm 的圆作为修剪边界，按<Enter>键后单击选择需要剪切的 R30mm 圆的多余圆弧（修剪命令详见第4章）。

5）绘制圆 ϕ30mm 和 ϕ20mm 的公切线。在状态栏对象捕捉按钮上单击鼠标右键，选择“设置”，在对话框中只选择“切点”。执行“直线”命令，在 ϕ30mm 圆上捕捉一个切点，在 ϕ20mm 圆上捕捉一个切点，即得公切线，如图3-17所示。

3.4.3　绘制椭圆

AutoCAD 提供了3种方式用于绘制精确的椭圆。

1. 执行途径

绘制椭圆的途径有三种：

1）工具栏：“绘图”／“椭圆”按钮。

2）下拉菜单：“绘图”／“椭圆”。

3）命令：ELLIPSE（快捷命令 EL）。

2. 操作说明

执行“椭圆”命令时，命令行提示：

指定椭圆的轴端点或［圆弧（A）／中心点（C）］：

1）中心点（C）：执行该选项，根据命令行提示，先确定椭圆中心、轴的端点，再输入另一半轴长度绘制椭圆。

2）圆弧（A）：执行该选项绘制椭圆弧。

如图3-18所示的椭圆图案，绘制一水平椭圆，然后复制两个，分别旋转60°和－60°即可得到。

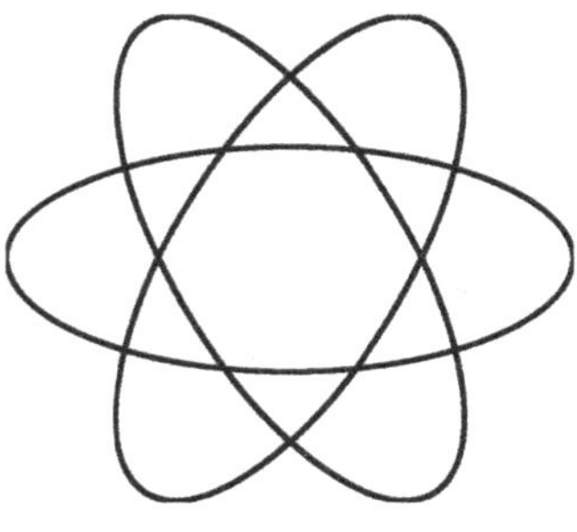

图3-18　椭圆图案

特别提示

1）执行“椭圆”命令，可以通过指定椭圆中心、一个轴的端点以及另一个轴的半轴长度绘制椭圆。

2）选择“绘图”／“椭圆”／“轴、端点”命令，可以通过指定一个轴的两个端点和另一个轴的半轴长度绘制椭圆。

3）圆在正等轴测图中投影为椭圆，在绘制正等轴测图中的椭圆时，应先打开等轴测平面，然后绘制椭圆。

3.4.4　绘制椭圆弧

1. 执行途径

1）工具栏：“绘图”／“椭圆弧”按钮。

2）下拉菜单：“绘图”／“椭圆”／“圆弧”。

3）命令：ELLIPSE。

2. 操作说明

绘制椭圆弧的操作与椭圆相同，先确定椭圆的形状，再按起始角和终止角参数绘制椭圆弧。

3.5 样条曲线、图案填充和面域

3.5.1 样条曲线

样条曲线用来绘制一条多段光滑曲线，通常用来绘制波浪线、等高线。

1. 执行途径

1）工具栏：“绘图”／“样条曲线”按钮。

2）下拉菜单：“绘图”／“样条曲线”。

3）命令：SPLINE（快捷命令 SPL）。

2. 操作说明

执行“样条曲线”命令后，命令行提示：

指定下一点：*P*1（输入一点）。

指定下一点：*P*2（输入一点）。

指定下一点：输入其他点，按 <Enter> 键。

指定起点切向：确定起始点切线方向。

指定终点切向：确定终止点切线方向。

操作效果如图 3-19 所示。

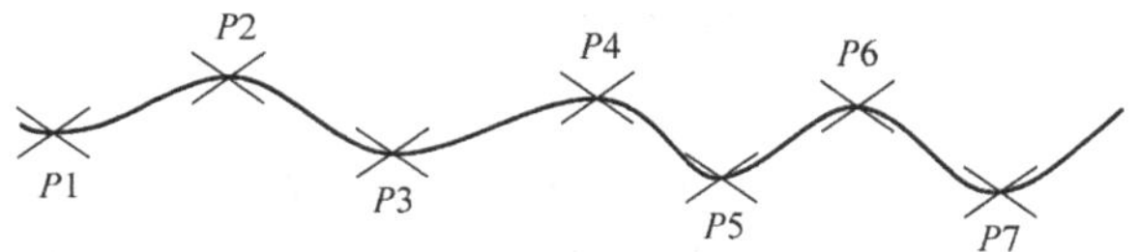

图 3-19 绘制样条曲线

3.5.2 图案填充

在机械制图中，剖面填充被用来显示零件的剖面结构关系；在建筑制图中，剖面填充用来表达建筑中各种建筑材料的类型、地基轮廓面、房屋顶的结构特征，以及墙体的剖面等。AutoCAD 为用户提供了图案填充功能。在进行图案填充时，用户需要确定的内容有三个：一是填充的区域，二是填充的图案，三是填充方式。

1. 执行途径

执行图案填充的途径有三种：

1）工具栏：“绘图”／“图案填充”按钮。

2）菜单“绘图”／“图案填充”。

3）命令：HATCH（快捷命令 H）。

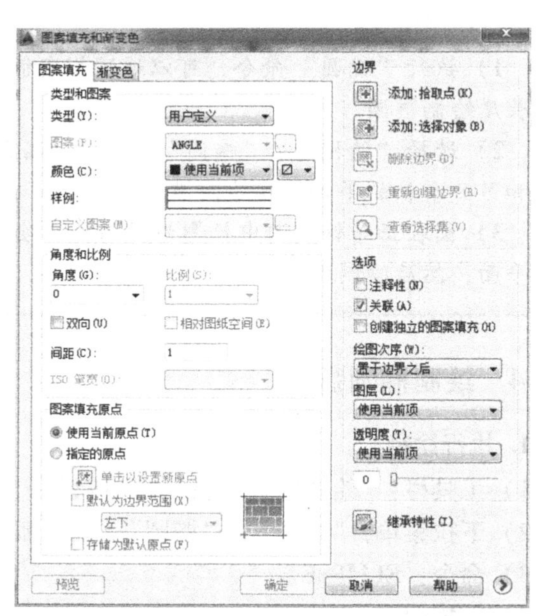

图 3-20 “图案填充和渐变色”

2. 操作说明

执行“图案填充”命令，打开“图案填充和渐变色”对话框，如图3-20所示。

（1）“图案填充”选项卡　使用“图案填充”选项卡，可以快速设置图案填充。各选项的含义和功能如下：

1）“类型”下拉列表框：用于设置填充的图案类型，包括“预定义”“用户定义”和“自定义”3个选项。其中，选择“预定义”选项，可以使用AutoCAD提供的图案；选择“用户定义”选项，则需要用户临时定义图案，该图案由一组平行线或者相互垂直的两组平行线组成。选择“自定义”选项，可以使用用户事先定义好的图案。

2）“图案”下拉列表框：当在“类型”下拉列表框中选择“预定义”选项时，该下拉列表框才可用，并且该下拉列表框主要用于设置填充的图案。单击右侧的按钮，打开“填充图案选项板”对话框，如图3-21所示，用户可选择所需的图案。例如，45°剖面线用ANSI31，混凝土用AR-CONC，钢筋混凝土用ANSI31 + AR-CONC。

3）“角度”下拉列表框：用于设置填充的图案旋转角度，每种图案在定义时的旋转角度默认都为零。

4）“比例”下拉列表框：用于设置图案填充时的比例值。每种图案在定义时的初始比例为1，用户可以根据需要放大或缩小。在图案填充时，如果填充线太密或太疏，就调整“比例”。

特别提示

如果填充完成后看不到填充图案，说明比例太大；如果填充效果是完全黑色的，说明比例太小。

（2）“渐变色”选项卡　使用“渐变色”选项卡，可以使用一种或两种颜色形成的渐变色来填充图形，如图3-22所示。

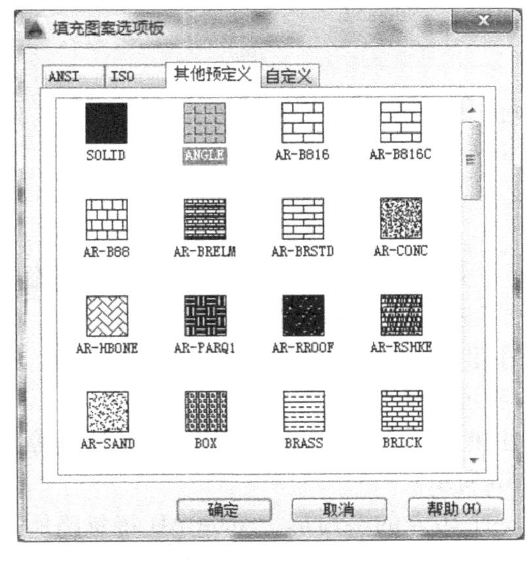

图3-21　填充选项板

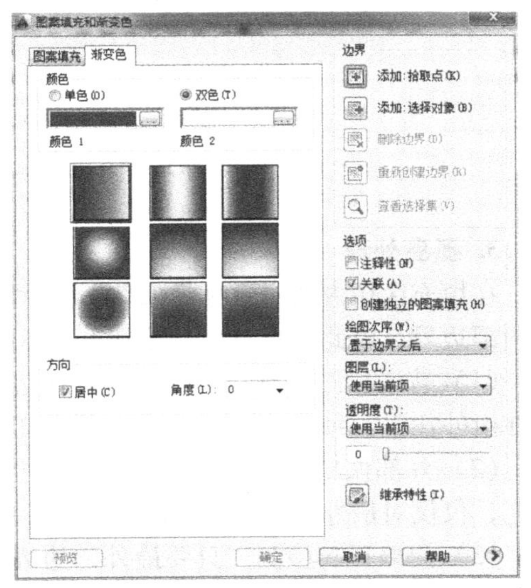

图3-22　“渐变色”选项卡

> **特别提示**
>
> 在比例较小的钢筋混凝土构件断面填充图案是涂黑，涂黑的方法可以用图案填充中的 SOLID 图案，或用渐变色填充，或直接用一定线宽的直线绘制。

（3）边界　一般有两种方法选取边界：“拾取点” 添加:拾取点(K) 和 “选择对象” 添加:选择对象(B)。

1）“拾取点”指的是拾取内部点，即在封闭区域内任意位置单击鼠标，就选定了该封闭区域，可以连续单击选择多个封闭区域。

2）“选择对象”指的是选择需要填充区域的边界线，边界可以是不封闭的。

3）删除边界。

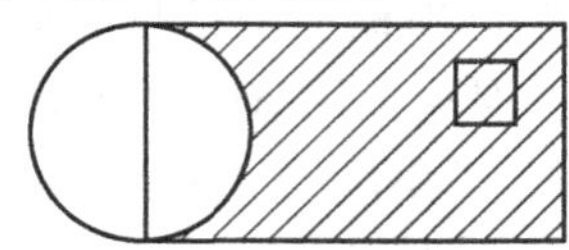

图 3-23　填充过程中删除边界

例如要完成图 3-23 所示的填充，就要忽略大矩形内部的小矩形“岛”（即边界），在选择填充区域时要按下面的步骤进行：单击拾取点按钮，在大矩形和小矩形之间区域单击鼠标，然后按 <Enter> 键，返回“边界图案填充”对话框；单击删除边界按钮，对话框隐去，移动鼠标到小矩形上单击，小矩形由虚变实。这样在填充过程中会忽略小矩形区域，按 <Enter> 键，返回“图案填充和渐变色”对话框，单击“确定”按钮，完成图案填充。

（4）选项　选中选项中的“关联”，则填充完成后，改变填充边界则填充图案相应也改变，如图 3-24 所示。

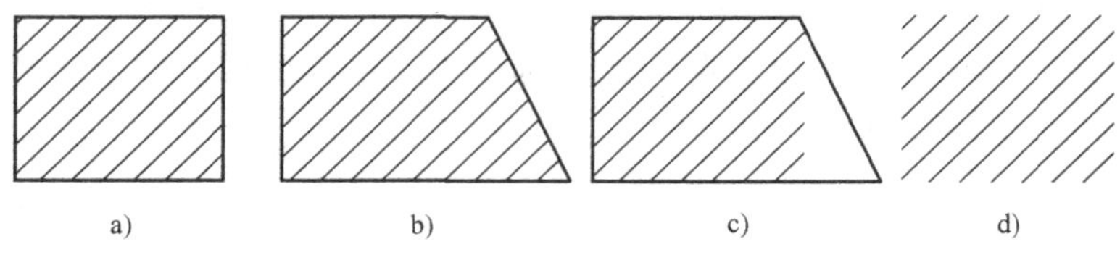

图 3-24　关联

a）填充　b）关联　c）不关联　d）填充完后删除边界

3. 孤岛处理

在填充区域内的对象称为孤岛，如封闭的图形、文字串的外框等。它影响了填充图案时的内部边界，因此以对孤岛的处理方式不同而形成了三种填充方式，如图 3-25 所示。

（1）普通孤岛检测　填充从最外面边界开始往里进行，在交替的区域间填充图案。这样在由外往里，每奇数个区域被填充，如图 3-25a 所示。

（2）外部孤岛检测　填充从最外面边界开始往里进行，遇到第一个内部边界后即停止填充，仅仅对最外边区域进行图案填充，如图 3-25b 所示。

（3）忽略孤岛检测　只要最外的边界组成了一个闭合的多边形，AutoCAD 将忽略所有的内部对象，对最外端边界所围成的全部区域进行图案填充，如图 3-25c 所示。

用户可以在边界内拾取点或选择边界对象后（即单击了“拾取点”按钮或单击了“选

择对象”按钮之后），在图形区单击鼠标右键，从弹出的快捷菜单中选择三种样式之一，如图 3-26a 所示；或者单击“图案填充和渐变色”对话框右下角的按钮，则对话框变为如图 3-26b 所示。

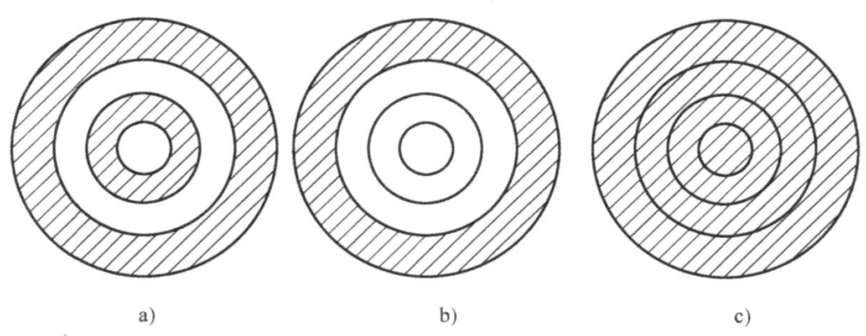

a)　　b)　　c)

图 3-25　孤岛处理

a）普通孤岛检测　b）外部孤岛检测　c）忽略孤岛检测

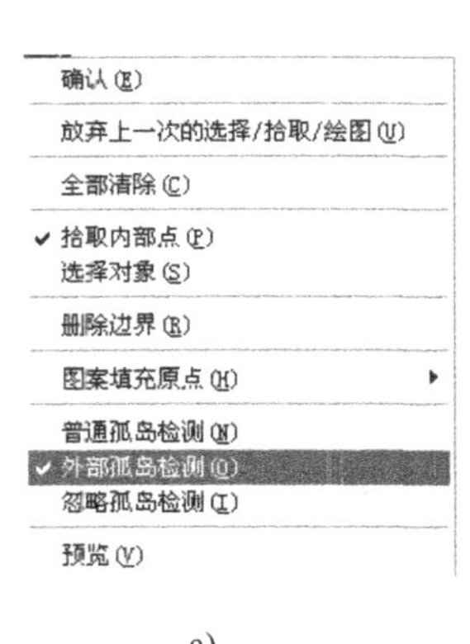

a)　　b)

图 3-26　孤岛

a）孤岛快捷菜单　b）“图案填充和渐变色”展开对话框

4. 应用示例

下面以图 3-27a 所示图形为例，说明执行图案填充的步骤。图 3-27a 剖面线 45°，图 3-27b 是执行“双向”复选框的结果。

【操作步骤】

1）单击“图案填充”按钮，屏幕弹出“图案填充和渐变色”对话框。

2）单击“类型”右侧的下拉框中，选择“用户定义”。

3）在“角度”框内选择45°或135°，选择“双向”复选框，效果如图3-27b所示。

4）在“间距”框内输入2～5的某个数，如图3-28所示。

5）单击“拾取点”按钮，此时命令行提示：

选择内部点：

6）在图形最外轮廓线内部单击鼠标，此时图线以高亮显示。

7）按<Enter>键，结束填充区域的选择。

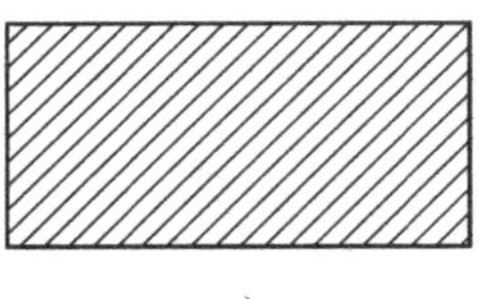

a)

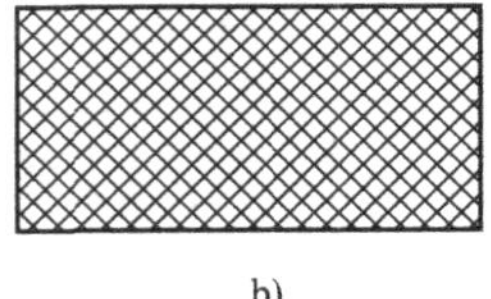

b)

图3-27　机械图常用剖面线

a）剖面线45°　b）选择“双向”

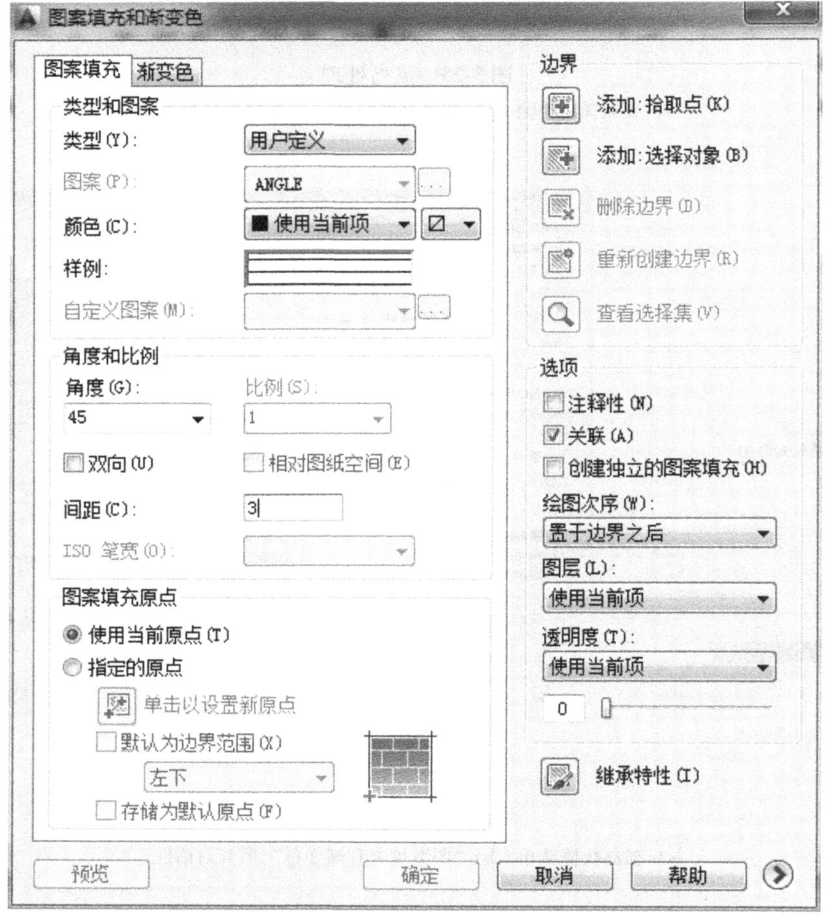

图3-28　机械图剖面线设置

8）单击“确定”按钮，完成图案填充。

3.5.3　面域

面域是封闭区域所形成的二维实体对象，可将它看成一个平面实心区域。尽管AutoCAD中有许多命令可以生成封闭形状（如圆、多边形等），但所有这些都只包含边的信息而没有面，它们和面域有本质的区别。

1. 执行途径

1）工具栏：“绘图”/“面域”按钮。

2）下拉菜单：“绘图”/“面域”。

3）命令：REGION。

2. 操作说明

执行命令后，系统提示用户选择想转换为面域的对象，如选取有效，则系统将该有效选取对象转换为面域。

特别提示

选取面域时要注意：

1）自相交或端点不连接的对象不能转换为面域。

2）缺省情况下AutoCAD进行面域转换时，“REGION”命令将用面域对象取代原来的对象并删除原对象。但是如果想保留原对象，则可通过设置系统变量“DELOBJ”为零来达到这一目的。

3.6　上机指导

例题：绘制如图3-29所示的起重钩。

【操作步骤】

1）设置三个图层

①实线层：线宽0.3mm、线型Continuous。

②点画线层：线宽0.15mm、线型ACAD ISO04W100。

③实线层：线宽0.15mm、线型Continuous。

2）绘制竖立3号图框和标题栏

3）绘制中心线。设置点画线层为当前层，单击“绘图”工具栏的“直线”按钮，先画中心线，确定各个主要尺寸的位置，如图3-30所示。

4）绘制已知圆弧。单击“绘图”工具栏的“圆”按钮，选择“T”，选项画出半径分别为24mm、60mm、10mm的圆和直径分别为26mm、52mm的圆，如图3-31所示。

5）绘制左边半径为158mm和20mm的圆弧。单击“绘图”的工具栏“圆”按钮，以$R60$mm的圆心为圆心，以98mm（158mm－60mm）为半径画圆，交于最下面的水平点画线于一点，以该点为圆心画出半径为158mm的圆；再单击“绘图”的工具栏“圆”按钮，选择“T”选项，画出半径为20mm的圆；单击“修改”的工具栏“修剪”按钮进行修剪，如图 3-32 所示。

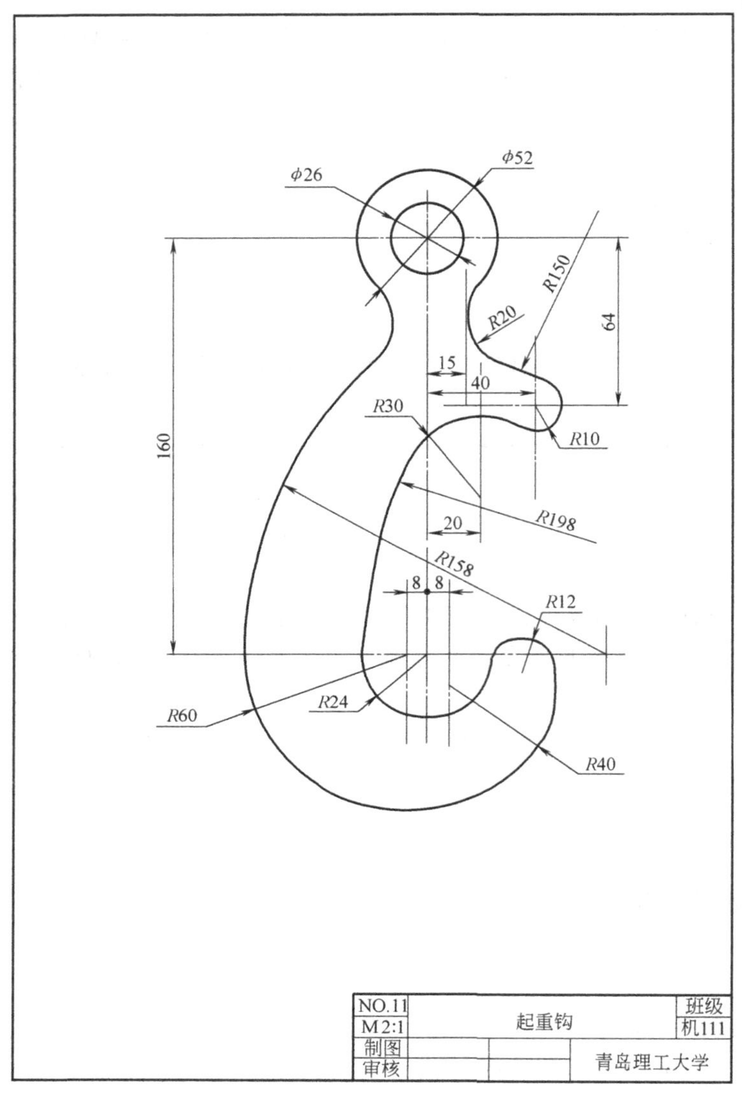

图 3-29　起重钩

图 3-30　绘制中心线

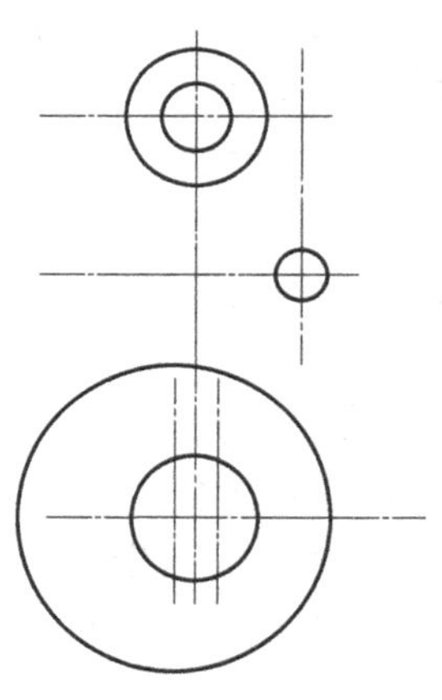

图 3-31　绘制已知圆弧

6）绘制下边半径为 40mm 和 12mm 的圆弧。单击“绘图”工具栏“圆”按钮，以 R60mm 的圆心为圆心，以 20mm（60mm－40mm）为半径画圆，交 8mm 的直线于一点，再以该点为圆心画出半径为 40mm 的圆；再单击“绘图”的工具栏“圆”按钮，选择“T”选项，画出半径 12mm 的圆；再单击“修改”的工具栏“修剪”按钮进行修剪，如图 3-33 所示。

7）绘制半径为 20mm 和 150mm 的圆弧。再单击“绘图”的工具栏“圆”按钮，选择“T”选项，画出半径 20mm 的圆；再单击“修改”工具栏的“修剪”按钮进行修剪；

再单击“绘图”的工具栏“圆”按钮，选择“T”选项，画出半径 150mm 的圆；再单击“修改”工具栏的“修剪”按钮进行修剪；如图 3-34 所示。

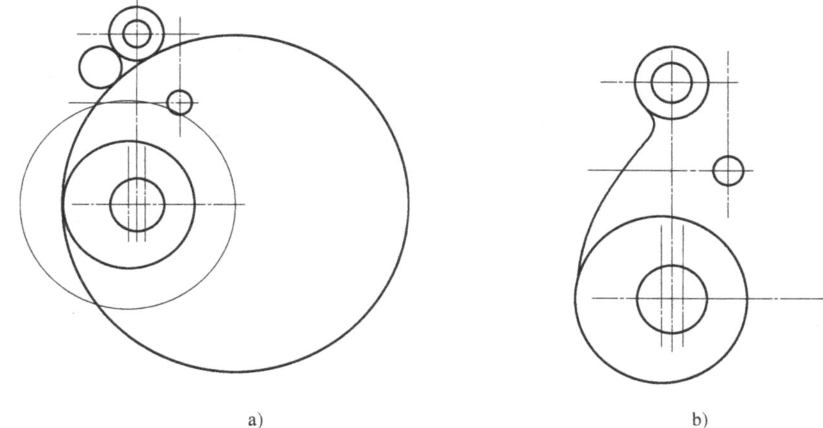

a)　　b)

图 3-32　绘制圆弧

a）画出半径分别为 98mm、158mm、20mm 的圆　b）修剪半径分别为 158mm、20mm 的圆

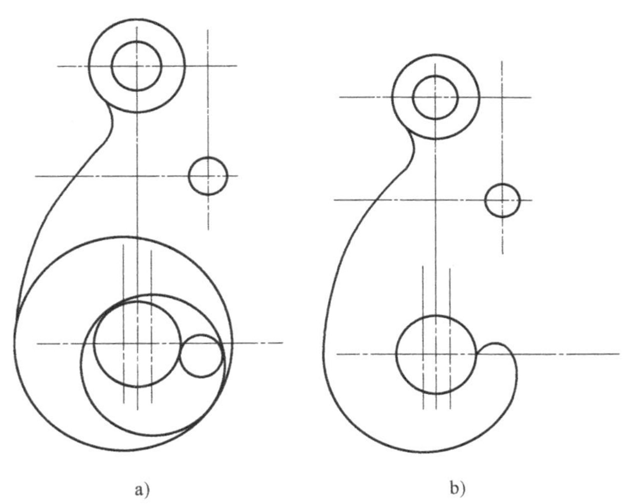

a)　　b)

图 3-33　绘制圆弧

a）画出半径分别为 40mm、12mm 的圆　b）修剪半径分别为 40mm、12mm 的圆

8）绘制半径为 30mm 和 198mm 的圆弧。单击“绘图”工具栏“圆”按钮，以 $R10$mm 的圆心为圆心，以 40mm（10mm + 30mm）为半径画圆交 20mm 的直线于一点，再以该点为圆心画出半径为 30mm 的圆；再单击“绘图”的工具栏“圆”按钮，选择“T”选项，画出半径 198mm 的圆；再单击“修改”的工具栏“修剪”按钮进行修剪，如图 3-35 所示。

9）转换图层。单击“标准”工具栏的“特性匹配”按钮，转换图层得到所需的线型，完成全图。

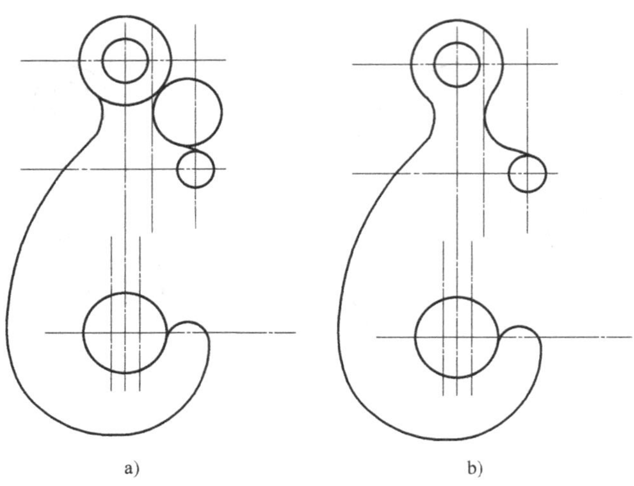

图 3-34　绘制圆弧
a）画出半径分别为 20mm、150mm 的圆　b）修剪圆弧

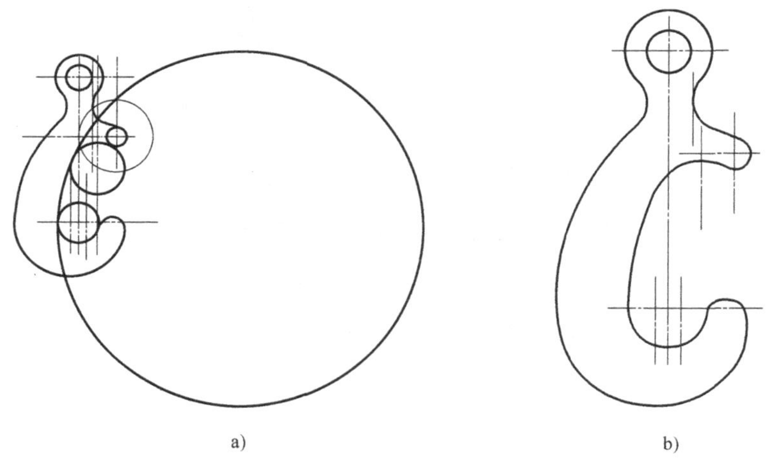

图 3-35　绘制圆弧
a）画出半径分别为 30mm、198mm 的圆　b）起重钩

3.7　操作练习

练习题：绘制图 3-36 ~ 图 3-50 所示的图形。

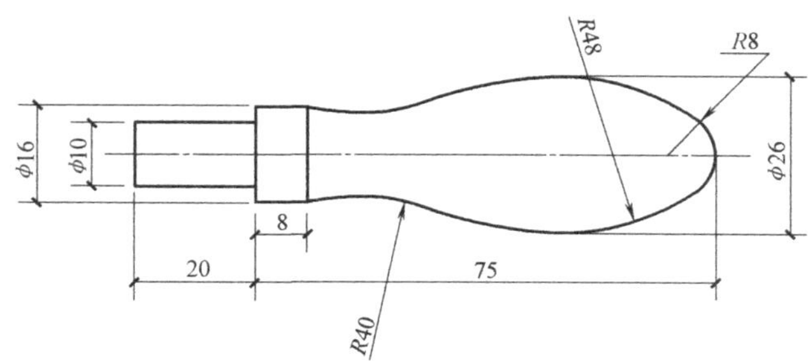

图 3-36　图形 1

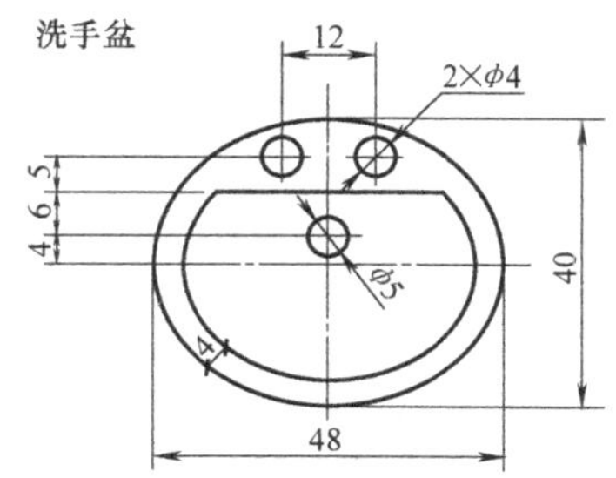

图 3-37　图形 2

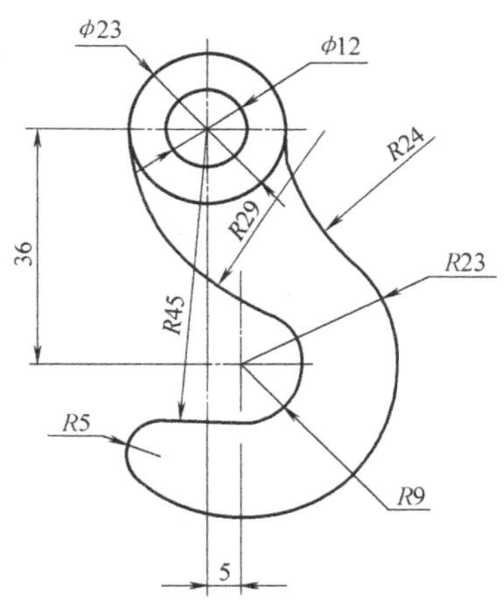

图 3-38　图形 3

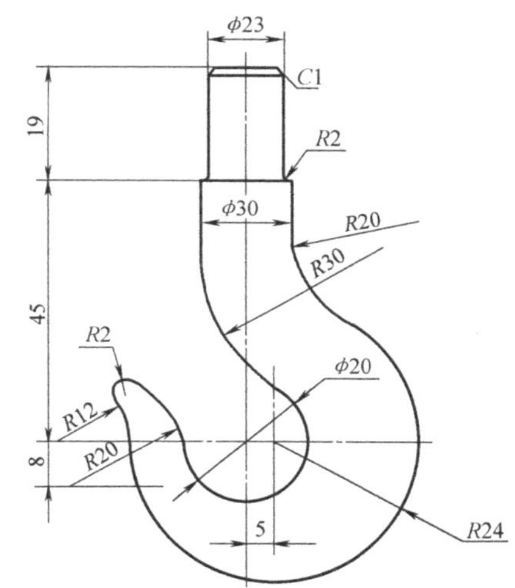

图 3-39　图形 4

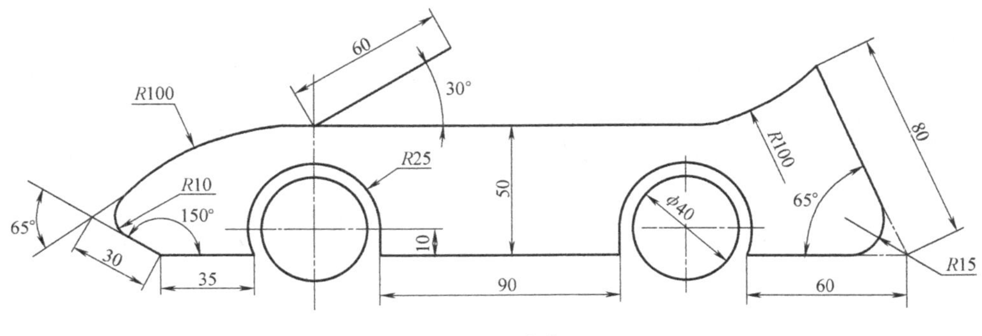

图 3-40　图形 5

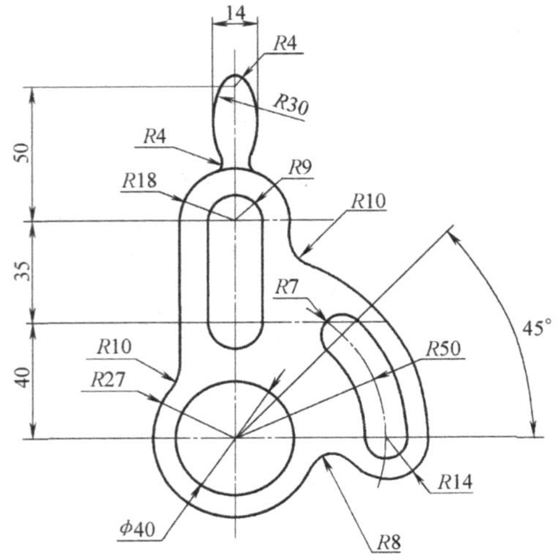

图 3-41　图形 6

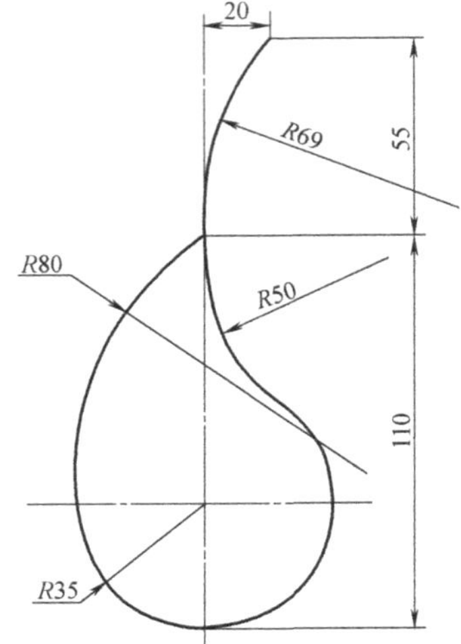

图 3-42　图形 7

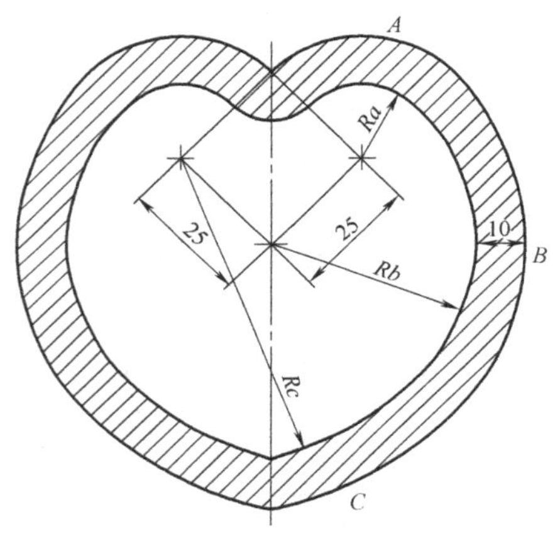

图 3-43　图形 8

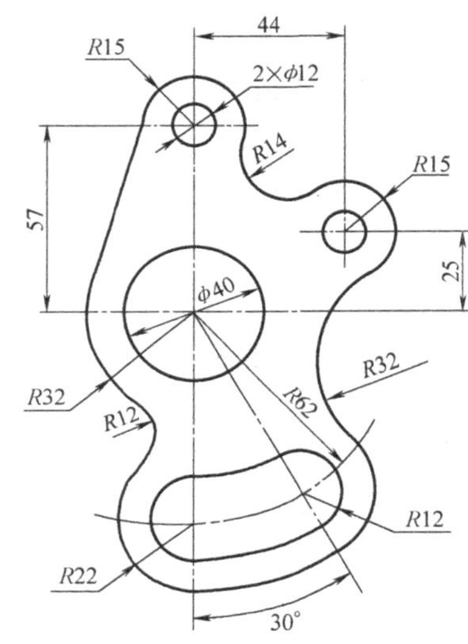

图 3-44　图形 9

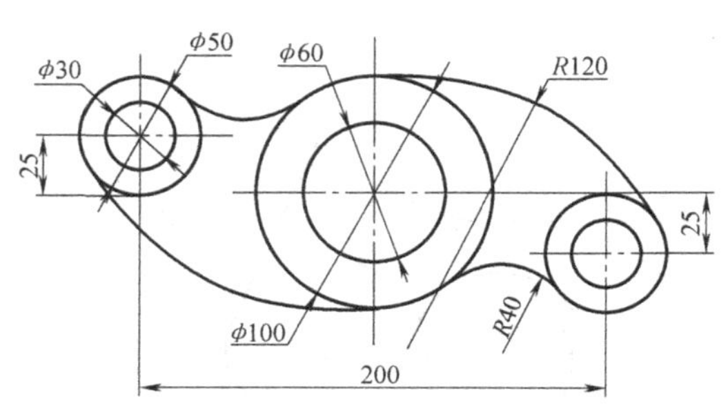

图 3-45　图形 10

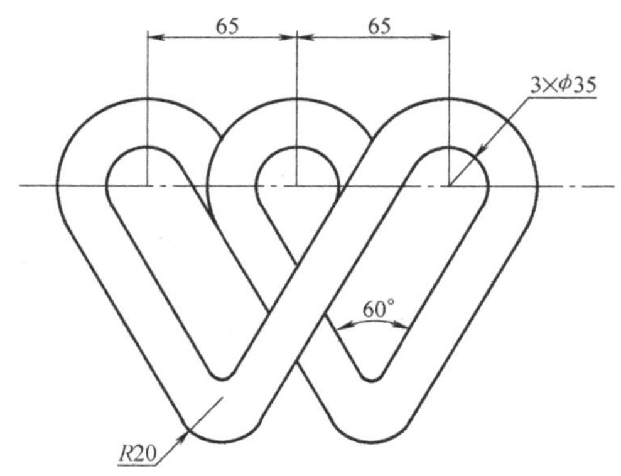

图 3-46　图形 11

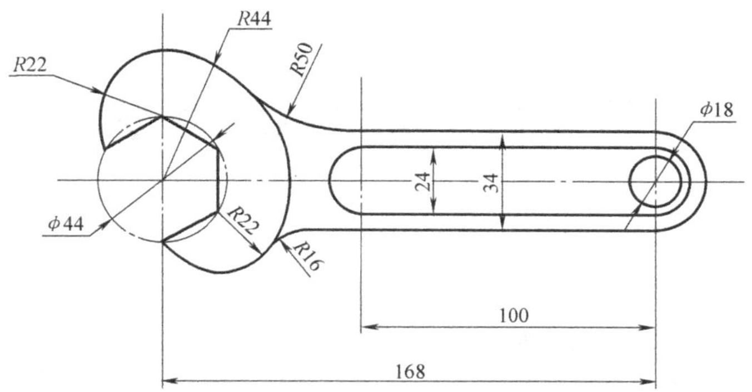

图3-47　图形12

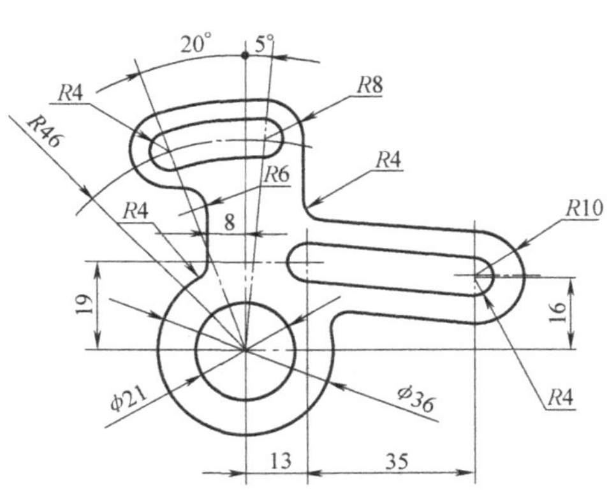

图3-48　图形13

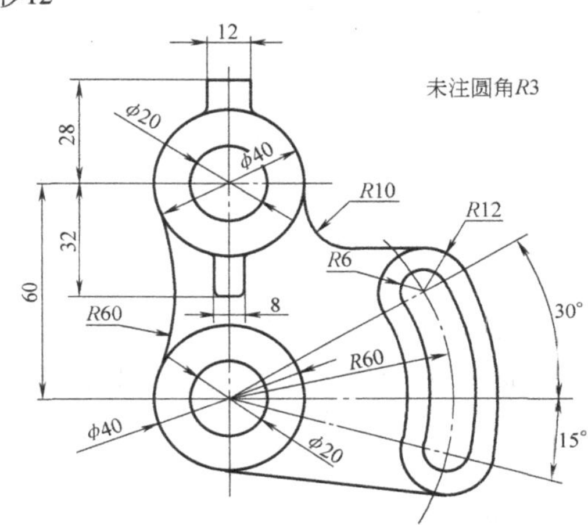

图3-49　图形14

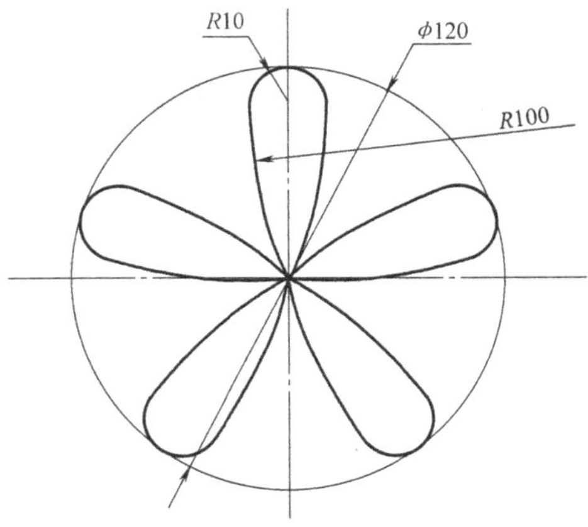

图3-50　图形15

第 4 章　常用编辑命令

【教学目标与任务】

通过对本章的学习，读者应掌握对象编辑命令的使用方法和技巧，并能够使用绘图工具和编辑命令绘制复杂的图形。

【教学重点与难点】

- 复制、移动与旋转对象
- 镜像、阵列与偏移对象
- 修剪、延伸与缩放对象
- 倒角和圆角

图形编辑就是对图形对象进行移动、旋转、缩放、复制、删除和参数修改等操作的过程。AutoCAD 提供了强大的图形编辑功能，可以帮助用户准确而快捷地构造和编辑图形，极大地提高了绘图效率。

常用的图形编辑命令都在图 4-1 所示的“修改”工具栏中。用户也可以通过选择“修改”菜单中的命令来对图形进行编辑和修改，如图 4-2 所示。

图 4-1　“修改”工具栏

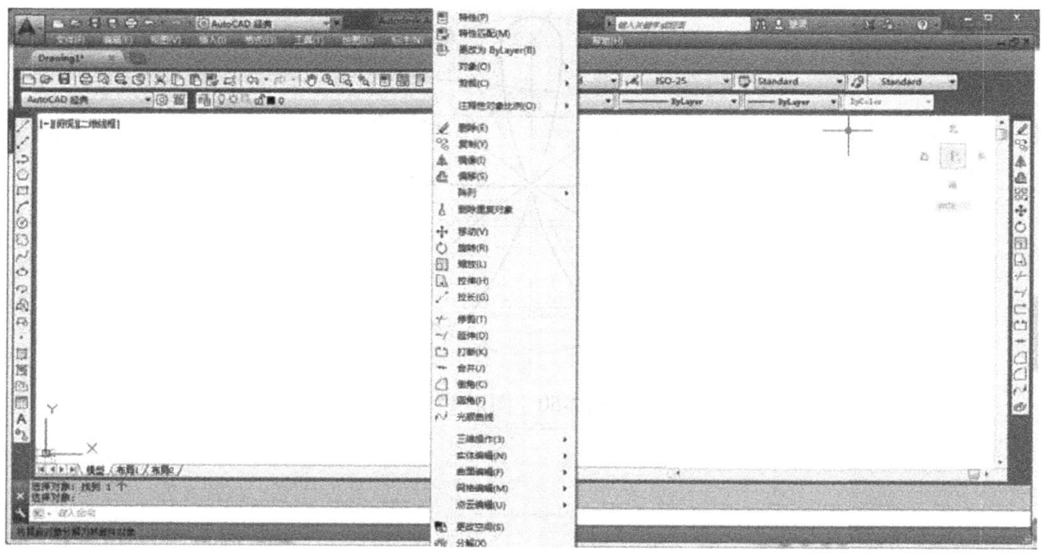

图 4-2　“修改”菜单

4.1 删除与恢复

对于不需要的图形在选中后可以删除，如果删除有误，还可以利用有关命令恢复。

4.1.1 删除

1. 执行途径

1）工具栏："修改"／"删除"按钮。

2）下拉菜单："修改"／"删除"。

3）命令：ERASE。

2. 操作说明

通常，选择"删除"命令后，屏幕上的十字光标将变为一个拾取框，要求用户选择要删除的对象，然后按 <Enter> 键或空格键结束对象选择，选择的对象即被删除。按照"先选择实体，再调用命令"的顺序也可将对象删除。

> **特别提示**
> 删除图形对象最快捷的方法是：先选择对象，然后按 <Delete> 键。

4.1.2 恢复

对于用户的操作，无论是编辑、绘图还是其他操作，如果操作有误，或对操作结果不满意，均可以执行取消操作。连续输入"U"并按 <Enter> 键，可以连续取消前面的操作。

1. 执行途径

执行取消的途径有三种：

1）工具栏："标准"／"放弃"按钮。

2）下拉菜单："编辑"／"放弃"。

3）命令：U。

2. 恢复刚刚取消的操作

如果取消有误，可以用下列操作恢复刚刚取消的操作。执行途径如下：

1）工具栏："标准"／"重做"按钮。

2）下拉菜单："编辑"／"重做"。

3）命令：REDO。

> **特别提示**
> 单击取消或恢复箭头后的下三角可以选择取消或恢复多少步。

4.2　复制、移动与旋转

4.2.1　复制

复制命令用于对图中已有的对象进行复制。使用复制对象命令可以在保持原有对象不变的基础上，将选择好的对象复制到图中的其他位置，以减少重复绘制同样图形的工作量。

1. 执行途径

1）工具栏：“修改”/“复制”按钮。

2）下拉菜单：“修改”/“复制”。

3）命令：COPY（快捷命令 CO）。

2. 操作说明

执行上述命令后，命令行提示：

选择对象：选取要复制的对象。

选择对象：可以继续选择复制对象或按 <Enter> 键结束选择。

当前设置：复制模式 = 多个显示多重复制。

指定基点或［位移（D）/模式（O）］<位移>：选取 *P*1 点，如图 4-3 所示。

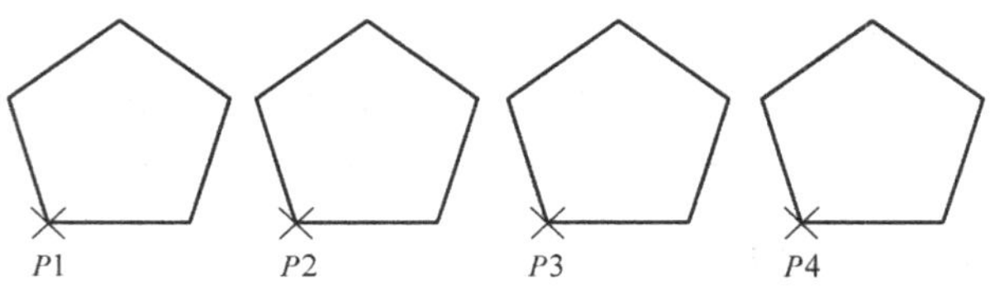

图 4-3　复制一组图形

指定第二个点或 <使用第一个点作为位移>：选取 *P*2 点，确定第一个复制对象。

指定第二个点或［退出（E）/放弃（U）］<退出>：选取 *P*3 点，确定第二个复制对象。

……

可以连续多重复制，或按 <Enter> 键结束复制。

> **特别提示**
>
> “修改”工具栏中的复制按钮与下拉菜单“编辑”/“复制”命令不同，“复制”命令是用默认基点复制。复制按钮与“带基点复制”类似，但“带基点复制”只是单重复制，而复制默认为多重复制。

4.2.2　移动

使用“移动”命令可以将一个或者多个对象平移到新的位置，可以在指定方向上按指定距离移动对象，对象的位置发生了改变，但方向和大小不改变。

1. 执行途径

执行移动的途径有三种：

1）工具栏："修改"/"移动"按钮。

2）下拉菜单："修改"/"移动"。

3）命令：MOVE（快捷命令M）。

2. 操作说明

执行上述命令后，命令行提示：

选择对象：选择需要移动的对象。

选择对象：继续选择对象，如不再选择，按<Enter>键结束对象选择。

指定基点或位移：指定移动的基准点。

指定位移的第二点：指定新的位置基点。

可以用下面两种方法确定对象被移动的位移：

（1）两点法　用鼠标单击或坐标输入的方法指定基点和第二点（新基点），系统会自动计算两点之间的位移，并将其作为所选对象移动的位移。

（2）位移法　先指定第一点（即基点），在出现"指定位移的第二点或 <使用第一点作位移>："的提示时按<Enter>键，选择括号内的默认项，系统将第一点的坐标值作为对象移动的位移，即第二点相对第一点的相对坐标等于第一点的绝对坐标。

特别提示

快捷、精确地移动对象，需配合使用对象捕捉、对象追踪等辅助工具。对于一条直线或一个圆等单独图元的移动，可以用夹点操作。如单击选定一条直线，直线上有三个蓝色夹点。单击中间夹点，夹点变红成为热夹点，移动鼠标即可将直线移动。两端的夹点可以用来拉伸或旋转直线。

4.2.3　旋转

旋转命令可以改变对象的方向，并按指定的基点为旋转中心，根据指定的角度旋转。

1. 执行途径

执行旋转的途径有三种：

1）工具栏："修改"/"旋转"按钮。

2）下拉菜单："修改"/"旋转"。

3）命令：ROTATE（快捷命令RO）。

2. 操作说明

执行上述命令后，依据命令行提示选取对象，结束对象选择后命令行提示如下：

指定基点：指定旋转中心。

指定旋转角度或［复制（C）/参照（R）］：输入旋转角度，复制为旋转后保留源对象。

旋转角度的确定有两种方法：直接输入角度和使用参照角度。对于直接输入角度，只输入角度值即可，不需要"°"，正值角度为逆时针旋转，负值角度为顺时针旋转。使用参照角度就是在上面的提示下输入"R"，选择"参照"选项，它可以将一个对象的一条边与其他参照对象的边对齐。

3. 应用示例

使用旋转命令将图 4-4a 中左侧的三角形旋转，旋转至 *AB* 边与 *AC* 边对齐。

【操作步骤】

1）命令：_rotate，执行“旋转”命令。

2）选择对象：选择左侧三角形。

3）选择对象：按 < Enter > 键结束对象选择。

4）指定基点：捕捉 *A* 点为旋转中心。

5）指定旋转角度或［复制（C）/参照（R）］ <0>：输入“R”使用参照角度。

6）指定参照角 <0>：捕捉 *A* 点。

7）指定第二点：捕捉 *B* 点。

8）指定新角度或［点（P）］ <0>：捕捉 *C* 点。

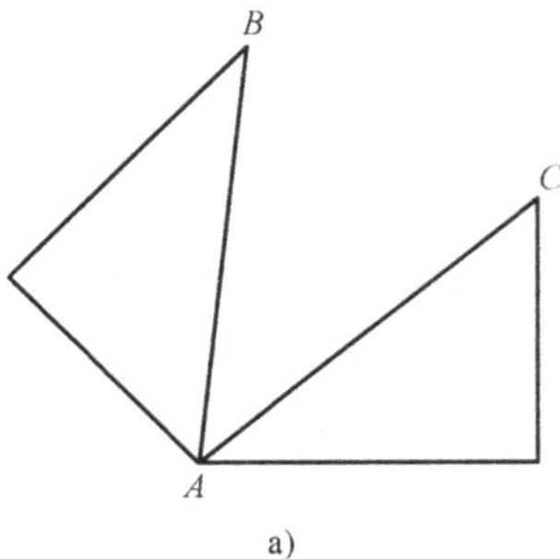

a)

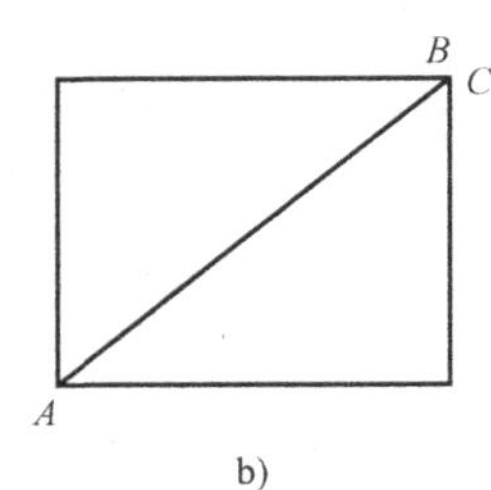

b)

图 4-4 旋转参照

a）旋转前 b）旋转后

4.3 镜像、阵列与偏移

4.3.1 镜像

当绘制的图形对象相对于某一对称轴对称时，可将绘制的图形对象按给定的对称线（镜像线）作反像复制，即镜像。镜像操作适用于对称图形，是一种常用的编辑方法。

1. 执行途径

执行镜像的途径有三种：

1）工具栏：“修改”/“镜像”按钮。

2）下拉菜单：“修改”/“镜像”。

3）命令：MIRROR（快捷命令 MI）。

2. 操作说明

执行上述命令后，命令行提示如下：

选择对象：选择要镜像的对象。

选择对象：继续选择对象或结束对象选择。

指定镜像线的第一点：指定镜像线的第二点：指定镜像对称线的两点，即指定镜像线。

是否删除源对象？［是（Y）/否（N）］ <N>：选择是否删除源对象如果否，直接按 <Enter> 键。

特别提示

1）镜像与复制的区别在于，镜像是将对象反像复制。镜像适用于对称图形。

2）镜像线由两点确定，可以是已有的直线，也可以直接指定两点。

3）文本实体的镜像分为两种状态：完全镜像和可识读镜像，如图 4-5 所示。当系统变量 MIRRTEXT 的值为 0 时，文本作可识读镜像。当系统变量 MIRRTEXT 的值为 1 时，文本作完全镜像，不可识读。

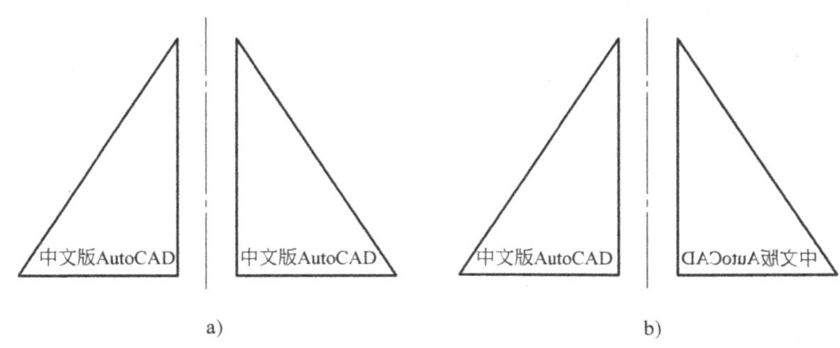

图 4-5　文本镜像

a）可识读镜像　b）完全镜像

4.3.2　阵列

在绘制工程图样时，经常遇到布局规则的各种图形，例如建筑立面图中窗的布置、建筑平面图中柱网的布置、装修施工图中各种装饰花样的布置。当它们成矩形或环形阵列布局时，AutoCAD 向用户提供了快速进行矩形或环形阵列复制的命令，即“阵列”命令。

1. 执行途径

执行阵列的途径有三种：

1）工具栏：“修改”/“阵列”按钮（长按会出现）

2）下拉菜单：“修改”/“阵列”/“矩形阵列”、“路径阵列”、“环形阵列”。

3）命令：ARRAY（快捷命令 AR）

2. 创建矩形阵列

矩形阵列是指将选中的对象进行多重复制后沿 X 轴和 Y 轴或 Z 轴（即行、列、层）方向排列的阵列方式，创建的对象将按用户定义的行数和列数排列。

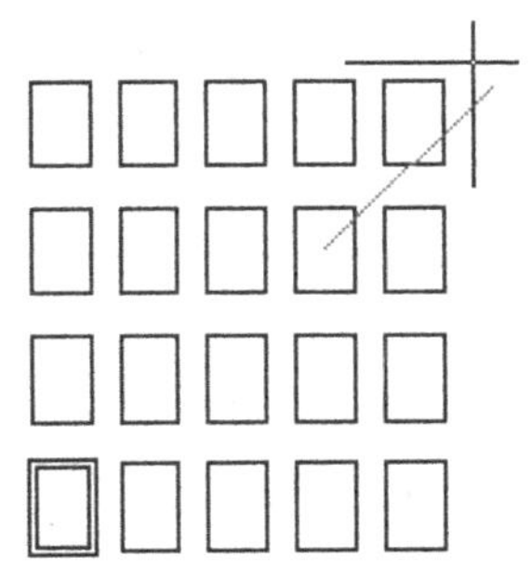

图 4-6　鼠标指定行数和列数

（1）操作说明　执行矩形阵列命令后，命令行提示：

1）选择对象：选择要阵列的对象，按 <Enter> 键后会显示预览栅格，如图 4-6 所示。

2）选择夹点以编辑阵列或［关联（AS）/基点（B）/计数（COU）/间距（S）/列数（COL）/行数（R）/层数（L）/退出（X）］<退出>：编辑夹点可以确定行间距、列间距、行数、列数，其他常用的选项如下：

关联（AS）：关联是指阵列项目包含在一个整体阵列对象中，编辑阵列对象的特性（如改变间距或项目数），阵列项目相应改变。非关联是指阵列中的项目将创建为独立的对象，更改一个项目不影响其他项目。

基点（B）：指定夹点的基点位置。

计数（COU）：输入阵列的列数和行数。

间距（S）：输入阵列的行间距和列间距。

列数（COL）：输入阵列的列数。

行数（R）：输入阵列的行数。

退出（X）：默认选项，退出命令

3）按 <Enter> 键结束命令。

特别提示

1）关联矩形阵列如图 4-7 所示，可以进行夹点操作，方法为选定关联阵列，出现六个蓝色夹点。鼠标放在夹点上变橙色，称为热夹点，在橙色夹点上点击，可以用鼠标对热夹点进行拖动操作。*A* 夹点可以移动整个阵列对象，*B* 夹点可以修改列间距，*D* 夹点可以修改行间距，*C* 夹点可以修改列数、列总间距、阵列角度，按 <Ctrl> 键在三者之间切换；*E* 夹点可以修改行间距、行总间距和阵列角度，*F* 夹点可以修改行数、列数及行总间距和列总间距。

2）行间距和列间距可以是正值也可以是负值，正值在源对象右侧、上侧阵列，负值在源对象左侧、下侧阵列。

3）AutoCAD 2014 没有整列角度功能，用路径阵列，先在阵列对象上画一条角度线，然后用路径阵列，添加行效果，如图 4-8 所示，行数为 3，也可以达到阵列角度效果。

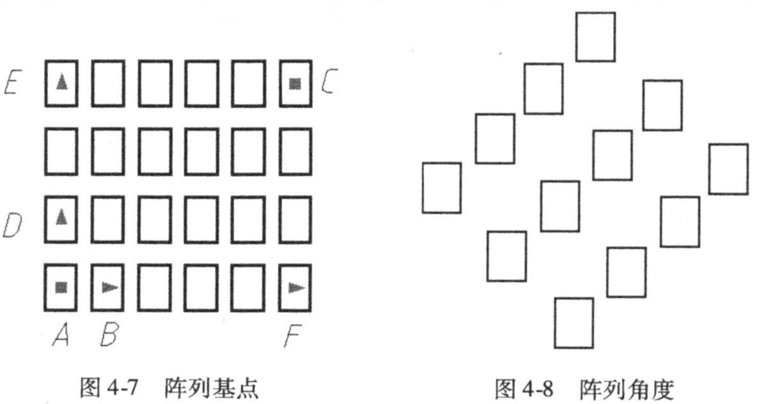

图 4-7　阵列基点　　　图 4-8　阵列角度

（2）应用示例

绘制图 4-9 所示建筑立面图的窗户（四行六列矩阵）。

【操作步骤】

1）根据尺寸绘制图 4-10 所示的图形，绘制左下角一个窗户。

2）单击“修改”工具栏中的“矩形阵列”按钮，选取源对象图 4-10 左下角的窗户，按

<Enter>键；输入“COL”按<Enter>键，输入列数“6”，按<Enter>键，输入“R”，按<Enter>键，输入行数“4”，输入“S”，输入行间距“450”，按<Enter>键，输入列间距“450”，按<Enter>键，阵列完成，结果如图 4-9 所示。

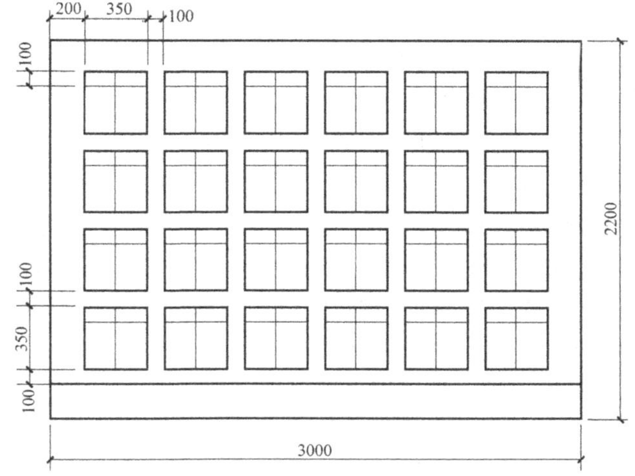

图 4-9　阵列窗户

3. 创建路径阵列

路径阵列是项目均匀地沿路径或部分路径分布，下面以图 4-11 为例介绍操作方法。

单击路径阵列按钮，命令行提示：

1）选择对象：选取阵列源对象，选择图 4-11b 所示的树（树可以从工具选项板中调用）。

2）选择路径曲线：选取阵列路径，选择如图 4-11a 所示的曲线。

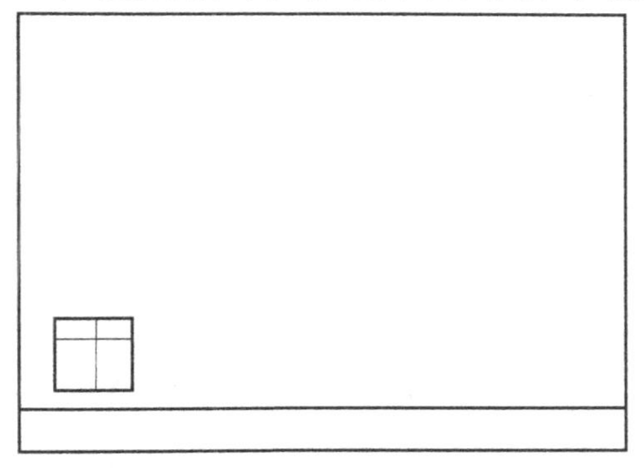

图 4-10　建筑外轮廓和一个窗户

图 4-11　路径阵列

关联（AS）：关联是指阵列项目包含在一个整体阵列对象中，编辑阵列对象的特性（如改变间距或项目数），阵列项目相应改变。非关联是指阵列中的项目将创建为独立的对象，更改一个项目不影响其他项目。

基点（B）：指定夹点的基点位置。

方法（M）：指定距等分还是定数等分，默认是定距等分。

切向（T）：指项目图元与路径的方向。

项目（I）：输入项目数。

行（R）：指定阵列项目有多少层数。

对齐项目（A）：阵列项目与路径是否对齐，默认是对其。

Z 方向（Z）：阵列中的所有项目是否保存 Z 方向。

退出（X）：默认选项，退出命令。

4）按<Enter>键结束命令。

4. 创建环形阵列

环形阵列是围绕指定的圆心或一个基点在其周围作圆形或成一定角度的扇形排列。

单击环形阵列按钮，命令行提示：

1）选择对象：选择阵列源对象，选择如 4-12b 中的圆弧。

2）指定阵列的中心点或［基点（B）/旋转轴（A）］：指定阵列中心，指定图 4-12b 所示五角卡爪的圆心。

3）选择夹点以编辑阵列或［关联（AS）/基点（B）/项目（I）/项目间角度（A）/填充角度（F）/行（ROW）/层（L）/旋转项目（ROT）/退出（X）］ <退出>：编辑夹点可以确定环形阵列的角度、个数和阵列半径。其他常用的选项如下：

关联（AS）：关联是指阵列项目包含在一个整体阵列对象中，编辑阵列对象的特性（如改变间距或项目数），阵列项目相应改变。非关联是指阵列中的项目将创建为独立的对象，更改一个项目不影响其他项目。

基点（B）：指定夹点的基点位置。

项目（I）：确定环形阵列的个数。

项目间角度（A）：指定阵列项目间的夹角。

填充角度（F）：指定阵列项目总的角度。

行（ROW）：指定阵列项目有几层。

旋转项目（ROT）：指定阵列项目旋转的角度。

退出（X）：默认选项，退出命令

4）按 <Enter> 键结束命令。

阵列效果如图 4-12c 所示，修剪得到图 4-12a 所示的图形。

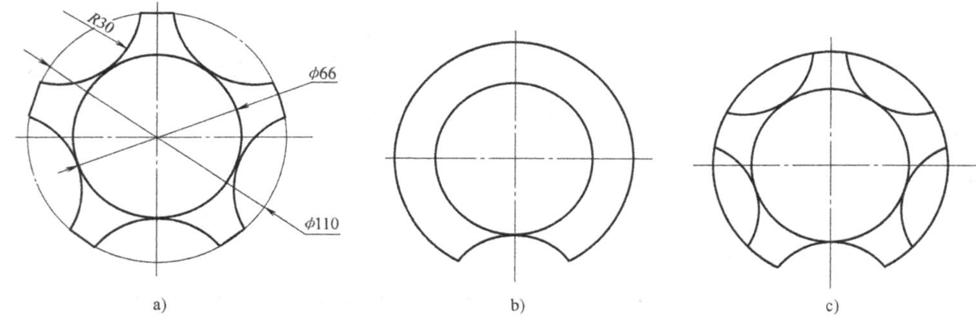

图 4-12　环形阵列

a）卡爪　b）阵列项目　c）阵列效果

特别提示

1）按 <Ctrl> 键并单击关联阵列中的项目可删除、移动、旋转或缩放选定的项目，而不会影响其余的阵列。

2）关联阵列中的项目是一整体对象，要将其分解可单击“修改”工具栏中的分解命令按钮。

3）调整行数列数、行列间距、阵列角度等可以在选定阵列后点击“标准”工具栏中的特性按钮，在特性窗口中调整。

4.3.3　偏移

偏移命令可以根据指定距离或通过点创建一个与原有图形对象平行或具有同心结构的形体。可以偏移的对象包括直线、矩形、正多边形、圆弧、圆、二维多段线、椭圆、椭圆弧、参照线、射线和平面样条曲线等。在实际应用中，常利用“偏移”命令的特性创建平行线或等距离分布图形，如图框、标题栏等用偏移命令绘制更快捷。

1. 执行途径

执行偏移的途径有三种：

1）工具栏：“修改”/“偏移”按钮。

2）下拉菜单：“修改”/“偏移”。

3）命令：OFFSET（快捷命令 O）。

2. 操作说明

执行上述命令，命令行提示：

指定偏移距离或［通过（T）/删除（E）/图层（L）］<通过>：　输入偏移的距离。

选择要偏移的对象，或［退出（E）/放弃（U）］<退出>：　选择要偏移的对象。

指定要偏移的那一侧上的点，或［退出（E）/多个（M）/放弃（U）］<退出>：鼠标移至偏移一侧单击，即向那一侧偏移。

可以连续偏移或按<Enter>键结束命令。

特别提示

1）如果指定偏移距离，则选择要偏移复制的对象，然后指定偏移方向，如直线可以指定直线的两侧，圆和矩形等封闭图元则指定内侧或外侧。

2）如果“指定偏移距离或［通过（T）/删除（E）/图层（L）］:”提示下，在命令行输入“T”，按<Enter>键，再选择要偏移复制的对象，然后指定一个通过点，这时偏移出的对象将经过“通过点”。“通过点”一般用对象捕捉选取。

3）如果“指定偏移距离或［通过（T）/删除（E）/图层（L）］:”提示下，在命令行输入“E”并按<Enter>键，命令行提示是否删除源对象，即偏移后源对象是保留或删除。

4）“偏移”命令是一个单对象编辑命令，在使用过程中，只能以直接单击拾取方式选择对象。

5）使用“偏移”命令偏移对象时，偏移结果不一定与源对象相同。例如，对圆弧作偏移后，新圆弧与旧圆弧同心且具有同样的包含角，但新圆弧的弧长要发生改变；对圆或椭圆作偏移后，新圆、新椭圆与旧圆、旧椭圆有同样的圆心，但新圆的半径或新椭圆的轴长要发生变化。对直线段、构造线、射线作偏移，是平行复制。

3. 应用示例

绘制图4-13所示的明细表。

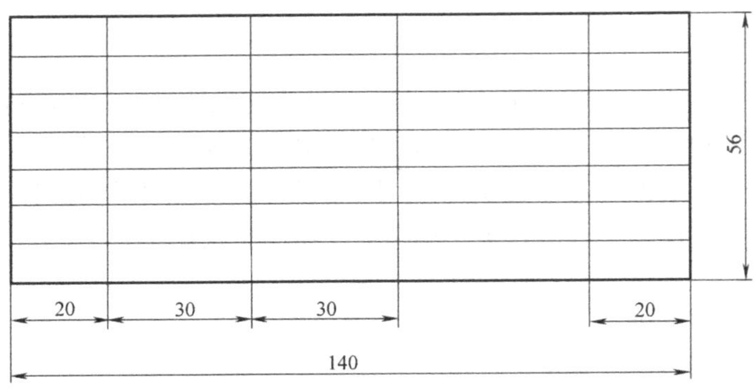

图 4-13　明细表

【操作步骤】

1）利用“矩形”命令绘制矩形外框长 140mm，高 56mm，如图 4-13 所示。

2）单击“分解”命令，分解矩形外框。

3）单击“修改”工具栏的“偏移”按钮，命令行提示：

指定偏移距离或［通过（T）］ <1.0000>：8

4）输入距离“8”，或用鼠标确定偏移距离。

5）选择要偏移的对象，指定最下面的直线。

6）在直线上方任一点单击，以确定向外偏移。

7）按 <Enter> 键。当偏移距离相等时，可以连续偏移。结束命令。

8）再次执行偏移命令，指定偏移距离分别为 20mm 和 30mm，即可形成偏移结果。

4.4　缩放、拉伸与拉长

4.4.1　缩放

缩放命令是指将选择的图形对象按比例均匀地放大或缩小。比例因子大于 1 对象放大，介于 0 ~ 1 之间的比例因子使对象缩小。

1. 执行途径

1）工具栏：“修改”/“缩放”按钮。

2）下拉菜单：“修改”/“缩放”。

3）命令：SCALE（快捷命令 SC）。

2. 操作说明

【操作步骤】

1）单击“修改”工具栏中的“缩放”按钮。

2）选择要缩放的对象。

3）指定基点。以基点为中心缩放。

4）输入比例因子，即可将对象按比例放大或缩小。建筑常用的比例因子为 0.01、0.02

等。

3. 参照缩放操作说明

如果用户不能事先确定缩放比例，只知道缩放后的尺寸或缩放后的一个参照，就需要用“参照缩放”命令。如图 4-14a 所示，将窗户缩放后，*AB* 边长达到 *AC* 的长度。

执行“缩放”命令，选择偏移对象窗户，选择基点 *A*。

在指定比例因子或［复制（C）/参照（R）］：命令提示下输入“R”，按 <Enter> 键，先选择参照线，单击 *A* 和 *B* 点，然后单击下一点 *C*，缩放结果如图 4-14b 所示。

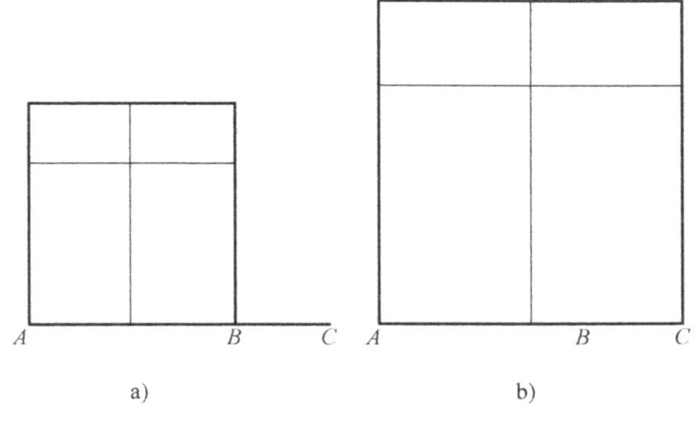

图 4-14 参照缩放

> **特别提示**
>
> 1）建筑图样一般先按 1:1 比例绘制完成后，再缩放、注尺寸，最后将图样移动到图纸内。
>
> 2）缩放与视口缩放不同。视口缩放只是改变图形对象在屏幕上的显示大小，并不改变图形本身的尺寸；缩放将改变图形本身的尺寸。

4.4.2 拉伸

“拉伸”命令可以拉伸对象中选定的部分，没有选定的部分保持不变。所以拉伸对象选定方法只能用“窗交”法，即自右向左拉窗口选定的方法，只将对象一部分框在“窗交”框中，才能拉伸，否则就是移动。

1. 执行途径

执行拉伸的途径有三种：

1）工具栏：“修改”/“拉伸”按钮。

2）下拉菜单：“修改”/“拉伸”。

3）命令：STEETCH（快捷命令 S）。

2. 操作说明

对于直线、圆弧、区域填充和多段线等对象，若其所有部分均在选择窗口内，那么它们将被移动，如果它们只有一部分在选择窗口内，则遵循以下拉伸规则：

1）直线：位于窗口外的端点不动，位于窗口内的端点移动。

2）圆弧：与直线类似，但在圆弧改变的过程中，圆弧的弦高保持不变，同时由此来调整圆心的位置和圆弧起始角、终止角的值。

3）区域填充：位于窗口外的端点不动，位于窗口内的端点移动。

4）多段线：与直线或圆弧相似，但多段线两端的宽度、切线方向以及曲线拟合信息均不改变。

3. 应用示例

如图 4-15 所示，用拉伸命令将图 4-15a 拉伸成图 4-15d 或图 4-15f。

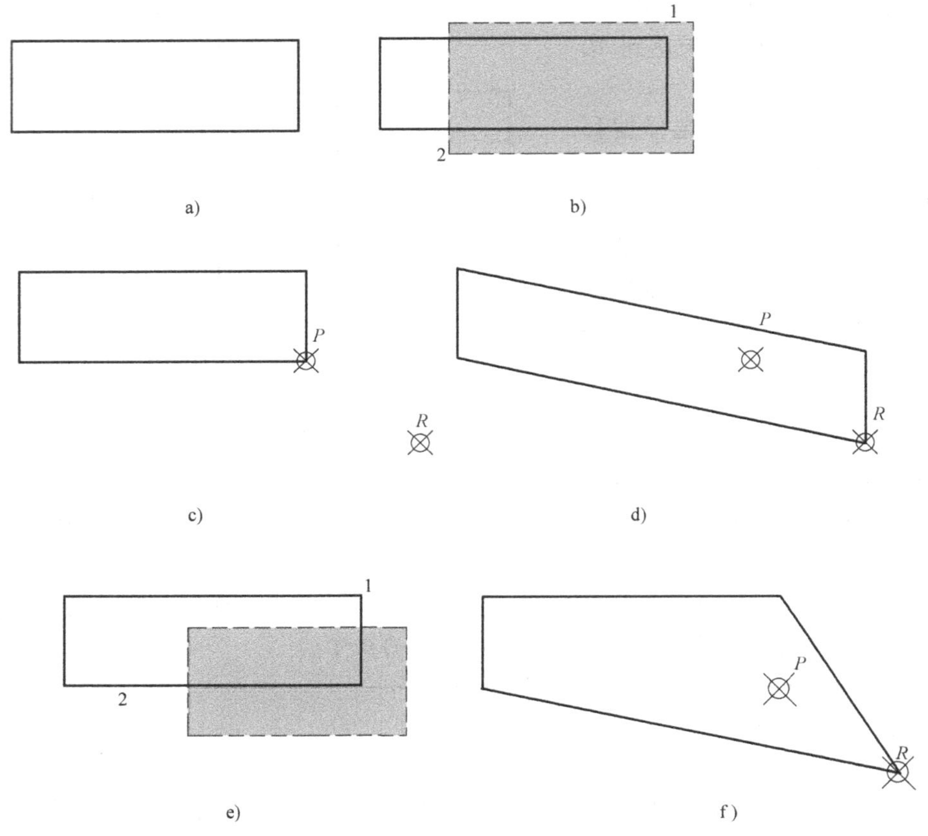

图 4-15　拉伸

a）原图　b）以窗交方式选目标　c）定基点和第二点　d）拉伸结果
e）以窗交方式选目标　f）拉伸结果

【操作说明】

1）单击“修改”工具栏内的“拉伸”按钮。

2）用交叉窗口（由 1 点拖到 2 点）选定拉伸对象，如图 4-15b 所示。

3）指定拉伸的基点（点 P）和位移量（线段 PR），如图 4-15c 所示。拉伸结果如图 4-15d 所示。

4）如果选择方式为图 4-15e，则拉伸结果如图 4-15f 所示。

4.4.3　拉长

非闭合的直线、圆弧、多段线、椭圆弧和样条曲线的长度可以通过拉长改变，还可以改变圆弧的角度。

1. 执行途径

执行改变长度的途径有两种：

1）下拉菜单："修改"/"拉长"。

2）命令：LENGTHEN（快捷命令 LEN）。

2. 操作说明

执行上述命令，命令行提示：

选择对象或［增量（DE）/百分数（P）/全部（T）/动态（DY）］：

默认情况下，用户选择对象后，系统会显示出当前选中对象的长度、包含角等信息。其他选项的功能如下：

1）"增量（DE）"选项：以增加多少的方式修改对象的长度。

2）"百分数（P）"选项：以相对于原长度的百分比来修改直线或者圆弧的长度。

3）"全部（T）"选项：以给定直线新的总长度或圆弧的新包含角来改变长度。

4）"动态（DY）"选项：允许用户动态地改变圆弧或者直线的长度。

特别提示

1）拉长只在对象的一端增长，"选择要修改的对象"时鼠标单击对象的哪一端，就在那一端增长。

2）增量可正可负，增量为正值时拉长，增量为负值时缩短。

4.5 延伸与修剪

延伸命令可以将选定的对象延伸至指定的边界上，修剪命令可以将选定的对象在指定边界一侧的部分剪切掉。

4.5.1 延伸

该命令可以将所选的直线、射线、圆弧、椭圆弧、非封闭的二维或三维多段线延伸到指定的直线、射线、圆弧、椭圆弧、圆、椭圆、二维或三维多段线、构造线和区域等的上面。

1. 执行途径

执行延伸的途径有三种：

1）工具栏："修改"/"延伸"按钮。

2）下拉菜单："修改"/"延伸"。

3）命令：EXTEND（快捷命令 EX）。

2. 操作说明

1）执行"延伸"命令，第一次提示选择对象，此时选择的应该是延伸到的边界。按<Enter>键后提示选择要延伸的对象，此时选择的才是要延伸的对象。

2）使用"延伸"命令时，如果按下<Shift>键同时选择对象，则执行"修剪"命令。使用"修剪"命令时，如果按下<Shift>键同时选择对象，则执行"延伸"命令。

3. 应用示例

下面以图 4-16 为例，说明延伸操作的步骤。在图中，将直线延伸到由一个圆定义的边界。

【操作步骤】

1）单击“修改”工具栏的“延伸”按钮，命令行提示“选择对象:”，即选择边界对象。

2）选择外部圆形作为延伸边界对象，如图 4-16b 所示。

3）选择要延伸的对象（2 条直线），如图 4-16c 所示。

4）延伸结果如图 4-16d 所示。

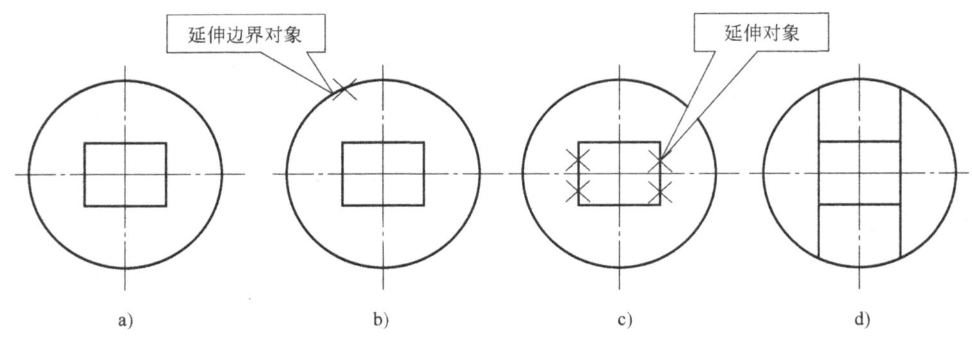

图 4-16　延伸

a）原图　b）选择延伸边界对象　c）选择要延伸的对象　d）结果

4.5.2　修剪

可以修剪的对象包括直线、射线、圆弧、椭圆弧、二维或三维多段线、构造线及样条曲线等。有效的边界包括直线、圆、射线、圆弧、椭圆弧、二维或三维多段线、构造线和填充区域等。

1. 执行途径

执行修剪的途径有三种：

1）工具栏：“修改”/“修剪”按钮。

2）下拉菜单：“修改”/“修剪”。

3）命令：TRIM（快捷命令 TR）。

2. 操作说明

以图 4-17a 为例说明修剪过程。操作如下：

1）单击“修改”工具栏中的“修剪”按钮，命令行提示“选择对象:”，选择剪切边界线。选择两条线作为剪切边，如图 4-17b 所示。

2）按 <Enter> 键后结束剪切边的选择，此时命令行提示：

选择要修剪的对象，或按住 <Shift> 键选择要延伸的对象，或［栏选（F）/窗交（C）/投影（P）/边（E）/删除（R）/放弃（U）］：选择要修剪的部位，如图 4-17c 所示。

3）按 <Enter> 键完成修剪，结果如图 4-17d 所示。

3. 隐含修剪

隐含边延伸是指延伸修剪边界。下面以图 4-18 为例介绍隐含修剪的方法。

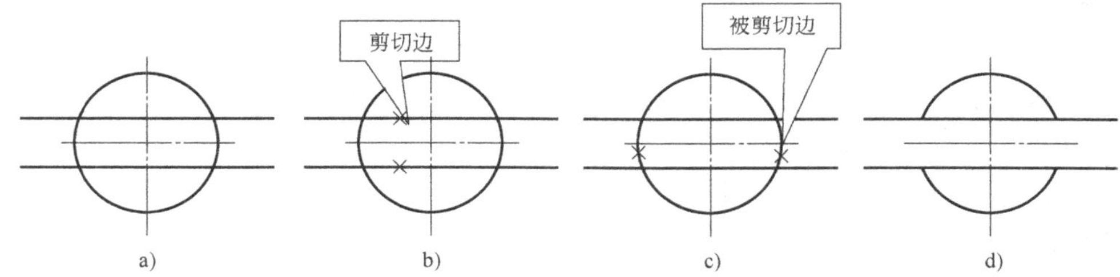

图4-17 修剪

【操作步骤】

1）单击“修改”工具栏中的“修剪”按钮。

2）选择剪切边，如图4-18b所示，按 <Enter> 键。此时命令行提示：

“选择要修剪的对象，或按住 <Shift> 键选择要延伸的对象，或［栏选（F）/窗交（C）/投影（P）/边（E）/删除（R）/放弃（U）］:”

3）输入“E”并按 <Enter> 键，此时命令行提示：

“输入隐含边延伸模式［延伸（E）/不延伸（N）］:”，选择延伸。

4）选择要修剪的对象，如图4-18c所示。

5）完成修剪，结果如图4-18d所示。

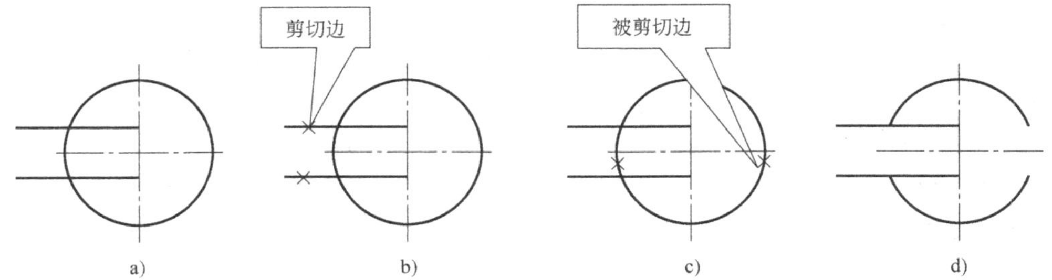

图4-18 修剪隐含交点

a）原图 b）选择隐含修剪边 c）选择被剪切边 d）结果

4.6 打断、合并与分解

4.6.1 打断

打断命令用于打断所选的对象，即将所选的对象分成两部分，或删除对象上的某一部分。该命令作用于直线、射线、圆弧、椭圆弧、二维或三维多段线和构造线等。

1. 执行途径

执行打断的途径有三种：

1）工具栏“修改”/“打断”按钮。

2）下拉菜单：“修改”/“打断”。

3）命令：BREAK（快捷命令 BR）。

2. 操作说明

1）打断对象时，需确定两个断点。可以将选择对象时单击的点作为第一个断点，然后指定第二个断点；还可以先选择整个对象，然后指定两个断点。

2）如果仅将对象在某点处打断，则可直接应用“修改”工具栏中的“打断于点”按钮。打断主要用于删除断点之间的对象，因为某些删除操作是不能由“擦除”和“修剪”命令完成的，可利用打断操作进行删除。

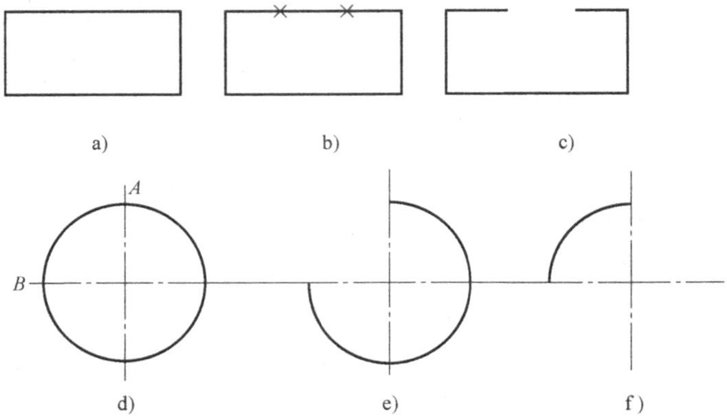

3. 应用示例

下面以图 4-19 为例，说明打断对象的操作过程。

a)　b)　c)

A B

d)　e)　f)

图 4-19　打断

【操作步骤】

1）执行“打断”命令。

2）选择对象：选择要打断的对象，如图 4-19b 所示。

3）指定第二个打断点［第一点（F）］：系统默认指定的第一个打断点就是刚才选择打断对象时鼠标单击的点。

指定第二个断点后，两点之间的线段即可被删除。结果如图 4-19c 所示。

4）如果要重新指定第一个打断点，则在命令行提示指定第二个打断点［第一点（F）］：输入“F”并按 <Enter> 键，指定第一个点，再指定第二个点。

特别提示

对于封闭的圆，打断部分是第一点逆时针到第二点的部分。如图 4-19d 所示，用打断命令，第一点选 A，第二点选 B，打断的结果如图 4-19e 所示；反之第一点选 B，第二点选 A，打断的结果如图 4-19f 所示。

4.6.2　打断于点

在“修改”工具栏中单击“打断于点”按钮，可以将对象在一点处断开成两个对象，该命令是从“打断”命令中派生出来的。

执行该命令时，只需要选择需要被打断的对象，然后指定打断点，即可从该点打断对象。

特别提示

对应完整的圆“打断于点”命令不能用。

4.6.3　合并

合并命令可以将某一图形上的两个部分进行连接，将或某段圆弧闭合为整圆。如将位于同一直线上的两条直线段进行接合。

1. 执行途径

执行合并的途径有三种：

1）工具栏按钮或面板选项板：。

2）下拉菜单："修改"/"合并"。

3）命令：join。

2. 操作说明

执行"合并"命令，命令行提示：

选择源对象或要一次合并的多个对象：这时选择要合并的某一个或多个对象。

选择要合并的对象：按照提示选择另一合并对象。

3. 应用示例

如图4-20所示，将图a两段圆弧分别合并成图b、c、d。

【操作步骤】

1）执行"合并"命令。

2）提示选择源对象：选择圆弧1。

3）选择要合并的对象：选择圆弧2。

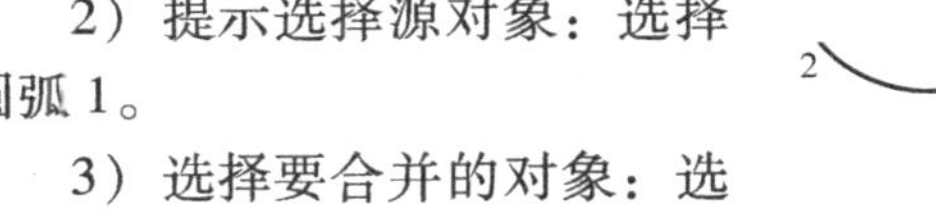

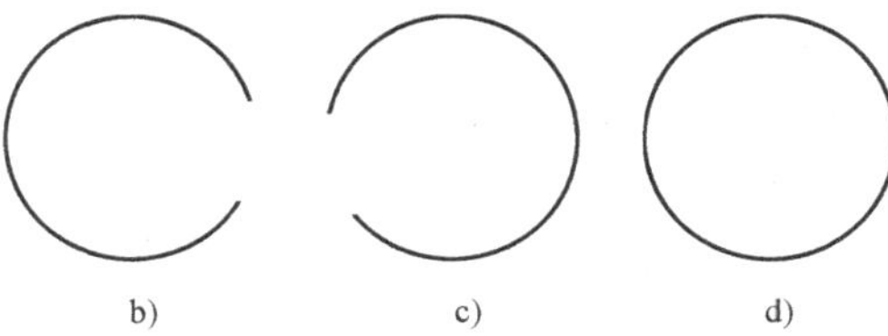

图4-20　圆弧的合并

4）按<Enter>键后得到的图形结果如图4-20b所示。

特别提示

1）如果在选择对象过程中，先选择圆弧2作为源，再选择圆弧1，合并结果如图4-20c所示。源对象和合并对象是按逆时针合并的。

2）如果在命令行提示"选择要合并的对象："时，直接按<Enter>键，命令行提示"选择圆弧，以合并到源或进行［闭合（L）］："，输入"L"并按<Enter>键，则圆弧将闭合为圆，如图4-20d所示。

4.6.4　分解

分解命令主要用于将一个对象分解为多个单一的对象，主要应用于对整体图形、图块、文字、尺寸标注等对象的分解。

1. 执行途径

执行分解的途径有三种：

1）工具栏："修改"/"分解"按钮。

2）下拉菜单："修改"/"分解"。

3）命令：EXPLODE（快捷命令X）。

2. 操作说明

执行"分解"命令后，系统要求选择要分解的对象，选中对象后按<Enter>键即可完成操作。如用矩形命令绘制的矩形是一个整体对象，分解后就变成了四条直线，即四个对象。

4.7　倒角与倒圆角

倒角命令和倒圆角命令是用选定的方式，通过事先确定了的圆弧或直线段来连接两条直线、圆、圆弧、椭圆弧、多段线、构造线以及样条曲线等。

4.7.1　倒角

倒角是通过延伸（或修剪），使两个非平行的直线类对象相交或利用斜线连接。可以对由直线、多段线、参照线和射线等构成的图形对象进行倒角。

1. 执行途径

执行倒角的途径有三种：

1）工具栏“修改”/“倒角”按钮。

2）下拉菜单：“修改”/“倒角”。

3）命令：CHAMFER（快捷命令 CHA）。

2. 操作说明

执行“倒角”命令，此时命令行提示：

选择第一条直线或［放弃（U）/多段线（P）/距离（D）/角度（A）/修剪（T）/方式（E）/多个（M）］：

各个选项的含义和功能如下：

1）放弃：放弃倒角操作。

2）多段线：该选项可以对整个多段线全部执行“倒角”命令。除了选择“多段线”命令绘制的图形对象外，还可以选择“矩形”命令、“正多边形”命令绘制的图形对象，可以一次性将所有的倒角完成。

3）距离：可以改变或指定倒角的两个距离。这是最常用的方法。

4）角度：通过输入第一个倒角长度和倒角的角度来确定倒角的大小。

5）修剪：该选项用来设置执行倒角命令时是否使用修剪模式，默认是修剪。图 4-21 所示为修剪和不修剪的对比。

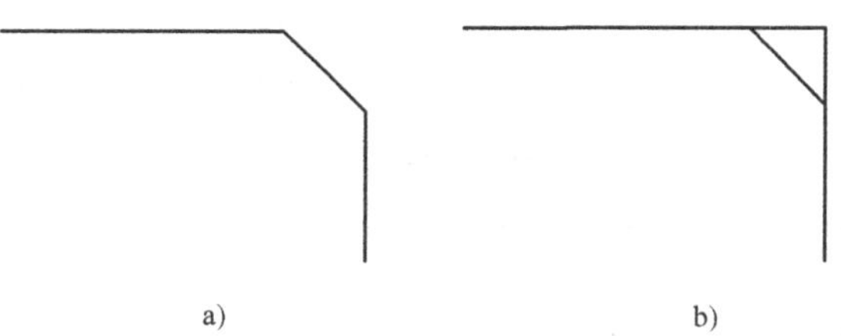

图 4-21　是否使用修剪模式效果对比
a）使用修剪模式　b）不使用修剪模式

6）方式：修剪的方式是按距离还是角度修剪。

7）多个：可以连续进行多次倒角处理，当然这些倒角的大小是一致的。

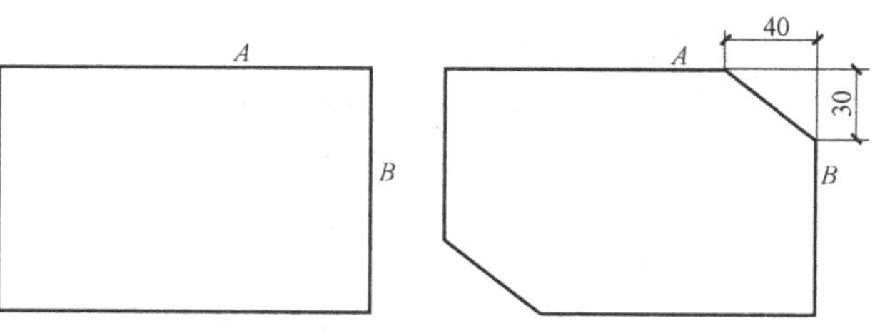

图 4-22　给矩形倒角

3. 应用示例

如图 4-22 所示，使用“倒角”

命令将矩形两对角形成 40mm × 30mm 的倒角。

【操作步骤】

1）执行“倒角”命令。

2）选择第一条直线或［放弃（U）/多段线（P）/距离（D）/角度（A）/修剪（T）/方式（E）/多个（M）］：输入“D”，选择“距离”选项。

3）指定第一个倒角距离 <0.0000>：输入第一个倒角距离“40”。

4）指定第二个倒角距离 <40.0000>：输入第二个倒角距离“30”。

5）选择第一条直线或［放弃（U）/多段线（P）/距离（D）/角度（A）/修剪（T）/方式（E）/多个（M）］：拾取 *A* 点处直线。

6）选择第二条直线，或按住 <Shift> 键选择要应用角点的直线：拾取 *B* 点处直线。

7）按 <Enter> 键后再执行“倒角”命令，然后选择下边线，再选择左边线，完成左下方的倒角。

特别提示

当两个倒角距离都为 0 时，对于两个相交的对象不会有倒角效果；对于不相交的两个对象，系统会将两个对象延伸至相交，如图 4-23 所示。

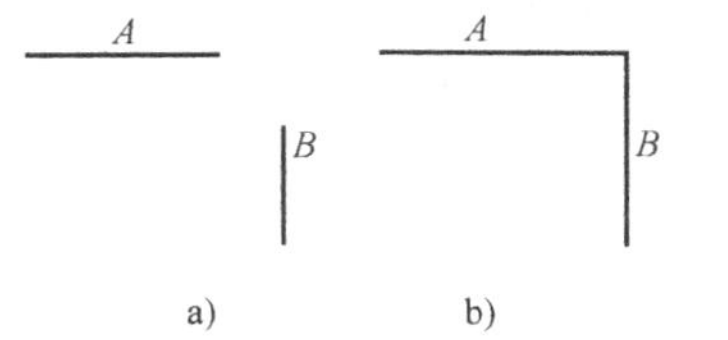

图 4-23　倒角距离为 0 的倒角效果
a）倒角前　b）倒角后

4.7.2　倒圆角

倒圆角是通过一个指定半径的圆弧光滑连接两个对象。可以进行倒圆角的对象有直线、多段线、样条曲线、构造线、射线、圆、圆弧和椭圆。直线、构造线和射线在相互平行时也可倒圆角，圆角半径由 AutoCAD 自动计算。圆角还可以用来作圆弧连接。

1. 执行途径

执行倒圆角的途径有三种：

1）工具栏“修改”/“圆角”按钮 ▢。

2）下拉菜单：“修改”/“圆角”。

3）命令：FILLET（快捷命令 F）。

2. 操作说明

执行“圆角”命令，命令行提示：

选择第一个对象或［放弃（U）/多段线（P）/半径（R）/修剪（T）/多个（M）］：输入 R（半径），按 <Enter> 键，输入圆角半径值。其他的和倒角命令类似。

选择第一对象。

选择第二对象。

3. 应用示例

使用“圆角”和“倒角”命令完成轴的绘制，如图 4-24a 所示，圆角为 *R*5mm，倒角为 *C*2。

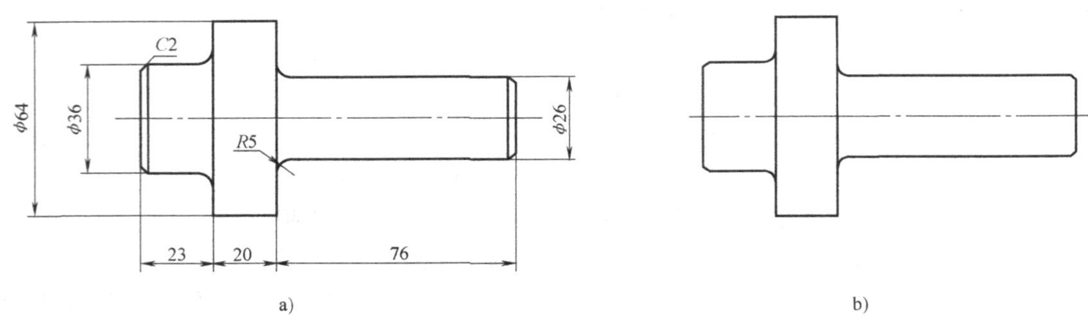

图 4-24　倒角和倒圆角的应用

【操作步骤】

（1）执行“圆角”命令

1）选择第一个对象或［放弃（U）/多段线（P）/半径（R）/修剪（T）/多个（M）］：输入“R”并按 <Enter> 键，重新指定圆角半径。

2）指定圆角半径 <2.0000>：输入圆角半径“5”。

3）选择第一个对象或［放弃（U）/多段线（P）/半径（R）/修剪（T）/多个（M）］：输入“T”。

4）输入修剪模式选项［修剪（T）/不修剪（N）］<修剪>：输入“N”。

5）选择第一个对象或［放弃（U）/多段线（P）/半径（R）/修剪（T）/多个（M）］：指定圆角第一条边。

6）选择第二个对象：指定圆角第二条边。完成 *R*5mm 圆角。

（2）执行“倒角”命令

1）选择第一条直线或［放弃（U）/多段线（P）/距离（D）/角度（A）/修剪（T）/方式（E）/多个（M）］：输入“A”。

2）指定第一条直线的倒角长度 <2.0000>：输入“2”。

3）指定第一条直线的倒角角度 <45>：输入“45”。

4）选择第一条直线或［放弃（U）/多段线（P）/距离（D）/角度（A）/修剪（T）/方式（E）/多个（M）］：输入“T”。

5）输入修剪模式选项［修剪（T）/不修剪（N）］<不修剪>：输入“T”。

6）选择第一条直线或［放弃（U）/多段线（P）/距离（D）/角度（A）/修剪（T）/方式（E）/多个（M）］：指定第一条边。

7）选择第二条直线：指定第二条边。完成倒角。

结果如图 4-24b 所示。

特别提示

此题用画圆的命令“相切，相切，半径”来完成更快捷，但如果要对多个地方进行相同半径的圆角，用圆角命令效率更高。

4.8 光顺曲线

光顺曲线是在两条开放曲线的端点之间创建相切或平滑的样条曲线。生成样条曲线的形状取决于选定的连续性。

1. 执行途径

执行光顺曲线的途径有三种：

1）工具栏“修改”/“圆角”按钮。

2）下拉菜单：“修改”/“光顺曲线”。

3）命令：BLEND（快捷命令 BL）。

2. 操作说明

执行“光顺曲线”命令，命令行提示：

选择第一个对象或［连续性（CON）］：选择第一系曲线。

选择第二个点：选择第二条曲线。

连续性含相切和平滑。

4.9 编辑对象特性

对象特性包含一般特性和几何特性。对象的一般特性包括：对象的颜色、线型、图层及线宽等，几何特性包括对象的尺寸和位置。用户可以直接在“特性”窗口中设置和修改对象的这些特性。

使用“特性”窗口时，“特性”窗口中显示了当前选择集中对象的所有特性和特性值，当选中多个对象时，将显示它们的共有特性。用户可以修改单个对象的特性，也可快速修改多个对象的共有特性。

4.9.1 特性修改

1. 执行途径

执行特性修改的途径有三种：

1）工具栏：“标准”/“特性”按钮。

2）下拉菜单：“修改”/“特性”。

3）命令：PROPERTIES。

4）快捷命令：Ctrl+1。

2. 操作说明

执行“特性”命令，系统打开“特性”窗口，如图4-25所示。使用它可以浏览、修改对象的特性，也可以通过浏览、修改满足应用程序接口标准的第三方应用程序对象。

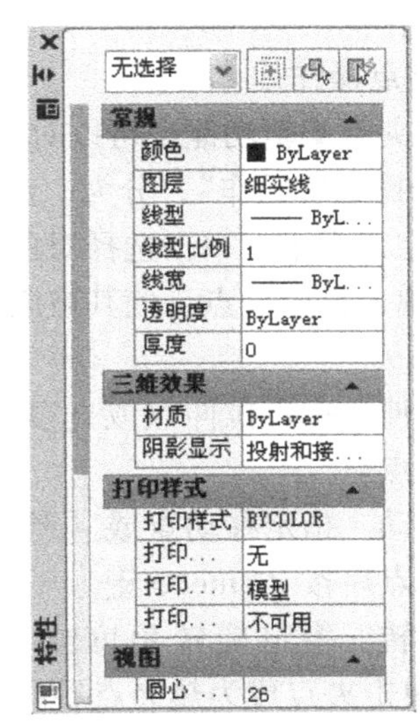

图4-25 “特性”窗口

4.9.2 特性匹配

特性匹配用于将选定特性从一个对象复制给另一个对象或其他更多的对象，就是俗称的格式刷。

1. 执行途径

1）工具栏："标准"/"特性"按钮。

2）下拉菜单："修改"/"特性匹配"。

3）命令：MATCHPROP。

2. 操作说明

执行"特性匹配"命令后，命令行提示：

选择源对象：选择一个特性要被复制的对象。

选择目标对象或［设置（S）］：拾取目标对象，把源对象的指定特性复制给目标对象。

选择目标对象或［设置（S）］：选择完毕，按 <Enter> 键。

4.10 夹点编辑

在空命令下，单击选中某图形对象，那么被选中的图形对象就会以虚线显示，而且被选中图形的特征点（如端点、圆心、象限点等）将显示为蓝色的小方框，小方框被称为夹点。

夹点有两种状态：未激活状态和被激活状态。选择某图形对象后出现的蓝色小方框是未激活状态的夹点，称为冷夹点。如果单击冷夹点，该夹点变为红色，处于被激活状态，称为热夹点。以被激活的夹点为基点，可以对图形对象执行拉伸、平移、复制、缩放和镜像等基本修改操作。

1. 夹点操作

使用夹点编辑功能，可以对图形对象进行各种不同类型的修改操作。其基本的操作步骤是"先选择，后操作"，分为三步：

1）空命令下，单击选择对象，使其出现夹点。

2）单击某个夹点，使其被激活，成为热夹点。命令行根据按 <Enter> 键次数显示不同提示：

①拉伸。指定拉伸点或［基点（B）/复制（C）/放弃（U）/退出（X）］：单击夹点成为热夹点。

②移动。指定移动点或［基点（B）/复制（C）/放弃（U）/退出（X）］：单击夹点成为热夹点后按 <Enter> 键。

③旋转。指定旋转角度或［基点（B）/复制（C）/放弃（U）/参照（R）/退出（X）］：单击夹点成为热夹点后两次按 <Enter> 键。

④比例缩放。指定比例因子或［基点（B）/复制（C）/放弃（U）/参照（R）/退出（X）］：单击夹点成为热夹点后三次按 <Enter> 键。

⑤镜像。指定第二点或［基点（B）/复制（C）/放弃（U）/退出（X）］：单击夹点

成为热夹点后四次按 < Enter > 键。

2. 应用示例

拉伸是夹点编辑的默认操作。以图 4-26 和图 4-27 为例，介绍其操作。

【操作步骤】

激活某个夹点以后，命令行提示：

指定拉伸点或 [基点（B）/复制（C）/放弃（U）/退出（X）]：此时直接拖动鼠标，就可以将热夹点拉伸到需要位置，如图 4-26 所示。

如果不直接拖动鼠标，还可以选择中括号中的选项：

1）基点：选择其他点为拉伸的基点，而不是以选中的夹点为基准点。

2）复制：可以对某个夹点进行连续多次拉伸，而且每拉伸一次，就会在拉伸后的位置上复制留下该图形，如图 4-27 所示。该操作实际上是拉伸和复制两项功能的结合。

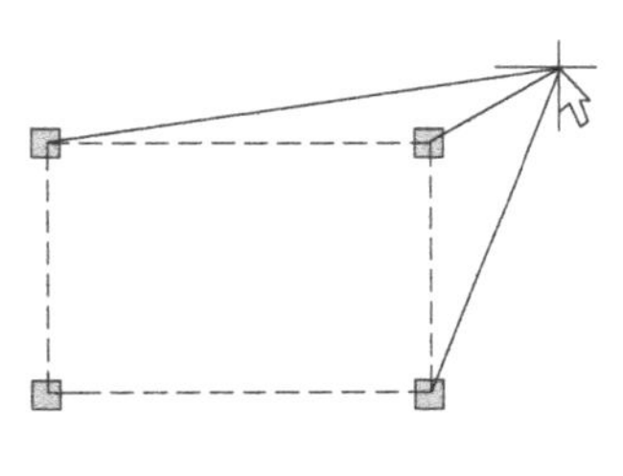

图 4-26　夹点拉伸

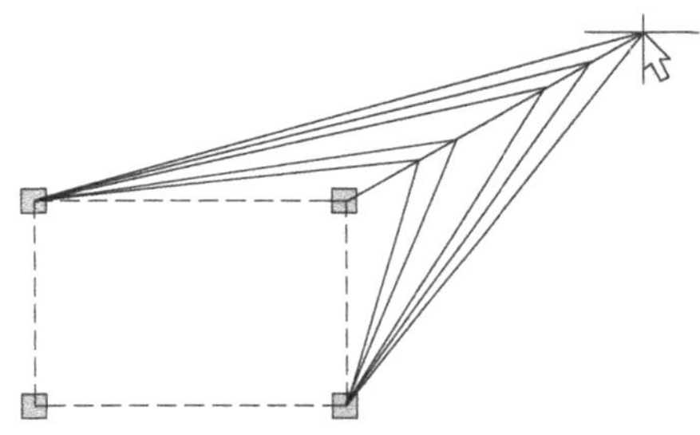

图 4-27　拉伸和复制的结合

3）移动、旋转、缩放、镜像等其他命令操作方法大体相同。

特别提示

1）最常用的夹点操作是利用不同位置的夹点的不同默认功能，如直线的三个夹点，两端的夹点可以用来拉伸直线，中间的夹点用来平移直线。再如圆的五个夹点，圆心夹点可以平移圆，四个象限点的夹点用来改变圆的半径。

2）夹点和对象捕捉同时使用有时比修剪、延伸命令更快捷。

4.11　上机指导

例题： 绘制图 4-28 所示的剖视图。

【操作步骤】

1）设置三种图层，粗实线、细实线、点画线，如图 4-29 所示。

2）设置汉字样式，如图 4-30 所示。

3）绘制横放 4 号图图框，并填写标题栏，小字的高度是 5 号字，大字的高度是 7 号字，如图 4-31 所示。

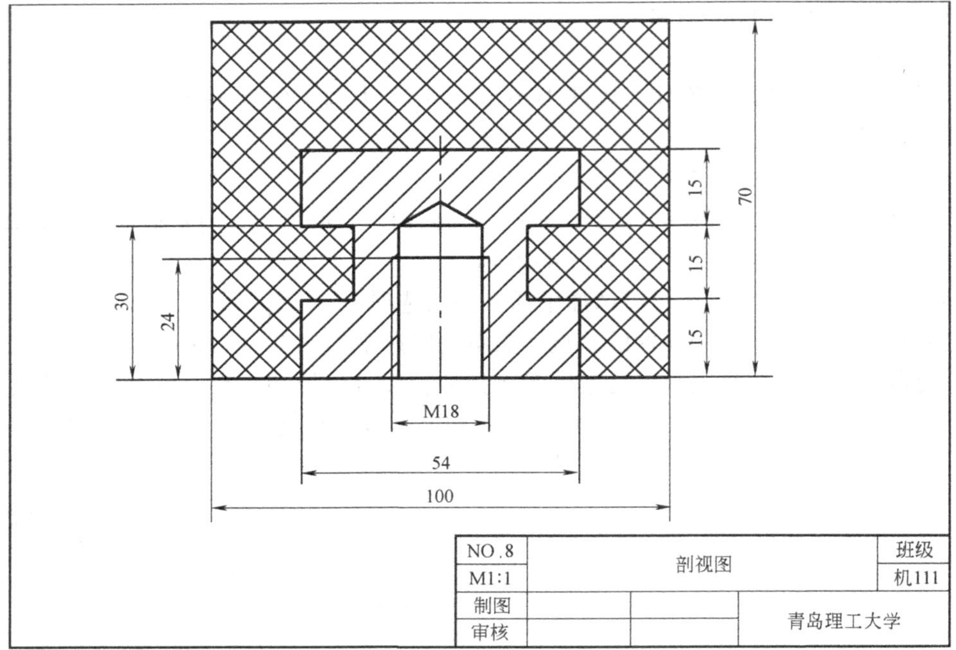

图 4-28　剖视图

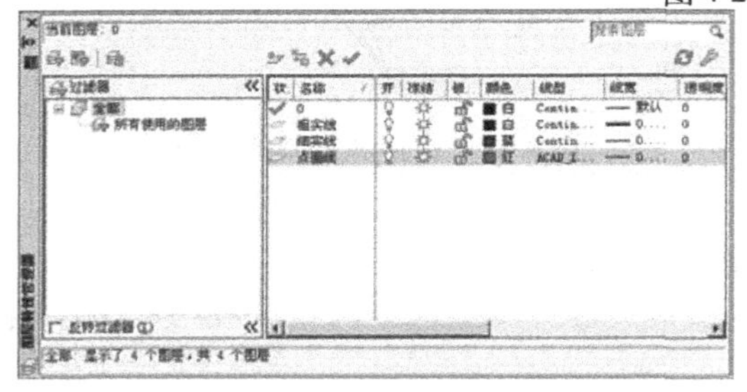

图 4-29　图层设置

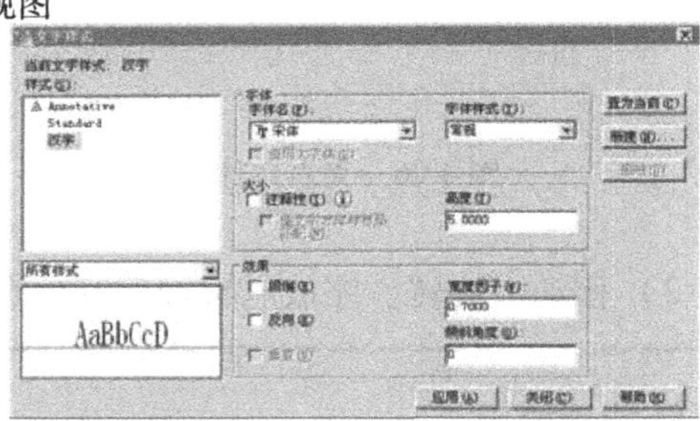

图 4-30　汉字样式设置

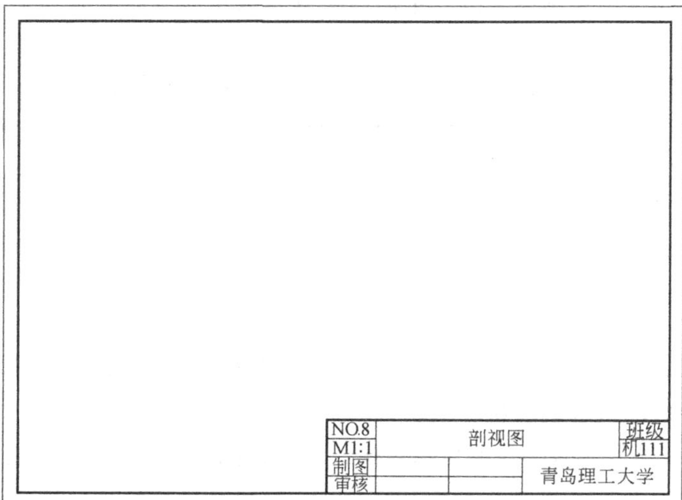

图 4-31　填写汉字

4）单击“绘图”工具栏的“直线”命令按钮，绘制视图的中心线，单击“修改”工具栏的“偏移”命令，绘制视图的框架，单击“修改”工具栏的“修剪”命令按钮，形成视图的外轮廓线以及内轮廓线，如图 4-32 所示。

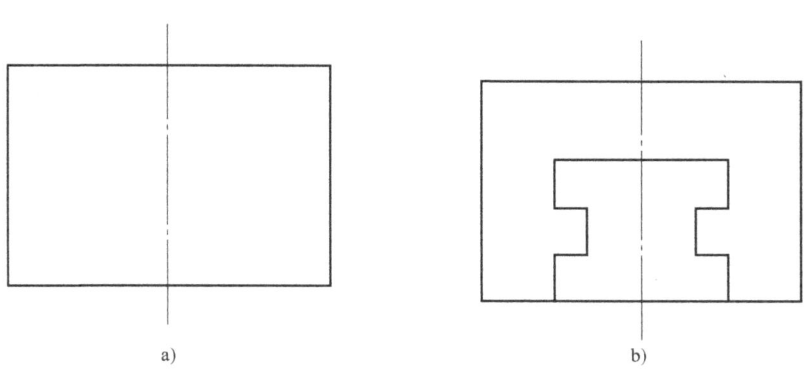

图 4-32　轮廓线

a）中心线和外轮廓线　b）内轮廓线

5）单击“修改”工具栏的“偏移”命令按钮，绘制内孔以及螺孔的框架，单击“修改”工具栏的“修剪”命令按钮，形成视图内孔以及螺纹孔，如图 4-33 所示。

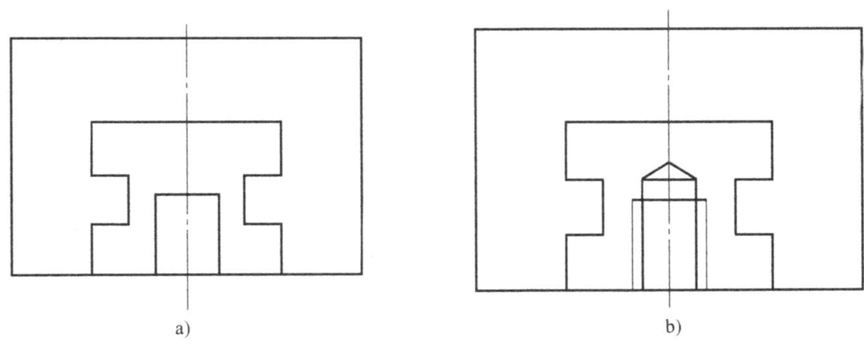

图 4-33　绘制内孔及螺纹孔

a）内孔　b）螺纹孔

6）单击“绘图”工具栏的“填充”命令按钮，绘制视图的剖面线，双向剖面线的设置如图 4-34 所示，填充效果图 4-35 所示。

7）修改线型，完成图 4-28 的绘制。

图 4-34　双向填充设置

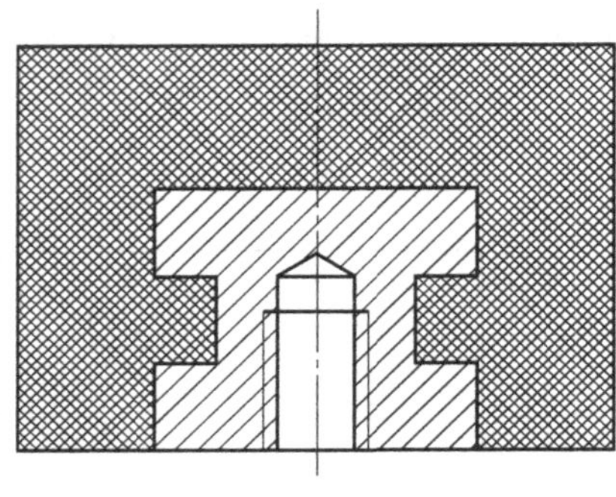

图 4-35　剖视图

4.12　操作练习

绘制图 4-36 ~ 图 4-50 所示的平面图形。

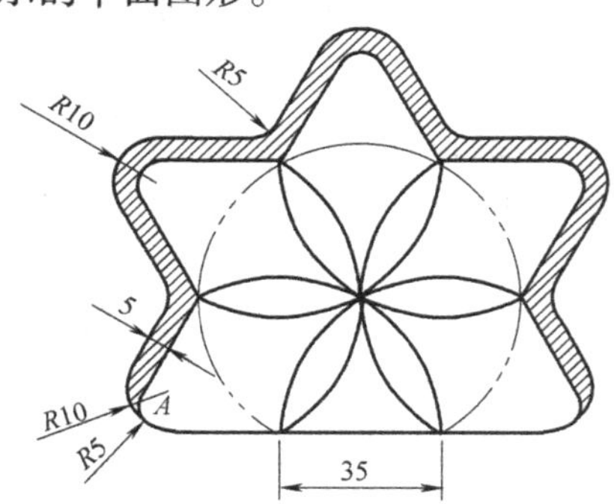

图 4-36　图形 1

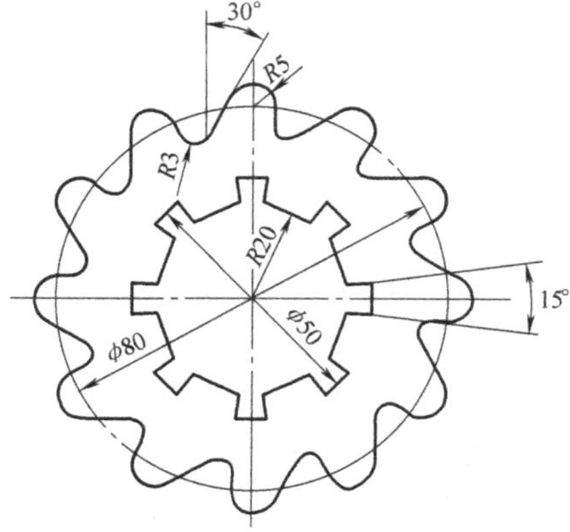

图 4-37　图形 2

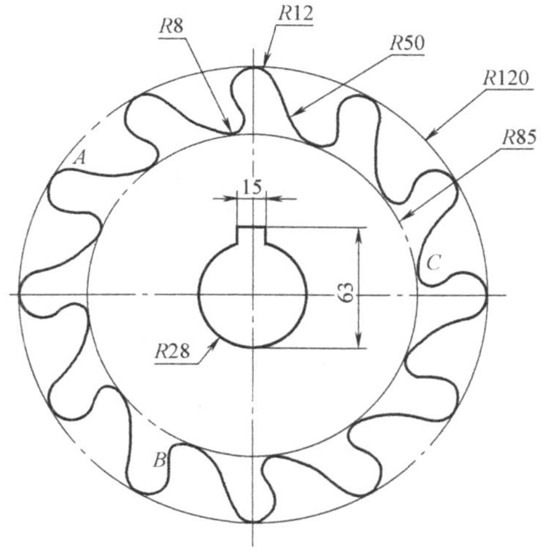

图 4-38　图形 3

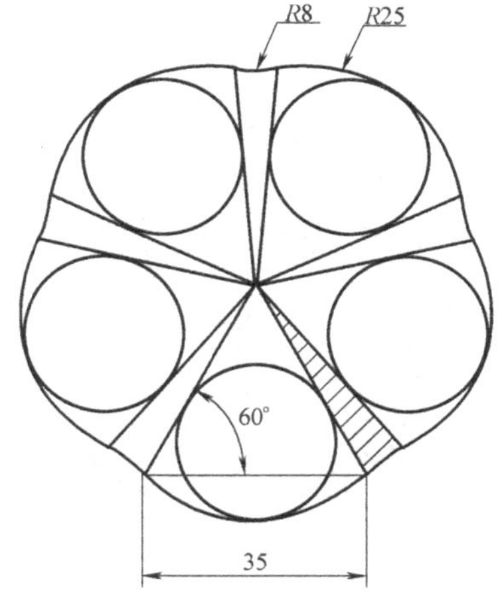

图 4-39　图形 4

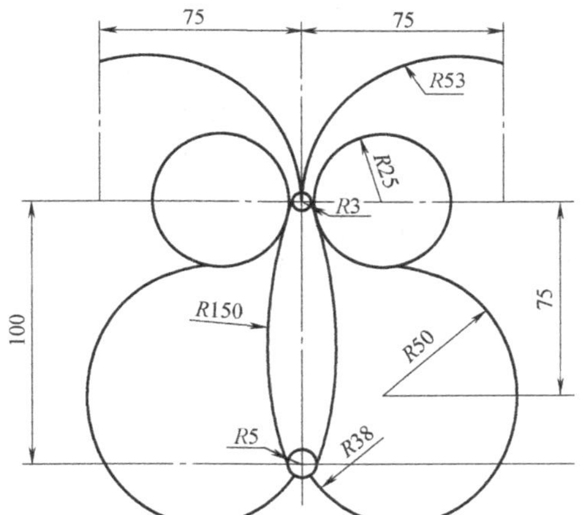

图 4-40　图形 5

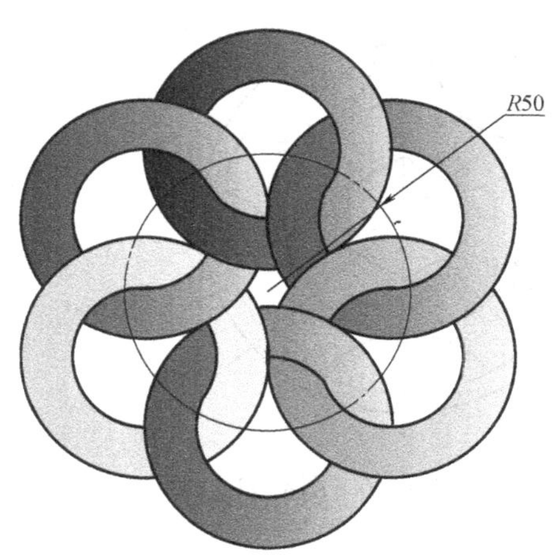

图 4-41　图形 6

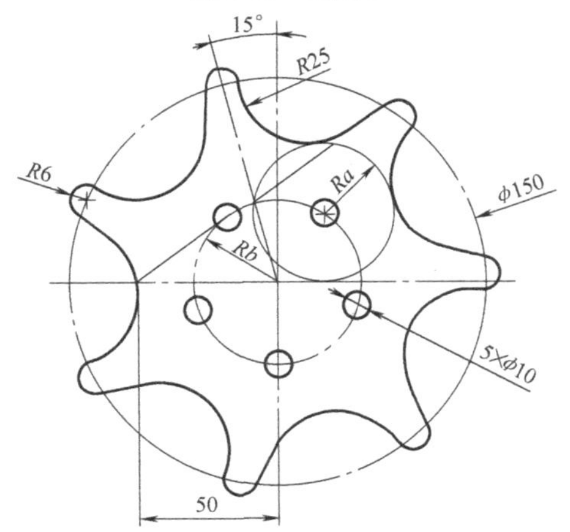

图 4-42　图形 7

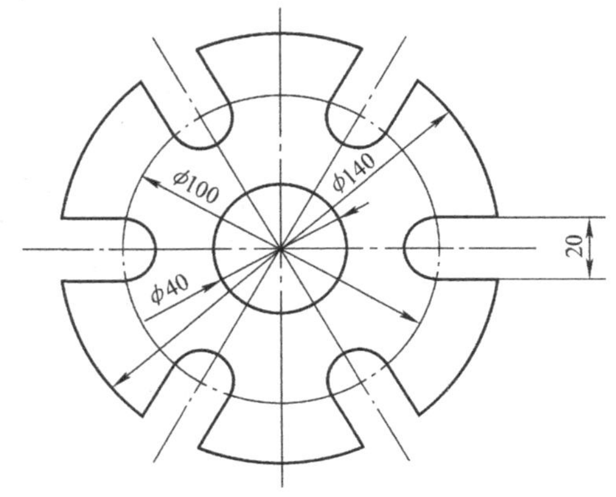

图 4-43　图形 8

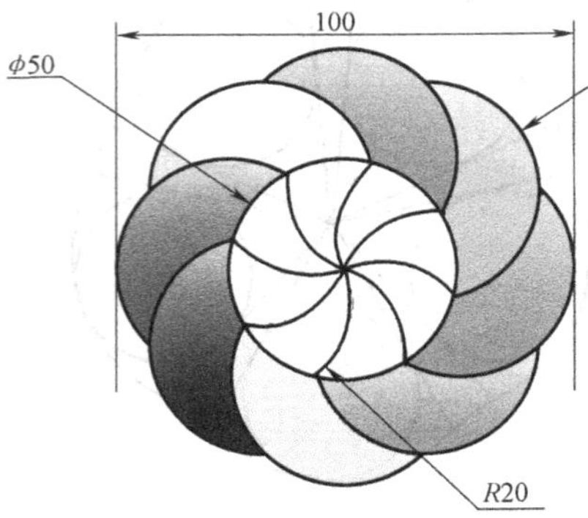

图 4-44　图形 9

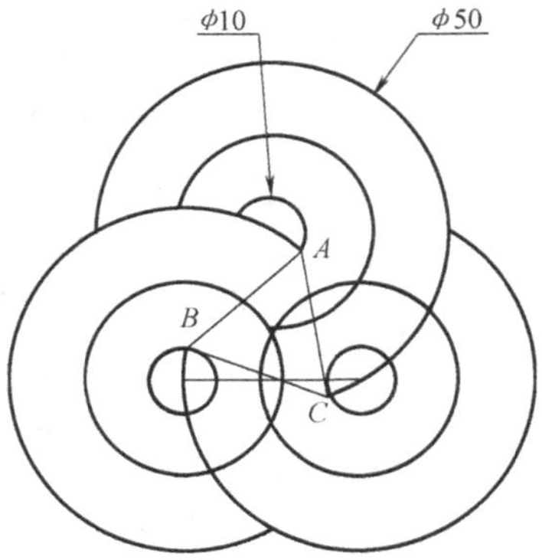

图 4-45　图形 10

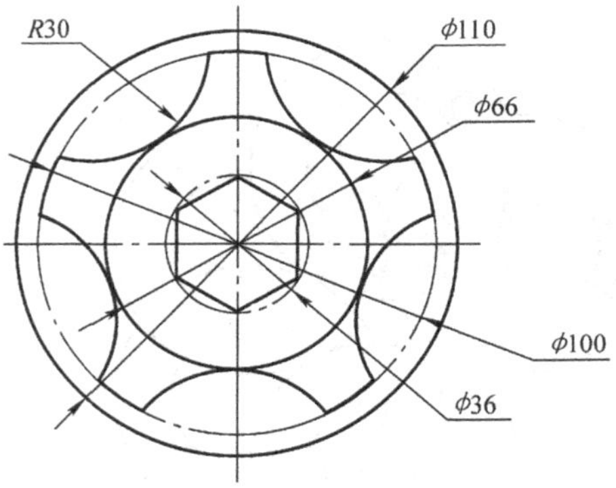

图 4-46　图形 11

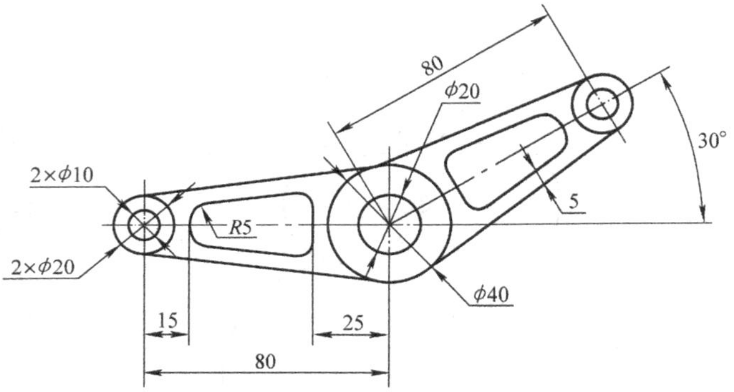

图 4-47　图形 12

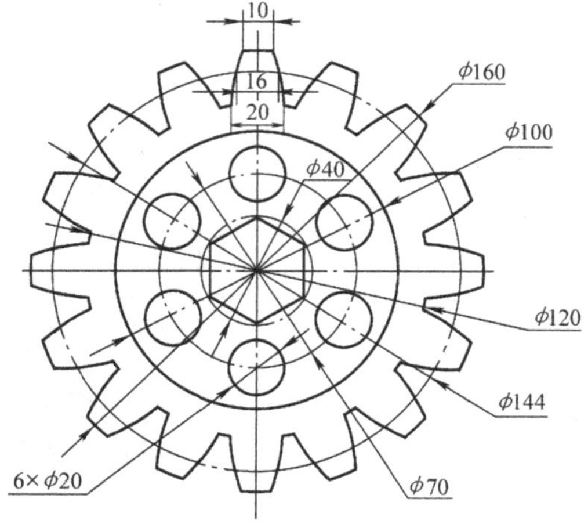

图 4-48　图形 13

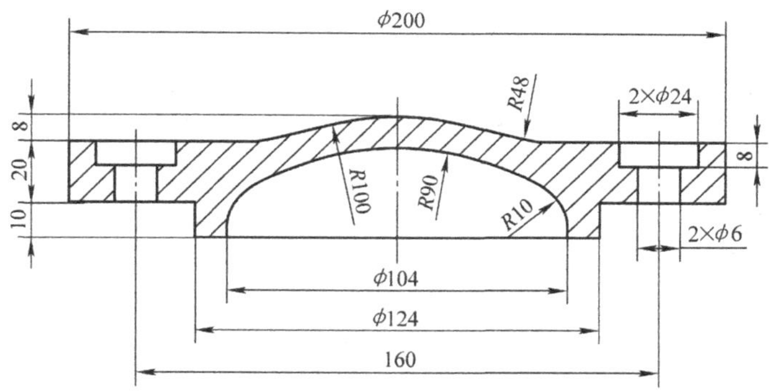

图 4-49　图形 14

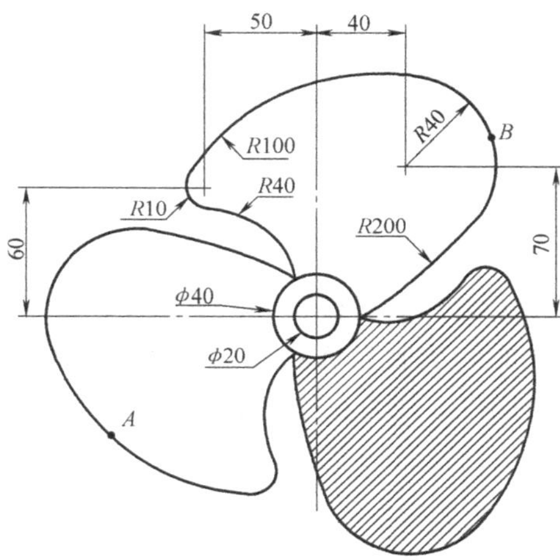

图 4-50　图形 15

第 5 章　文字与表格

【教学目标与任务】

通过对本章的学习，读者应会根据实际绘图需要设置合适的文字样式和表格样式，并将所设置的文字样式和表格样式添加到工程图中，而且能进行编辑和修改。

【教学重点和难点】

- 设置文字样式
- 应用文字样式
- 编辑文字
- 设置表格样式
- 应用表格样式

工程图中不仅有图形，还包含有文字和表格，例如标题栏和明细表等。AutoCAD 提供了非常强大的文字注写及编辑功能和绘制表格功能。但 AutoCAD 默认的文字样式并不符合国家制图标准的要求，所以需要创建、设置文字样式。

5.1　创建文字样式

在注写文字之前，应先创建几种常用的文字样式，需要时从这些文字样式中进行选择即可。文字都有与它关联的样式，输入文字时，系统使用的是当前样式设置的字体、字号、角度、方向和其他特性。

1. 执行途径

1）工具栏：“样式”/“文字样式”按钮。

2）下拉菜单：“格式”/“文字样式”。

3）命令：STYLE。

4）文字工具栏：按钮。

2. 操作说明

单击“样式”工具样按钮或图 5-1 所示的“文字”工具栏按钮，创建新文字样式。操作步骤如下：

图 5-1　“文字”工具栏

1）执行“文字样式”命令后，弹出图 5-2 所示“文字样式”对话框。在该对话框的左侧窗口显示的是原有的 Standard 文字样式和新创建的文字样式。

2）“字体”选项区用来设置所用字体。单击“字体名”下拉列表，选择所用字体。一般先取消“使用大字体”复选框，然后用“字体名”下拉列表选择，汉字一般选择

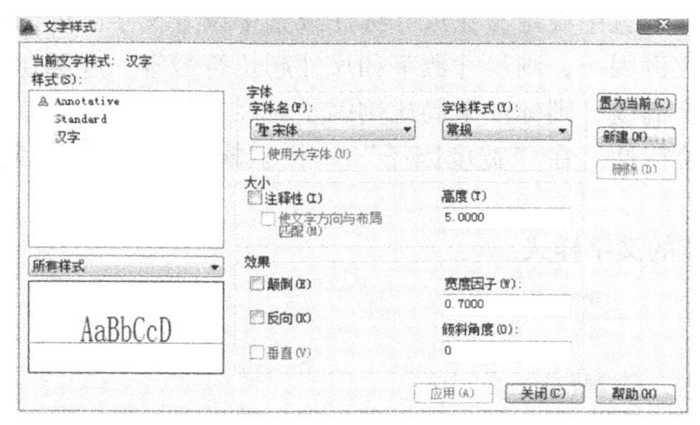

a)

b)

图5-2　“文字样式”对话框

“仿宋_GB2312”字体，字母和数字一般选择“gbeitc.shx”字体。

3）“大小”选项区。“注释性”复选框用于设定文字是否为注释性对象。“高度”用来设置字体的高度。通常将字体高度设为0，在文字输入时，系统会提示输入字体的高度，而且在尺寸标注中的尺寸数字也会随全局比例因子缩放。

4）“效果”选项区用来设置字体的显示效果，包括颠倒、反向、垂直、宽度比例和倾斜角度。通过勾选相应的复选框来进行设置，同时在预览框中显示效果。“宽度因子”即宽度比例，默认值是1，按照制图标准，长仿宋字宽度比例应该是0.7。“倾斜角度”选项：直体是0，斜体是15。

（1）创建汉字文字格式示例

1）在图5-2所示“文字样式”对话框中单击“新建”按钮，弹出“新建文字样式”对话框。

2）在“新建文字样式”对话框中输入新文字样式名“汉字”，单击“确定”按钮。

3）在“文字样式”对话框的“字体”栏内，取消“使用大字体”，单击“字体名”下拉列表框，选中“仿宋_GB2312”字体如图5-2所示。

4）在“高度”栏内设置字体的高度为5，即5号字，其字高是5mm。

5）在“效果”区内设置字体的有关特性。因国标规定汉字字体是长仿宋字，所以在“宽度因子”一栏里输入“0.7”，如图5-2所示。

6）单击“应用”按钮，保存新设置的文字样式。单击“置为当前”按钮，则“汉字”为当前文字样式。

（2）创建字母数字文字格式示例

1）在“文字样式”对话框中单击“新建”按钮，弹出“新建文字样式”对话框。

2）在“新建文字样式”对话框中输入新文字样式名“字母数字”，单击“确定”按钮。

3）在“文字样式”对话框的“字体”栏内，单击“字体名”下拉列表框，选中“gbeitc.shx”字体，如图5-3所示。

4）在“文字样式”对话框的“高度”栏内设置字体的高度0。因为字母数字主要用在尺寸标注中，文字的高度可以在标注样式设置中设定，在尺寸标注设置中设置文字高度的好处是：如果标注样式设置中使用了全局比例因子，则尺寸数字和尺寸起止符号等一起随比例缩放，如果在文字样式设置中设定了文字高度，则标注全局比例因子对尺寸数字不起作用。

5）在“效果”区内设置字体的有关特性。在“宽度因子”一栏里输入“1”，在倾斜角度立填0。如图 5-3 所示。

6）单击“应用”按钮，保存新设置的文字样式。

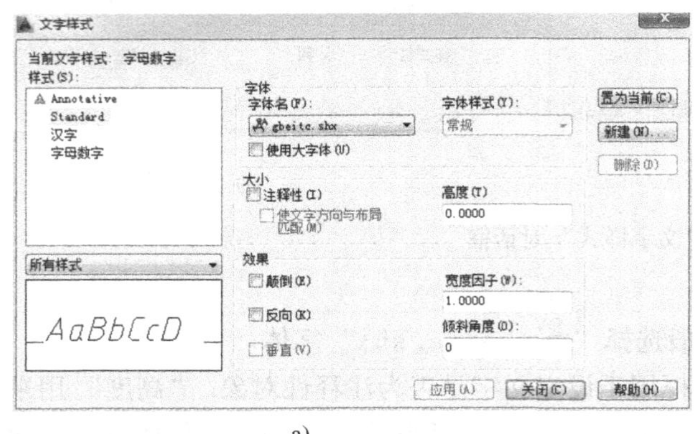

a)

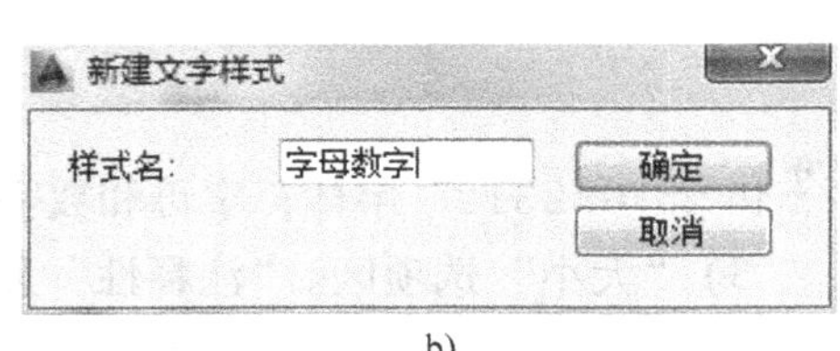

b)

图 5-3　创建字母数字文字样式

5.2　修改文字样式

设置过的文字样式，可以利用“文字样式”对话框进行修改。如果修改现有样式的字体或方向，使用该样式的所有文字将随之改变并重新生成。修改文字的高度、宽度比例和倾斜角不会改变现有的文字，但会改变以后创建的文字对象。

修改文字样式的步骤如下：

1）执行“格式”/“文字样式”命令，弹出“文字样式”对话框。

2）在“样式”栏内的列表框中选择一个要修改的文字样式名。

3）在“字体”“大小”或“效果”栏内修改任意选项。在预览区内可以直接观察到文字样式的修改结果。

4）单击“应用”按钮，即可保存新的设置，且以当前样式更新图形中的文字。

5.3　注写文字

当注写较少的文字时可使用单行文字，注写较多的文字时可使用多行文字。一般选用多行文字。

5.3.1　注写单行文字

该命令用于在图中注写一行或多行文字。每行文字是一个单独的对象，可对其进行重新定位、调整或进行其他修改。

1. 执行途径

1）“文字”工具栏：按钮AI。

2）下拉菜单：“绘图”/“文字”/“单行文字”。

3）命令：DTEXT、TEXT。

2. 操作说明

执行该命令后，命令行提示：

指定文字的起点或［对正（J）/样式（S）］：指定文字输入的起点。

此时，也可输入“J”或“S”后按<Enter>键，即选择对正（J）或样式（S）：

（1）对正（J）　该选项用于确定文字的对正方式。执行该选项后，命令行提示：

输入选项：［对齐（A）/布满（F）/居中（C）/中间（M）/右对齐（R）/左上（TL）/中上（TC）/右上（TR）/左中（ML）/正中（MC）/右中（MR）/左下（BL）/中下（BC）/右下（BR）］：

各选项的含义如下：

1）对齐（A）：用于确定文字基线的起点和终点。AutoCAD 调整文字高度使其位于两点之间，如图 5-4 所示。

2）布满（F）：用于确定文字基线的起点和终点。AutoCAD 在保证原指定的文字高度情况下，自动调整文字的宽度以适应指定两点之间均匀分布，如图 5-5 所示。

图 5-4　单行文字命令中的“对齐”选项

图 5-5　单行文字命令中的“布满”选项

3）居中（C）：用于确定文字基线的中心点位置。

4）中间（M）：用于确定文字的中间点位置。

5）右对齐（R）：用于确定文字基线的右端点位置。

其他选项的内容及含义，请结合图 5-6 理解和使用。

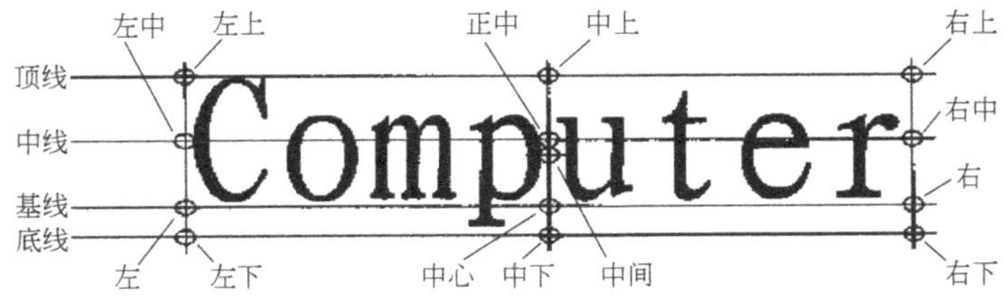

图 5-6　文字的对正方式

（2）样式（S）　该选项用于设置定义过的文字样式。即在命令行输入当前图形中的一个已经定义的文字样式名，并将其作为当前文字样式。

当命令行要求指定文字的旋转角度时，如果输入非零角度，则文字与 X 轴成一定角度。

5.3.2　注写多行文字

在工程图中注写文字常用多行文字命令。多行文字由任意数目的单行文字或段落组成。无论文字有多少行，每段文字构成一个图元，可以对其进行移动、旋转、删除、复制、镜像、拉伸或缩放等编辑操作。多行文字有更多编辑项，可用下划线、字体、颜色和文字高度来修改段落。

1. 执行途径

1）工具栏：“绘图”/“多行文字”按钮 A。

2）下拉菜单：“绘图”/“文字”/“多行文字”。

3）命令：MTEXT（快捷命令 T、MT）。

2. 操作说明

执行“多行文字”命令后，命令行提示：

指定对角点或［高度（H）/对正（J）/行距（L）/旋转（R）/样式（S）/宽度（W）/栏（C）］：

共有 7 个选项。各选项的含义如下：

1）高度（H）：用于确定标注文字框的高度，用户可以在屏幕上拾取一点，该点与第一角点的距离即为文字的高度，或者在命令行中输入高度值。

2）对正（J）：用来确定文字的排列方式。

3）行距（L）：为多行文字对象制定行与行之间的间距。

4）旋转（R）：用于确定文字倾斜角度。

5）样式（S）：用于确定文字字体样式。

6）宽度（W）：用来确定标注文字框的宽度。

7）栏（C）：用来分动态静态或不分栏设定。

设置好以上选项后，系统都要提示“指定对角点”，此选项用来确定标注文字框的对角点，即拉一个矩形框，AutoCAD 将在这两个对角点形成的矩形区域中进行文字标注，矩形区域的宽度就是所标注文字区的宽度。

3. “多行文字编辑器”简介

当指定了对角点之后，弹出如图 5-7 所示的多行文字编辑器，分为文字输入区和“文字格式”工具栏两部分。布局和功能与办公软件 Microsoft Word 非常类似。

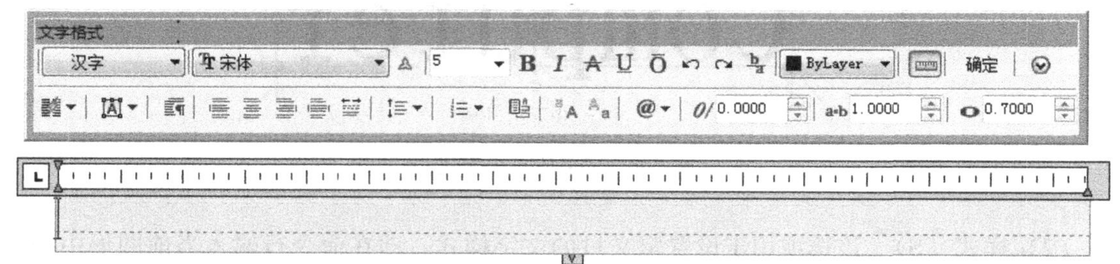

图 5-7　多行文字编辑器

文字输入区配有标尺，可以方便地使用制表符和缩进功能。拖动滑条和可以轻松改变文字区的大小。

在文字输入区的上方还有一个“文字格式”工具栏，如图5-7所示。该工具栏用来控制文字字符格式，其选项从左到右依次为“字体名”“字体”“字高”“粗体”“斜体”“下划线”“上划线”“放弃/重做”“堆叠”“颜色”及“标尺”等。各选项的功能如下：

1）“字体名”：当前文字样式的名字。

2）“字体”：选择了字体样式，字体自动关联出现。

3）“字高”：这是一个文字编辑框，也是一个下拉列表框，为当前文字的高度。可以在此输入或选择一个高度值作为当前文字的高度。

4）“粗体”；选择该按钮将使当前文字变成粗体字。

5）“斜体”：选择该按钮将使当前文字变成斜体字。

6）“下划线”：选择该按钮将使当前文字加上一条下划线。

7）“上划线”：选择该按钮将使当前文字加上一条上划线。

8）“放弃/重做”：选择该按钮，将撤销和恢复最近一次编辑操作。

9）“堆叠/非堆叠”：选择按钮，可将含有“/”符号的字符串文字以该符号为界，变成分式形式表示；可将含有“^”符号的字符串文字以该符号为界，变成上下两部分，其间没有横线，如图5-8所示。堆叠的方法是先选中要堆叠的文字，后单击堆叠按钮。如果选中已堆叠的文字后单击此按钮，则文本恢复到非堆叠的形式。

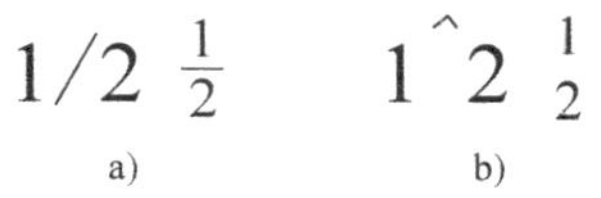

1/2 $\frac{1}{2}$　　1^2 $\begin{matrix}1\\2\end{matrix}$

a)　　b)

图5-8　文字堆叠

10）“颜色”：这是一个下拉列表框，用来设置当前文字的颜色。

11）“标尺”：选择该按钮将显示或隐藏标尺。

在编辑框中单击右键鼠标，弹出如图5-9所示的快捷菜单。在该菜单中选择相应的命令也可对文字各参数进行相应的设置。如选择“符号”命令或单击图5-7文字编辑器的@按钮后，弹出图5-10a所示“符号”级联菜单，用户可以选择各种特殊符号的输入方法，如果没有合适的特殊符号，用户还可以在级联菜单中选择“其他”命令，弹出如图5-10b所示的“字符映射表”对话框。在该对话框中，用户可以选择合适的特殊符号。

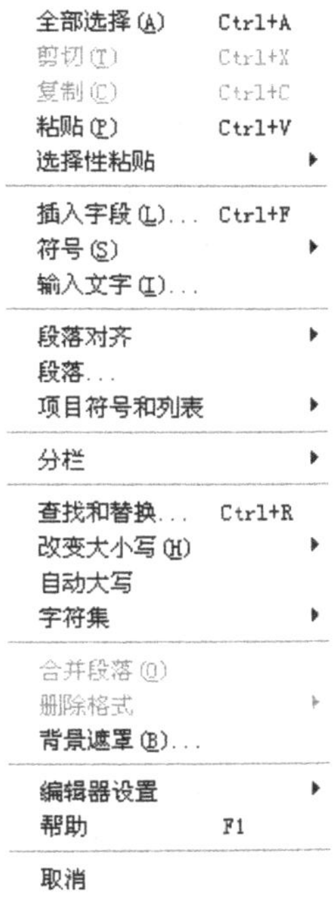

12）控制码：在实际绘图时，有时需要绘制一些特殊字符以满足工程制图的需要。由于这些特殊字符不能直接从键盘输入，为此AutoCAD提供了控制码来实现，控制码是两个百分号“%%”。是常用的控制码如下：

①%%O：打开或关闭文字上划线。

②%%U：打开或关闭文字下划线。

③%%D：标注“度”符号（°）。

④%%P：标注“正负公差”符号（±）。

⑤%%%：标注百分号（%）。

⑥%%C：标注直径符号（ϕ）。

全部选择(A)　Ctrl+A
剪切(T)　Ctrl+X
复制(C)　Ctrl+C
粘贴(P)　Ctrl+V
选择性粘贴 ▸
插入字段(L)...　Ctrl+F
符号(S) ▸
输入文字(I)...
段落对齐 ▸
段落...
项目符号和列表 ▸
分栏 ▸
查找和替换...　Ctrl+R
改变大小写(H) ▸
自动大写
字符集 ▸
合并段落(O)
删除格式 ▸
背景遮罩(B)...
编辑器设置 ▸
帮助　F1
取消

图5-9　快捷菜单

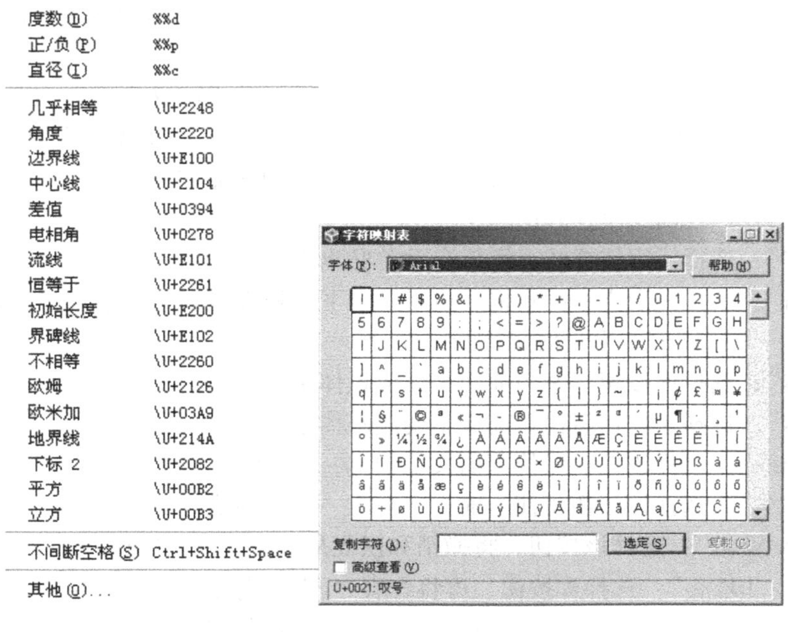

图 5-10　“符号”级联菜单

例如：在注写文字时输入以下内容：60%%D%%C58%%P0.003

显示的结果是：60°ϕ58 ±0.003

4. 应用示例

绘制图 5-11 所示的标题栏并注写文字。

【操作步骤】

1）用前面介绍过的“矩形”、“偏移”、“剪切”命令画出标题栏，如图 5-11 所示。

2）创建汉字文字样式，字体是长仿宋，字高是 5mm，宽度因子是 0.7。

3）单击“绘图”工具栏“多行文字”按钮A，命令行提示“指定第一角点”，鼠标左键单击 *A* 点，命令行提示“指定对角点”：鼠标左键单击 *B* 点。如图 5-12 所示。

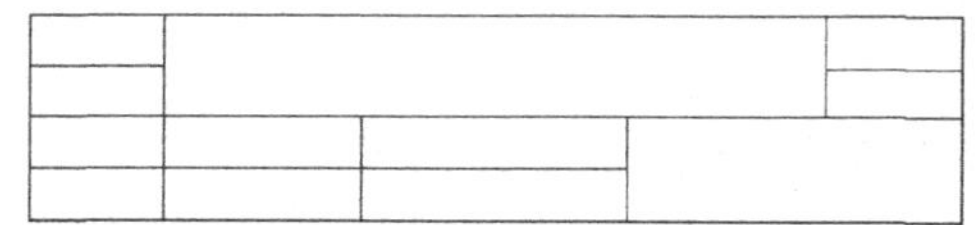

图 5-11　绘制标题栏

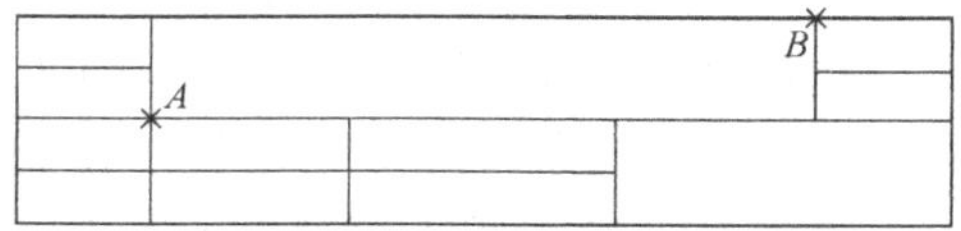

图 5-12　确定 *A*、*B* 两点

4）在弹出的“文字格式”对话框里选择“汉字”文字样式，字高改为 7mm。单击[A]按钮，选择正中对正。输入汉字“平面图形”，单击“确定”按钮，如图 5-13 所示。

5）同样方法注写“青岛理工大学”，字高为 7mm。注写“M2:1”字高为 5mm，如图 5-14 所示。同样方法注写其他的文字，结果如图 5-15 所示。

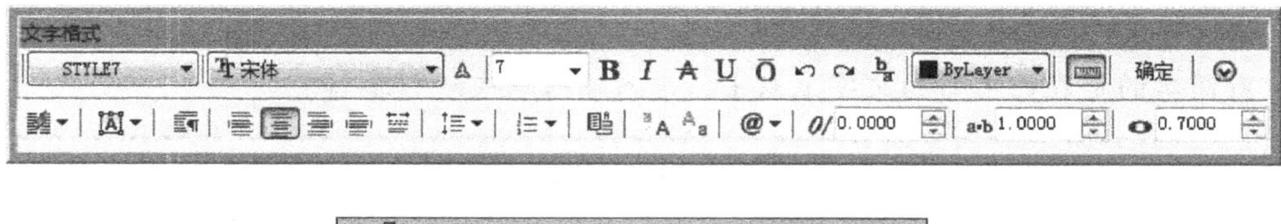

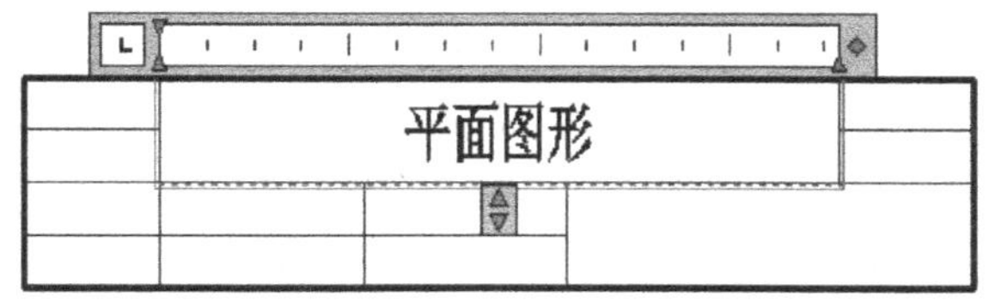

图 5-13　注写平面图形

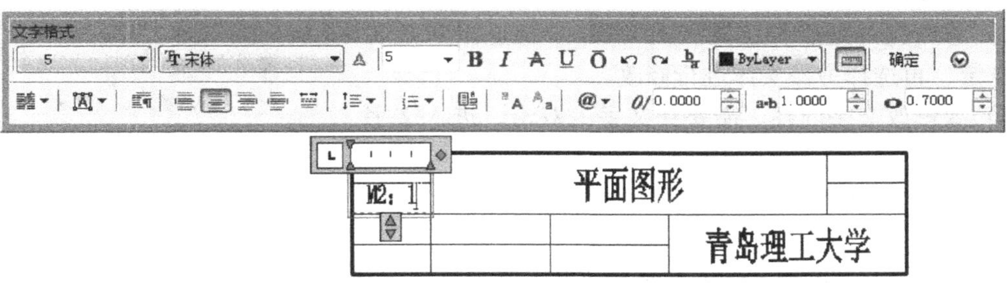

图 5-14　注写文字

NO2	平面图形		班级
M2:1			机111
制图			青岛理工大学
审核			

图 5-15　注写其他汉字

5.4　编辑文字

一般来讲，文字编辑应涉及两个方面，即修改文字内容和文字特性。

可以用修改特性命令修改编辑文字。该命令可修改各绘图实体的特性，也用于修改文字特性。可修改文字的颜色、图层、线型、内容、高度、旋转角、对正模式、文字样式等。

1. 执行途径

1）工具栏：“标准”/“特性”按钮。

2）下拉菜单：“修改”/“特性”。

3）命令：PROPERTIES。

特别提示

最简单的是在已书写的文字上双击，进入输入状态进行编辑。

2. 操作说明

1）执行“对象特性”命令，弹出图 5-16 所示的对话框。在该对话框中，选择要修改的文字。若选择一个实体，“特性管理器”对话框中将列出该实体的详细特性以供修改；若选择多个实体，“实体特性管理器”对话框中将列出这些实体的共有特性以供修改。修改的具体方法是：选定文字，在图 5-16 所示的对话框中找到对应的字高、旋转角、宽度因子、倾斜角、样式、对齐等特性，单击即可修改。

2）修改完一处后，应按一次 < Esc > 键退出对该实体的选定，再选择另一实体进行修改。

3）要修改文字内容，需要在文字上双击，进入文字编辑对话框，在此修改文字内容。

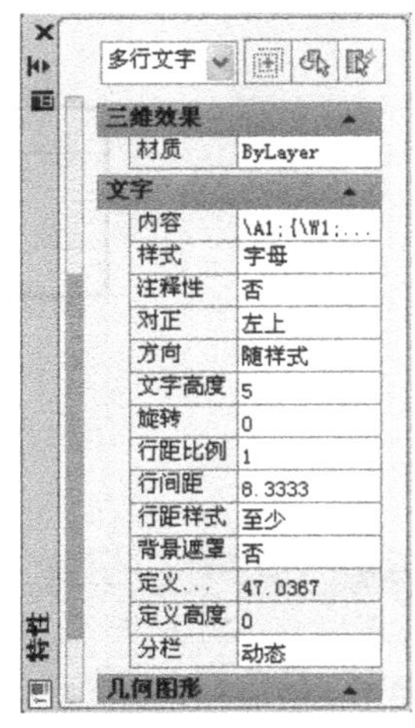

图 5-16　特性管理器

特别提示

在图 5-14 所示的标题栏注写完“M2:1”后，以文字中心为基点，用复制命令，将“M2:1”复制到其他地方，然后分别双击修改文字内容。此方法注写标题栏文字更快捷，也是在多个地方注写文字最常用的方法。

5.5　绘制表格

从 AutoCAD2006 版开始，用户可以使用新增的创建表格命令自动生成数据表格，从而取代了先前利用绘制线段和文本来创建表格的方法。

5.5.1　创建表格样式

用户不仅可以直接使用软件默认的格式制作表格，还可以根据自己的需要自定义表格。

1. 执行途径

1）工具栏：“样式”/“表格样式”按钮。

2）下拉菜单：“格式”/“表格样式”。

2. 操作说明

1）选择“表格样式”命令，打开如图 5-17 所示的“表格样式”对话框。

2）在对话框中单击“新建”按钮，打开如图 5-18 所示的“创建新的表格样式”对话框，在对话框的“新样式名”文本框中输入样式名称。

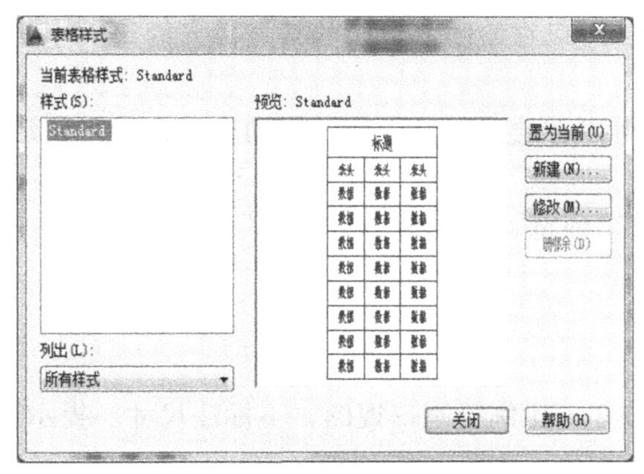

图 5-17　“表格样式”对话框

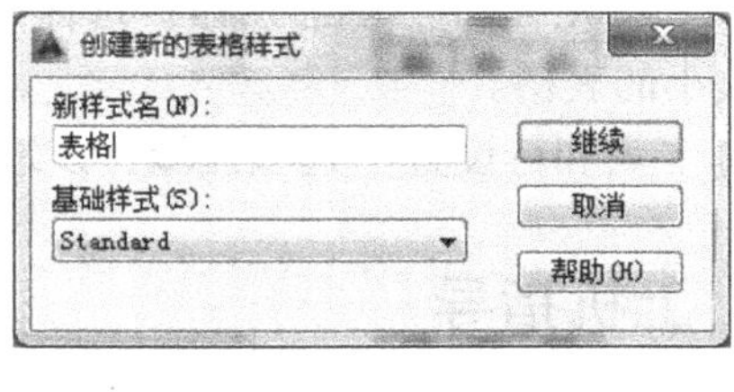

图 5-18　“创建新的表格样式”对话框

3）单击“继续”按钮，将打开“新建表格样式：表格”对话框，如图 5-19 所示。

4）分别在“新建表格样式”对话框的“数据”“表头”和“标题”等选项卡进行相应的参数设置。

5）样式设置完毕后，单击“确定”按钮，返回到“表格样式”对话框。此时在对话框的“样式”列表框中将显示创建好的表样式。

5.5.2　插入表格

1. 执行途径

1）工具栏：“绘图”/“表格”按钮。

2）下拉菜单：“绘图”/“表格”。

2. 操作说明

执行“表格”命令，打开“插入表格”对话框，如图 5-20 所示。在对话框中用户可以设置表格的样式、列宽、行高以及表格的插入方式等。

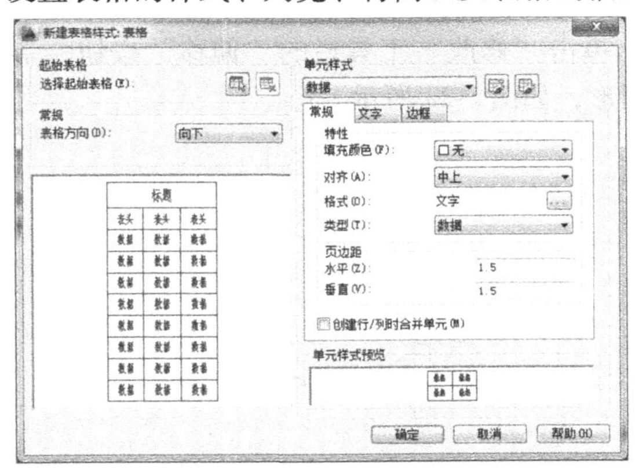

图 5-19　“新建表格样式”对话框

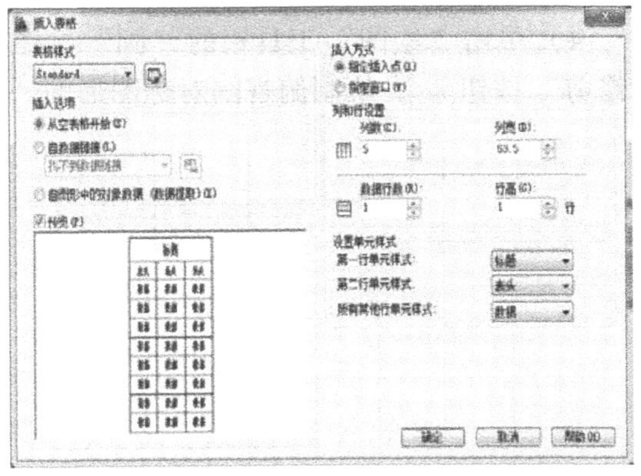

图 5-20　“插入表格”对话框

“插入表格”对话框中的各选项功能如下：

1）“表样式名称”下拉列表框：用来选择系统提供的或用户已经创建好的表格样式。

2）“指定插入点”单选按钮：选择该选项，可以在绘图窗口中的某点插入固定大小的表格。

3）“指定窗口”单选按钮：选择该选项，可以在绘图窗口中通过拖动表格边框来创建任意大小的表格。

4）“列和行设置”选项区域：设定表格“列”“列宽”“数据行”和“行高”等。

5.6 上机指导

例题：根据图 5-21 所示的组合体立体图，按 2:1 比例绘制三视图，不标注尺寸。提示：利用长对正、高平齐和宽相等的投影规律绘制组合体三视图。

【操作步骤】

1）设置四个图层：分别在四个图层上，指定四种线型和四种颜色。

①粗实线层：线宽 0.3mm、线型 Continuous。

②中心线层：线宽 0.15mm、线型 ACAD ISO04W100。

③细实线层：线宽 0.15mm、线型 Continuous。

④虚线层：线宽 0.15mm、线型 ACAD ISO02W100。

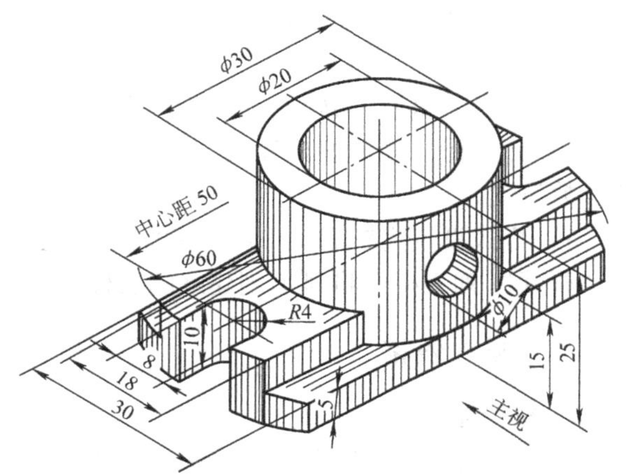

图 5-21　组合体立体图

2）绘制 A3 横放图框，并填写标题栏。

3）设置中心线层为当前层，单击“绘图”工具栏的“直线”按钮，绘制三个视图的中心线。如图 5-22 所示。

4）单击“绘图”工具栏的“圆”按钮，单击“修改”工具栏的“偏移”按钮和“修剪”按钮，绘制俯视图对称图形的一半图形，如图 5-23 所示。

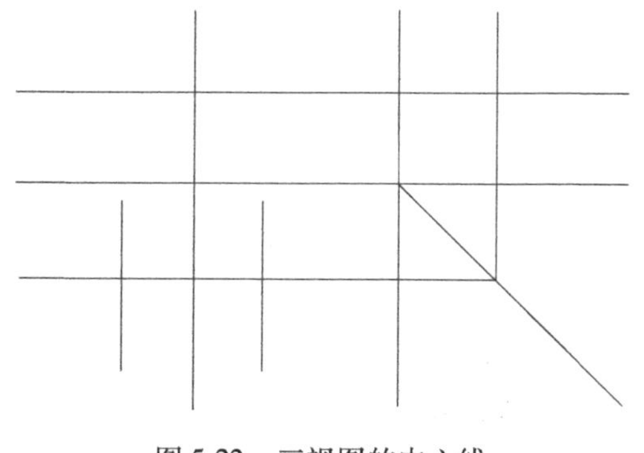
图 5-22　三视图的中心线

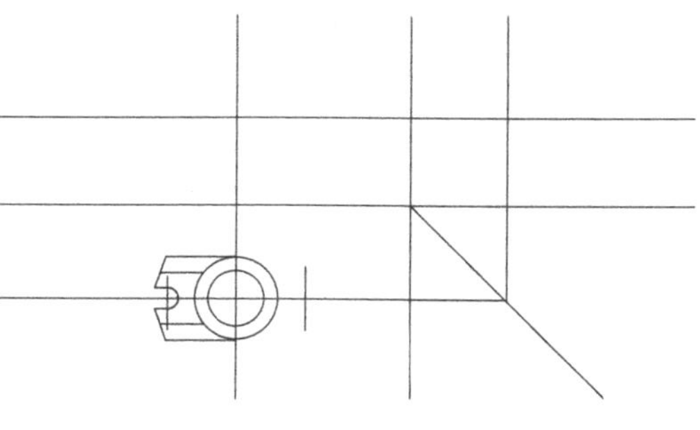
图 5-23　俯视图的一半

5）单击“绘图”工具栏“镜像”按钮，得到图 5-24 所示俯视图。

6）单击“绘图”工具栏的“圆”按钮，单击“修改”工具栏的“偏移”按钮和“修剪”按钮，绘制主视图对称图形的一半图形，如图 5-25 所示。

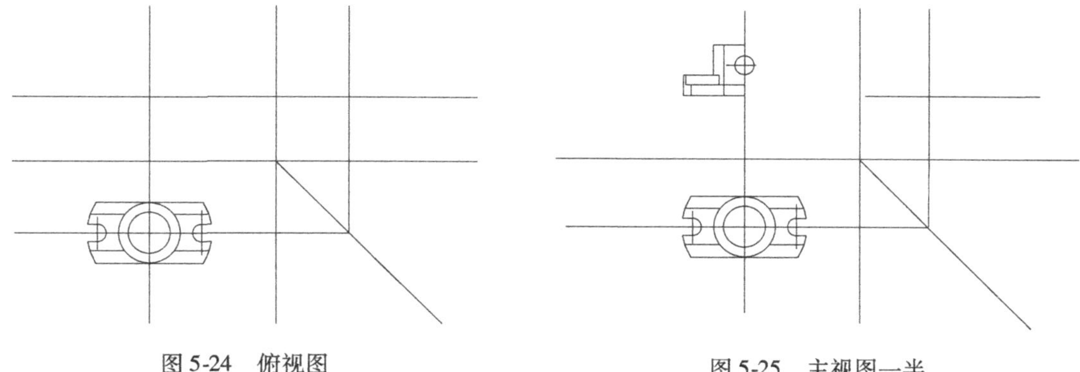

图 5-24　俯视图　　图 5-25　主视图一半

7）单击“绘图”工具栏“镜像”按钮，得到主视图，并绘制一半的左视图，如图 5-26 所示。注意：相贯线需要和俯视图宽相等，再单击“绘图”工具栏“圆弧”按钮画出。

8）单击“绘图”工具栏“镜像”按钮，得到左视图，如图 5-27 所示。

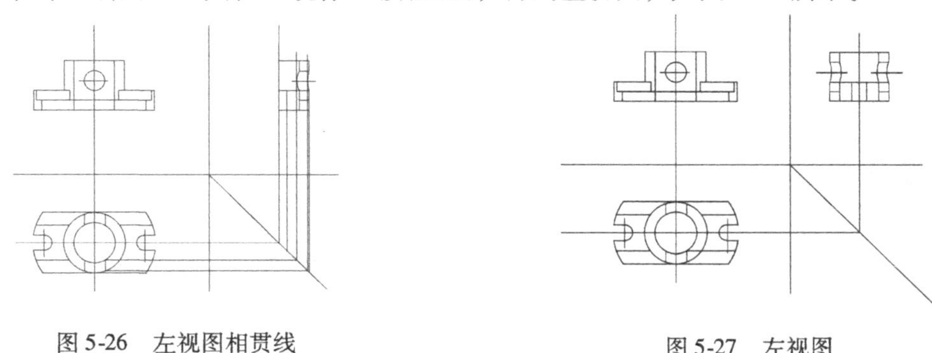

图 5-26　左视图相贯线　　图 5-27　左视图

9）单击标准工具栏的“特性匹配”按钮，转换图层，得到图 5-28 所示图形。

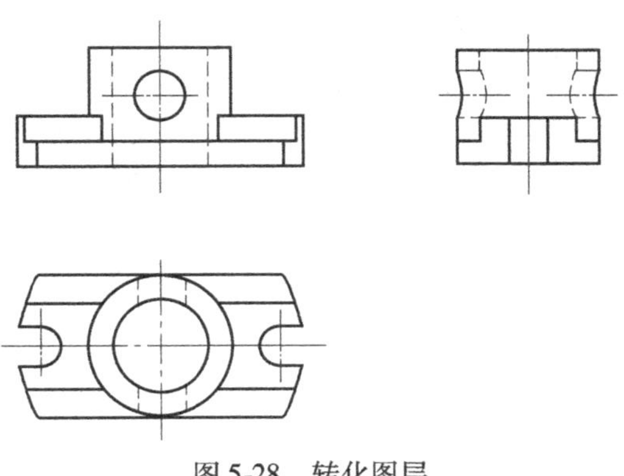

图 5-28　转化图层

10）单击修改工具栏的“缩放”按钮，输入比例因子为2，即放大2倍，得到图5-29所示三视图。

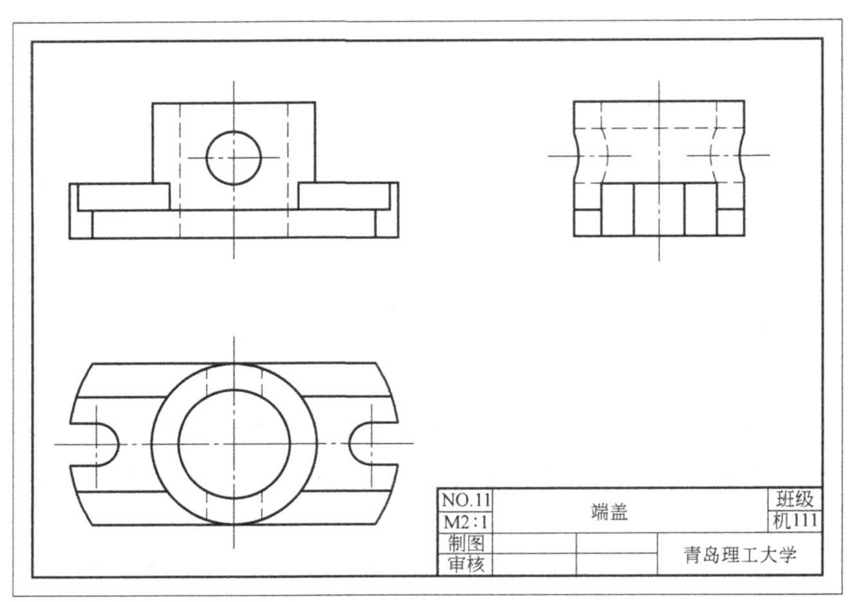

图 5-29　三视图

5.7　操作练习

绘制图5-30～图5-39所示立体的三视图，比例和图框自定。

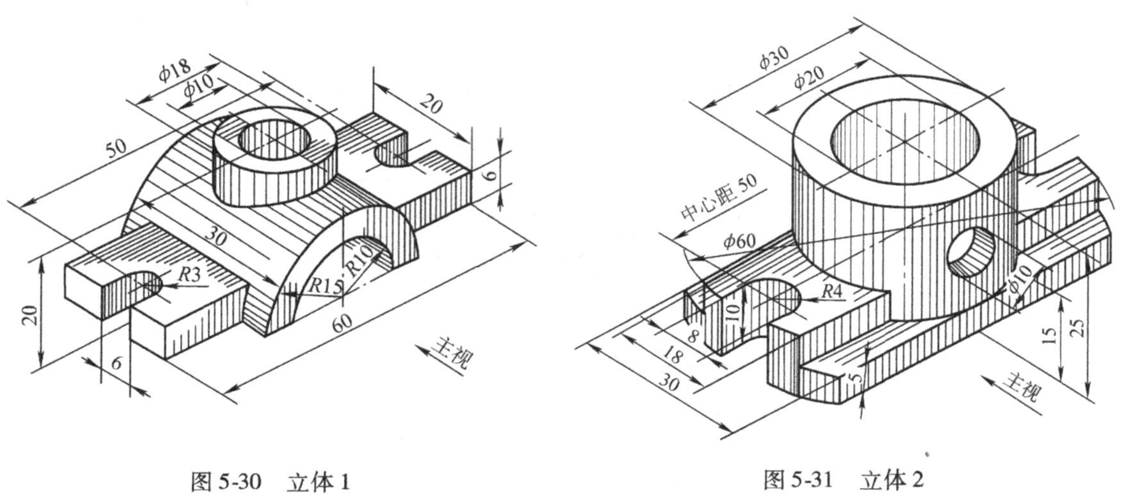

图 5-30　立体 1　　图 5-31　立体 2

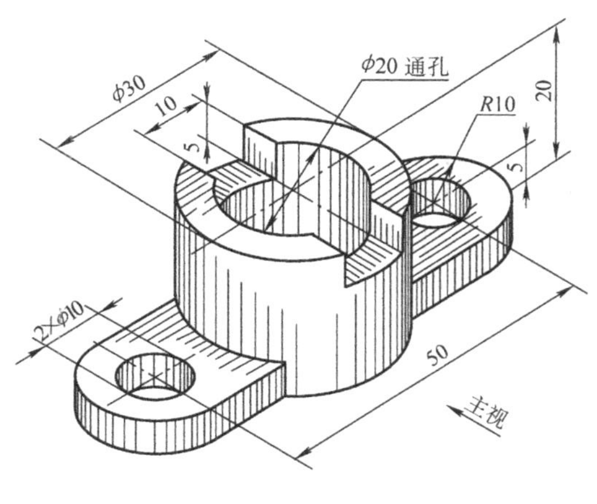

图 5-32　立体 3

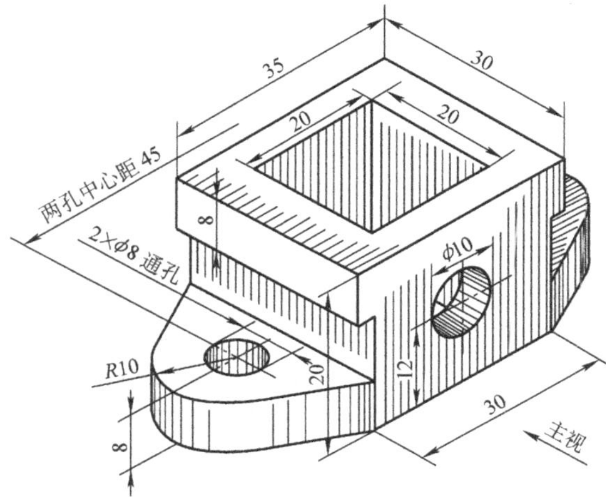

图 5-33　立体 4

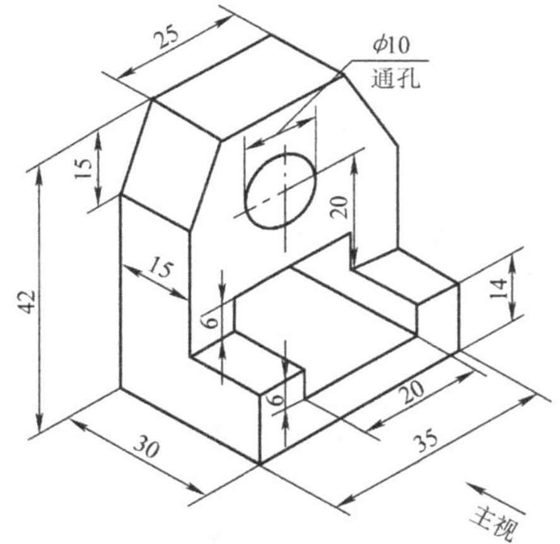

图 5-34　立体 5

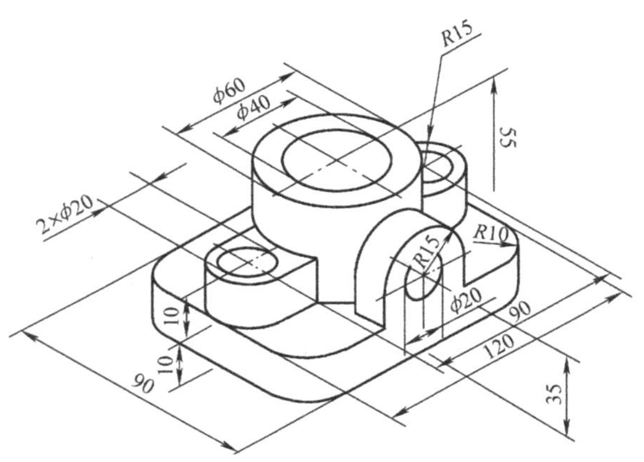

图 5-35　立体 6

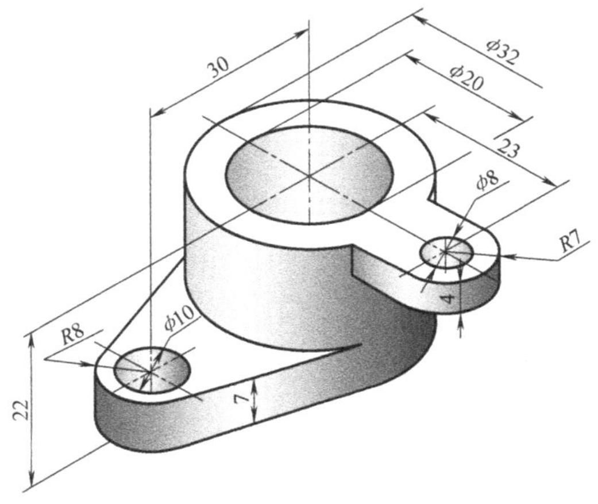

图 5-36　立体 7

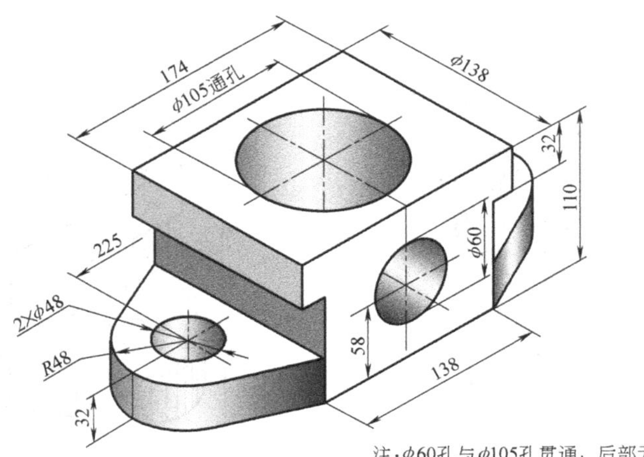

注：φ60孔与φ105孔贯通，后部无孔。

图 5-37　立体 8

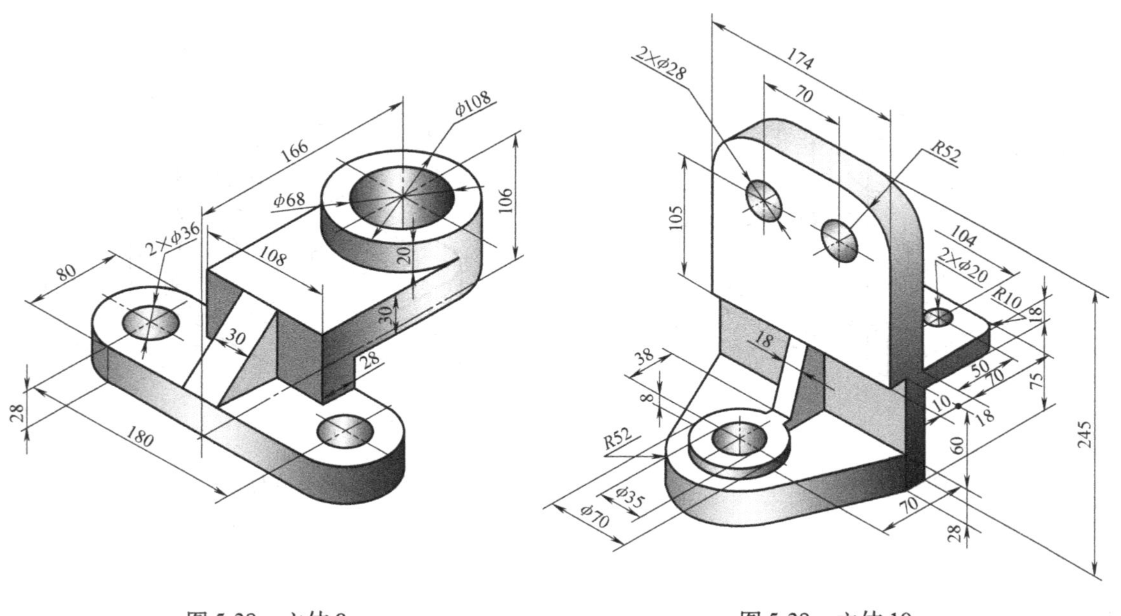

图 5-38　立体 9

图 5-39　立体 10

第 6 章　标 注 尺 寸

【教学目标与任务】

通过对本章的学习，读者应掌握设置和修改尺寸标注样式的方法，利用已经设置的标注样式，结合各种标注方法对图形标注尺寸。

【教学难点与重点】

- 设置线性尺寸标注样式
- 设置径向尺寸标注样式
- 设置角度型尺寸标注样式
- 编辑尺寸标注

尺寸是工程图中不可缺少的一项内容，工程图中的图形只用来表示工程形体的形状，而工程形体的大小是靠尺寸来说明的，所以工程图中的尺寸必须标注得正确、完整、清晰、合理。

工程图中尺寸标注包括：尺寸界线、尺寸线、尺寸起止符号、尺寸数字 4 个要素，如图 6-1 所示。

工程图中的尺寸标注必须符合制图标准。目前各国制图标准有许多不同之处，我国各行业制图标准中对尺寸标注的要求也不完全相同。AutoCAD 是一个通用的绘图软件包，它允许用户根据需要自行创建尺寸标注样式。所以在 AutoCAD 中标注尺寸，首先应根据制图标准创建所需要的尺寸标注样式。尺寸标注样式控制尺寸四要素：尺寸界线、尺寸线、尺寸起止符号、尺寸数字的外观与方式。因此，本章将直接叙述如何使用“尺寸标注样式管理器”对话框来创建和修改尺寸标注样式以及怎样进行尺寸标注。

创建了尺寸标注样式后，就能很容易地进行尺寸标注。AutoCAD 可标注直线尺寸、角度尺寸、直径尺寸、半径尺寸及公差等。例如要对图 6-2 所示的矩形长度进行标注，可通过选

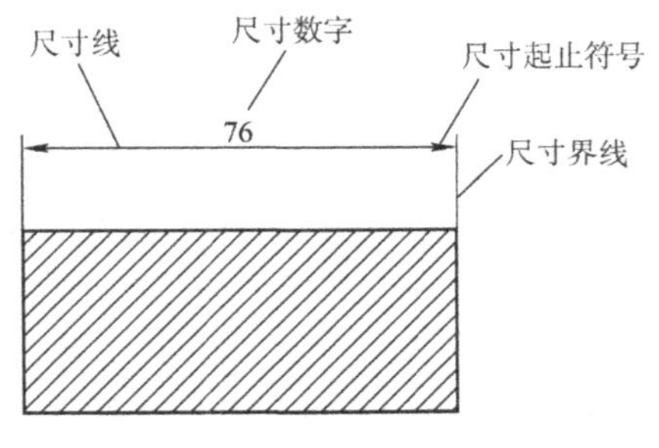

图 6-1　尺寸标注 4 个要素

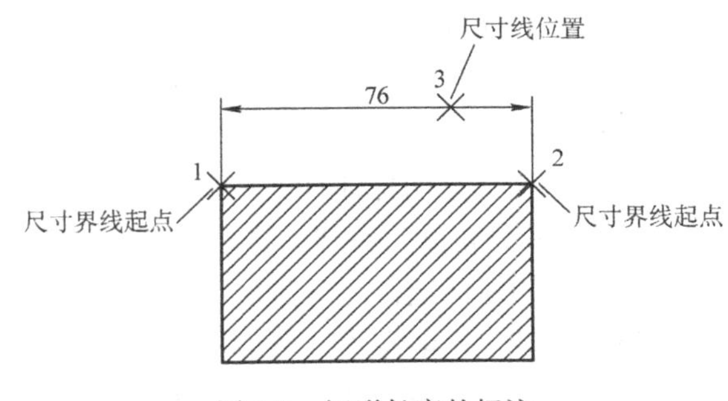

图 6-2　矩形长度的标注

取矩形的两个角的端点，即选定尺寸界线的第“1”起点和第“2”起点，如不改变内测尺寸值，再指定决定尺寸线位置的第“3”点，即可完成标注。也就是说，标注一个尺寸，只要点三次鼠标就完成了。

6.1　创建尺寸标注样式

尺寸标注样式的创建，是由一组尺寸变量的合理设置来实现的。首先要打开“尺寸标注样式管理器”对话框，可用下列方法之一：

1. 执行途径

1）工具栏：“标注”/按钮或“样式”工具栏按钮。

2）下拉菜单：“标注”/“标注样式”。

3）命令：DIMSTYLE（快捷命令 DDIM）。

2. 操作说明

标注工具栏是进行尺寸标注最快捷的方式，所以在绘制工程图进行尺寸标注时应将该工具条弹出，放在绘图区旁，工具条如图 6-3 所示。弹出标注工具栏的方法是将鼠标放在任一工具栏上，单击鼠标右键，弹出菜单，选定“标注”。

图 6-3　“标注”工具栏

单击按钮后，弹出“标注样式管理器”对话框，如图 6-4 所示。

3. “标注样式管理器”对话框简介

1）创建新的尺寸标注样式就应首先理解“尺寸标注样式管理器”对话框中各标签的含义。“标注样式管理器”对话框的主要功能包括：预览尺寸标注样式、创建新的尺寸标注样式、修改已有的尺寸标注样式、设置一个尺寸标注样式的替代、设置当前的尺寸标注样式、比较尺寸标注样式、重命名尺寸标注样式和删除尺寸标注样式等。

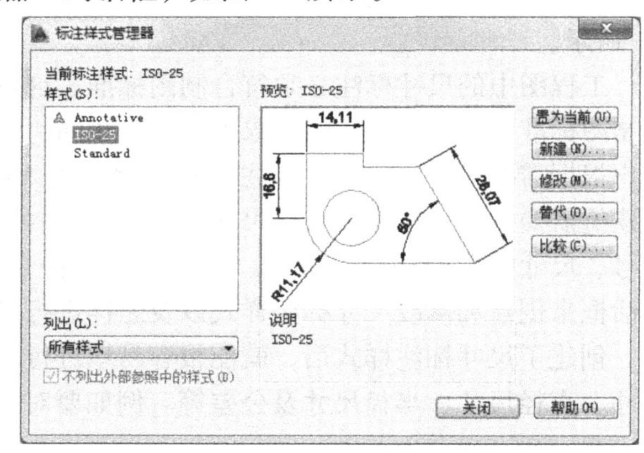

图 6-4　“标注样式管理器”对话框

2）在“标注样式管理器”对话框中，“当前标注样式”区域用于显示当前的尺寸标注样式。“样式”列表框中显示了文件中所有的尺寸标注样式。用户在“样式”列表框中选择了合适的标注样式后，单击“置为当前”按钮，则可将选择的样式置为当前。

3）单击“新建”按钮，弹出“新建标注样式”对话框：单击“修改”按钮，弹出“修改标注样式”对话框，此对话框用于修改过去和以后尺寸标注样式的设置；单击“替代”按钮，弹出“替代当前样式”对话框，在该对话框中，用户可以设置以后的尺寸标注样式。

4. “创建新标注样式”对话框简介

1）单击“标注样式管理器”对话框中的“新建”按钮，弹出图 6-5 所示的“创建新标注样式”对话框。

2）在“新样式名”文本框中可以设置新创建的尺寸标注样式的名称；在“基础样式”下拉列表框中可以选择新创建的尺寸标注样式将以哪个已有的样式为模板；在“用于”下拉列表框中可以指定新创建的尺寸标注样式将用于哪些类型的尺寸标注。

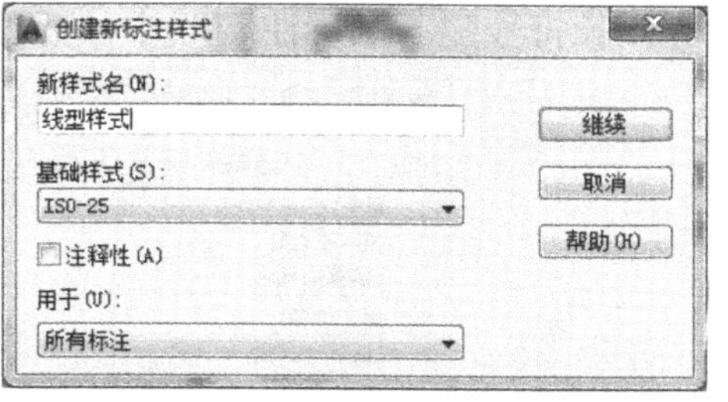

图 6-5 “创建新标注样式”对话框

3）单击“继续”按钮将关闭“创建新标注样式”对话框，并弹出如图 6-6 所示的“新建标注样式”对话框，用户可以在该对话框的各选项卡中设置相应的参数，设置完成后单击“确定”按钮，返回“标注样式管理器”对话框，在“样式”列表框中可以看到新建的标注样式。

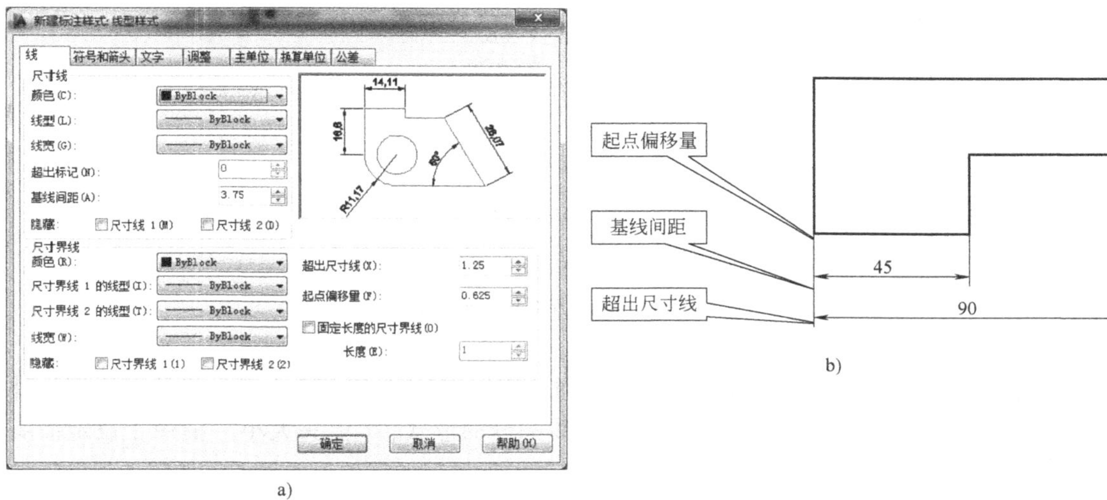

图 6-6 “新建标注样式”对话框

5. “新建标注样式 ”对话框各选项卡设置

（1）“线”选项卡 “线”选项卡如图 6-6a 所示，由“尺寸线”和“尺寸界线”两个选项组组成。该选项卡用于设置尺寸线、尺寸界线以及中心标记的特性等，以控制尺寸标注的几何外观。

1）在“尺寸线”选项组中，“颜色”下拉列表框用于设置尺寸线的颜色；“线宽”下拉列表框用于设定尺寸线的宽度；“超出标记”框用于设定尺寸线超过尺寸界线的距离，如图 6-6b 所示；“基线间距”框用于设定使用基线标注时各尺寸线间的距离，如图 6-6b 所示；“隐藏”及其复选框用于控制尺寸线的显示。

2）在“尺寸界线”选项组中，“颜色”下拉列表框用于设置尺寸界线的颜色；“线宽”下拉列表框用于设定尺寸界线的宽度；“超出尺寸线”框用于设定尺寸界线超过尺寸线的距离，如图 6-6b 所示；“起点偏移量”框用于设置尺寸界线相对于尺寸界线起点的偏移距离，如图 6-6b 所示；“隐藏”及其复选框用于设置尺寸界线的显示。“固定长度的尺寸界线”复选框可以在“标注样式”对话框中为尺寸界线指定固定的长度。

(2)“符号和箭头”选项卡　“符号和箭头”选项卡如图 6-7 所示，由“箭头”“圆心标记”“弧长符号”“折断标注”和“半径折弯标注”等选项组组成。

图 6-7　“符号和箭头”选项卡

1）在“箭头”选项组中，“箭头”下拉列表框用于选定表示尺寸起止符号的箭头的外观形式；“引线”下拉列表框中列了尺寸线引线部分的形式；“箭头大小”框用于设定箭头相对其他尺寸标注元素的大小。

2）“圆心标记”选项组用于控制当标注半径和直径尺寸时，中心线和中心标记的外观。

3）“弧长符号”选项组用于控制弧长符号的放置位置。弧长符号放在标注文字的前面或上方。

4）“半径折弯标注”选项组可以使用户利用折弯来标注半径。如果圆弧或圆的圆心位于图形边界之外，常用折弯标注。

(3)“文字”选项卡　“文字”选项卡如图 6-8a 所示，由“文字外观”“文字位置”和“文字对齐”3 个选项组组成，用于设置标注文字的格式、位置及对齐方式等特性。

1）“文字外观”选项组中可设置标注文字的格式和大小。“文字样式”下拉列表框用于选择标注文字所用的样式，单击后面的按钮，弹出“文字样式”对话框，该对话框的用法在前面已经讲解过，这里不再赘述。“文字颜色”下拉列表框用于设置标注文字的颜色，“文字高度”框用于设置当前标注文字样式的高度，“分数高度比例”框用于设置分数尺寸文本的相对字高度系数，“绘制文字边框”复选框用于控制是否在标注文字四周画一个框。

2）“文字位置”选项组中可设置标注文字的位置。“垂直”下拉列表框用于设置标注文字沿尺寸线在垂直方向上的对齐方式；“水平”下拉列表框用于设置标注文字沿尺寸线和尺

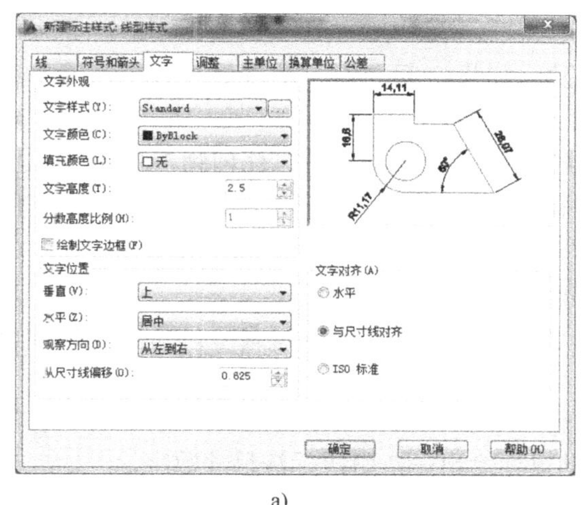

a)

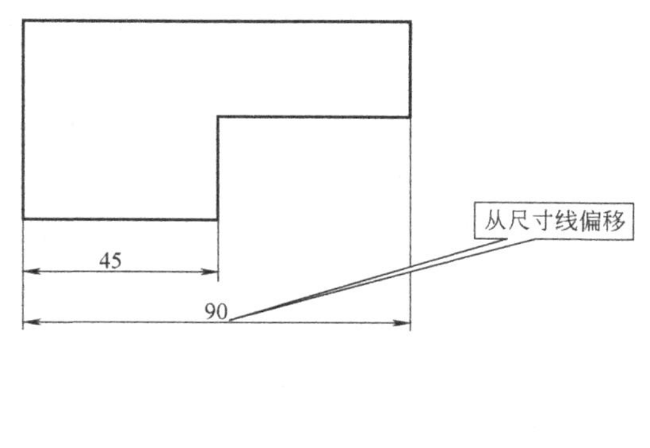

b)

图6-8 “文字”选项卡

寸界线在水平方向上的对齐方式；“从尺寸线偏移”框用于设置文字与尺寸线的间距，如图6-8b所示。

3）“文字对齐”选项组中可设置标注文字的方向。“水平”单选按钮表示标注文字沿水平线放置；“与尺寸线对齐”单选按钮表示标注文字沿尺寸线方向放置；“ISO 标准”单选按钮表示当标注文字在尺寸界线之间时，沿尺寸线的方向放置，当标注文字在尺寸界线外侧时，则水平放置标注文字。

（4）“调整”选项卡 图6-9所示是“调整”选项卡，其主要用来调整各尺寸要素之间的相对位置，分为“调整选项”“文字位置”“标注特征比例”“优化”4个选项区。

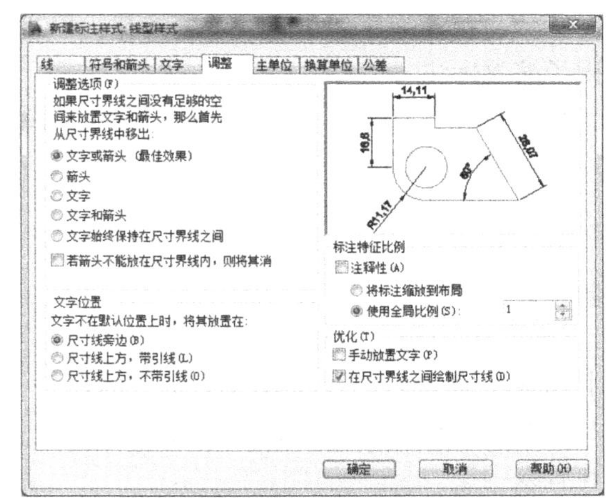

图6-9 “调整”选项卡

1）“调整选项”区：用来确定在何处绘制箭头和尺寸数字。包括以下5个单选按钮和1个开关，其从上至下依次是：

①“文字与箭头（最佳效果）单选按钮：该选项将根据两尺寸界线间的距离，以适当方式放置尺寸数字与箭头。其相当于以下方式的综合。

②“箭头”单选按钮：该选项将导致，如果空间允许，就将尺寸数字与箭头都放在尺寸界线内；如果尺寸数字与箭头两者仅够放一种，就将尺寸箭头放在尺寸界线内，尺寸数字放在尺寸界线外；但若尺寸箭头也不足以放在尺寸界线内，那尺寸数字与箭头都放在尺寸界线外。

③“文字”单选按钮：该选项将导致，如果空间允许，就将尺寸数字与箭头都放在尺寸界线内；如果箭头与尺寸数字两者仅够放一种，就将尺寸数字放在尺寸界线内，箭头放在尺寸界线外；但若尺寸数字也不足以放在尺寸界线内，那尺寸数字与箭头都放在尺寸界线

外。

④“文字与箭头”单选按钮：该选项将导致，如果空间允许，就将尺寸数字与箭头都放在尺寸界线之内，否则都放在尺寸界线之外。

⑤“文字始终保持在尺寸界限之间”单选按钮：该选项将导致，任何情况下都将尺寸数字放在两尺寸界线之中。“若不能放在尺寸界限内头”开关：该开关开将导致，如果空间不够，就省略箭头。

2）“文字位置”区共有 3 个单选按钮，其从上至下依次是：

①“尺寸线旁边”单选按钮：该选项控制当尺寸数字不在默认位置时，在尺寸线旁放置尺寸数字。

②“尺寸线上方，加引线”单选按钮：该选项控制当尺寸数字不在默认位置时，若尺寸数字与箭头都不足以放到尺寸界线内，可移动鼠标绘出一条引线标注尺寸数字。

③“尺寸线上方，不加引线”单选按钮：该选项控制当尺寸数字不在默认位置时，若尺寸数字与箭头都不足以放到尺寸界线内，用引线模式，但不画出引线。

3）“标注特征比例”区。该区从上至下操作项依次是：

①如果选择“注释性”，可以方便地根据出图比例来调整注释比例，使打印出的图样中各项参数满足要求。

②“使用全局比例”单选按钮：以文本框中的数值为比例因子缩放标注的文字和箭头的大小，但不改变标注的尺寸值（模型空间标注选用此项）。例如 1∶1 绘制的建筑图，但设定的标准样式中箭头大小是 3，这在建筑图中就非常小，这时在“使用全局比例”输入放大倍数如 100，就可以了。

③“将标注缩放到布局”单选按钮：以当前模型空间视口和图纸空间之间的比例为比例因子缩放标注。

4）“优化”区共有 2 个操作项，其从上至下依次是：

①“手动放置文字”开关：若打开该开关进行尺寸标注，AutoCAD 允许自行指定尺寸数字的位置。径向标注一般选择此项，线性标注一般不选择此项。

②“在尺寸界线之间绘制尺寸线”开关：该开关控制尺寸箭头在尺寸界线外时，是否绘制延伸尺寸线。

（5）“主单位”选项卡　“主单位”选项卡如图 6-10 所示，用于设置主单位的格式及精度，同时还可以设置标注文字的前缀和后缀。

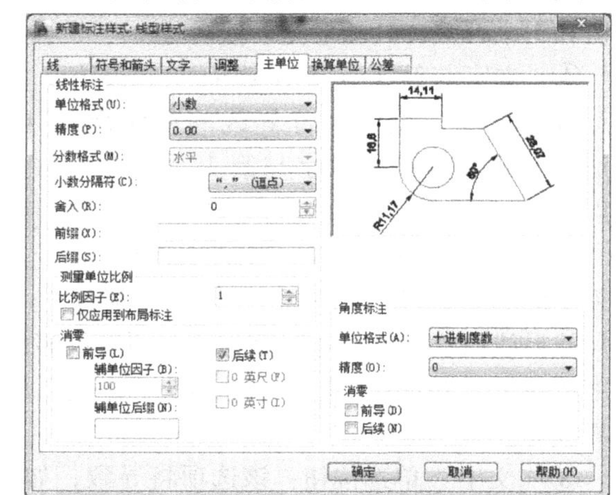

图 6-10　“主单位”选项卡

1）在“线性标注”选项组中可设置线性标注单位的格式及精度。

①“单位格式”下拉列表框：用于设置所有尺寸标注类型（除了角度标注）的当前单位格式。

②“精度”下拉列表框“用于设置在十进制单位下，用多少小数位显示标注文字。

③“分数格式”下拉列表框：用于设置分数的格式。

④“小数分隔符”下拉列表框：用于设置小数格式的分隔符号。

⑤“舍入”微调框：用于设置所有尺寸标注类型（除角度标注外）的测量值的取整的规则。

⑥“前缀”微调框：用于对标注文字加上一个前缀。

⑦“后缀”微调框：用于对标注文字加上一个后缀。

2）“测量单位比例”选项组：用于确定测量时的缩放系数。它可实现按不同比例绘图时，直接注出实际物体的大小。例如：若绘图时将尺寸缩小一倍来绘制，即绘图比例为1:2，那么在此设置比例因子应为2，系统就将把测量值扩大一倍，使用真实的尺寸值进行标注。“仅应用到布局标注”开关：控制仅把比例因子用于布局中的尺寸。

3）“角度标注”选项组：用于设置角度标注的角度格式。

4）“清零”选项组：控制是否显示前导0或尾数0。

（6）“换算单位”选项卡　图6-11所示是“换算单位”选项卡，其主要用来设置换算尺寸单位的格式和精度，并设置尺寸数字的前缀和后缀，各操作项与“主单位”标签的同类项基本相同，在此不再详述。

（7）“公差”选项卡　图6-12所示是“公差”选项卡，其主要用来控制尺寸公差标注形式、公差值大小及公差数字的高度及位置等。该对话框主要应用部分是左边区域，该区共有8个操作项，其从上至下依次是：

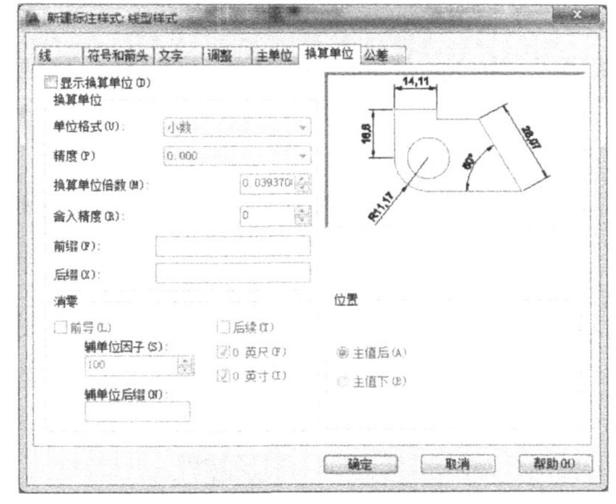

图6-11 “换算单位”选项卡

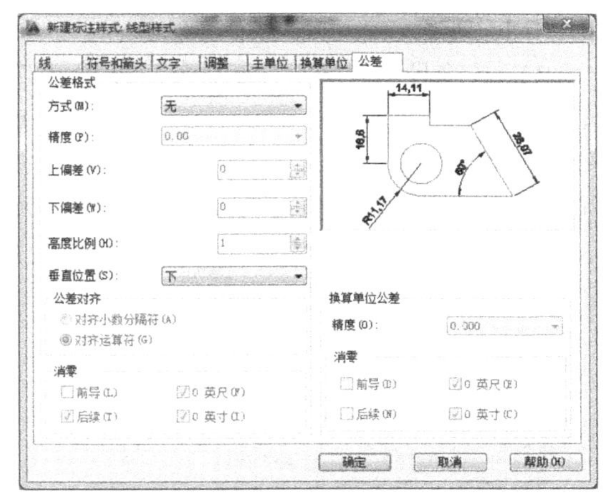

图6-12 “公差”选项卡

1）“方式”下拉列表框：用来指定公差标注方式。

2）“精度”下拉列表框：用来指定公差值小数点后保留的位数。

3）“上偏差”文本框：用来输入尺寸的上偏差值。

4）“下偏差”文本框：用来输入尺寸的下偏差值。

5）“高度比值”文本框：用来设定尺寸公差数字的高度。该高度是由尺寸公差数字字高与基本尺寸数字高度的比值来确定的。例如：“0.7”这个值使尺寸公差数字高是基本尺寸数字高度的7/10倍。

6）“垂直位置”下拉列表框：用来控制尺寸公差相对于基本尺寸的位置。

7）“前导”开关：用来控制是否对尺寸公差值中的前导“0”加以显示。

8）“后续”开关：用来控制是否对尺寸公差值中的后续“0”加以显示。

6.2　常用的标注样式

6.2.1　设置三种常用尺寸标注样式

在绘制的工程图中，通常都有多种标注尺寸的形式，要提高绘图速度，应把绘图中所采用的尺寸标注形式都创建为尺寸标注样式，在绘图中标注尺寸时只需调用所需尺寸标注样式，从而避免了尺寸变量的反复设置，且便于修改。

工程图中常用三种尺寸标注样式：线性尺寸标注样式、径向尺寸标注样式、角度标注样式。以下介绍如何创建这三种常用标注样式。

具体操作步骤如下：

1. 线性尺寸标注样式

单击“标注样式”按钮，在弹出的“标注样式管理器”对话框中单击“新建”按钮，在弹出的“创建新标注样式”对话框中给所设置的标注样式起名。单击“继续”按钮，在弹出的“新建标注样式”对话框中，各选项卡设置如下：

1）“线”选项卡：设置“基线间距”为8；“超出尺寸线”为3；“起点偏移量”为0，如图6-13所示。

2）“符号和箭头”选项卡：设置“箭头大小”为3；其余选项默认，如图6-14所示。

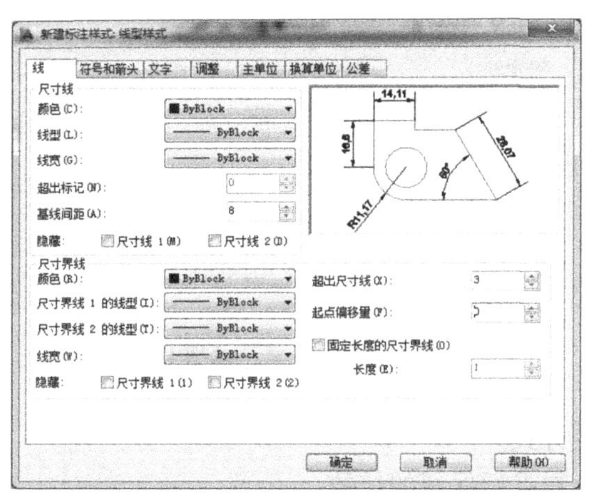

图 6-13　设置“线”选项卡

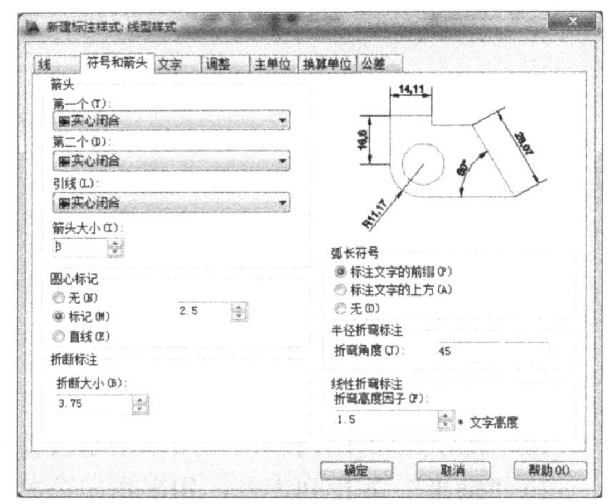

图 6-14　设置“符号和箭头”选项卡

3）“文字”选项卡：选择创建的字母数字样式，设置“文字高度”为3.5；“从尺寸线偏移”为1；“文字对正”选中“与尺寸线对齐”，如图6-15所示。

4）“调整”选项卡：调整选项选第一项“文字或箭头”；优化选区选“在尺寸线之间绘制尺寸线”，其余默认，如图6-16所示。

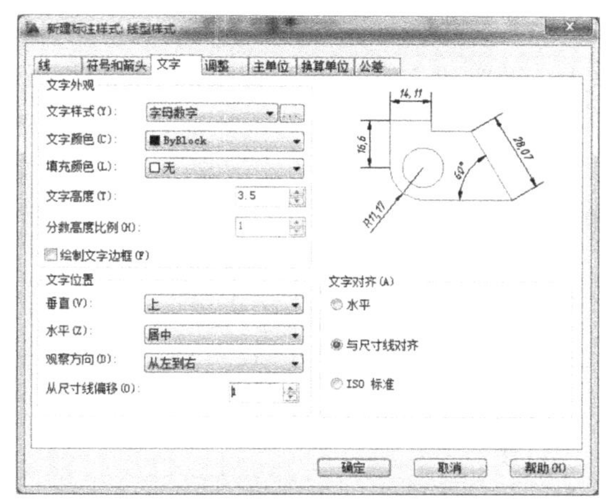

图6-15　设置“文字”选项卡

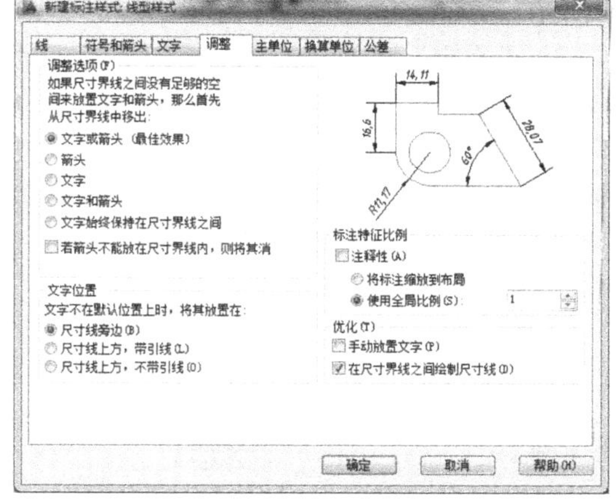

图6-16　设置“调整”选项卡

5）“主单位”选项卡：设置“精度”为0，“小数分隔符”为“.”（句点），“比例因子”为1，如图6-17所示。

6）“换算单位”选项卡：选择默认。

7）“公差”选项卡：选择默认。

单击“确定”按钮，关闭对话框，完成设置。

2. 径向尺寸标注样式

单击“标注样式”按钮，在弹出的“标注样式管理器”对话框中单击“新建”按钮，在弹出的“创建新标注样式”对话框中给所设置的标注样式起名，单击“继续”按钮。在弹出的“新建标注样式”对话框中，各选项卡设置如下：

1）“直线”选项卡：设置“基线间距”为8；“超出尺寸线”为3；“起点偏移量”为0，如图6-18所示。

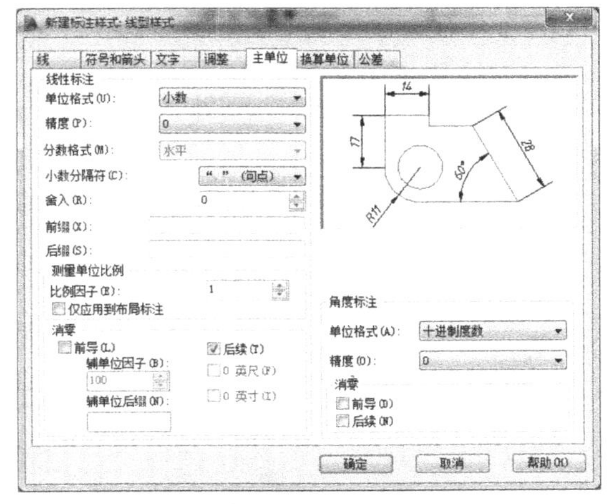

图6-17　设置“主单位”选项卡

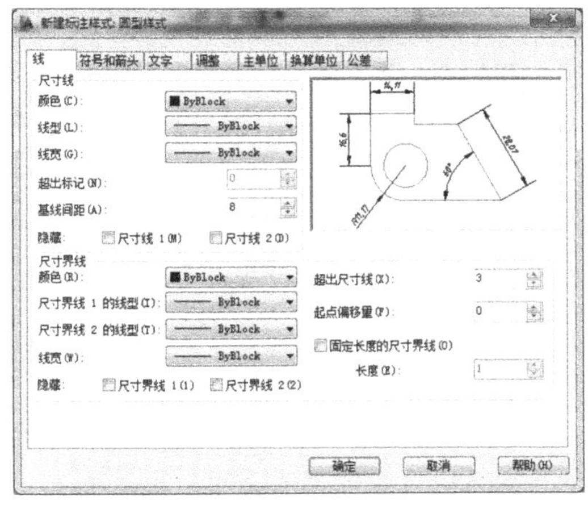

图6-18　设置“线”选项卡

2）“符号和箭头”选项卡：选择箭头为“实心闭合”，设置“箭头大小”为3，如图6-19 所示。

3）“文字”选项卡：选择创建的字母数字样式，设置“文字高度”为3.5；“从尺寸线偏移”为1；选中“ISO 标准”，如图6-20 所示。

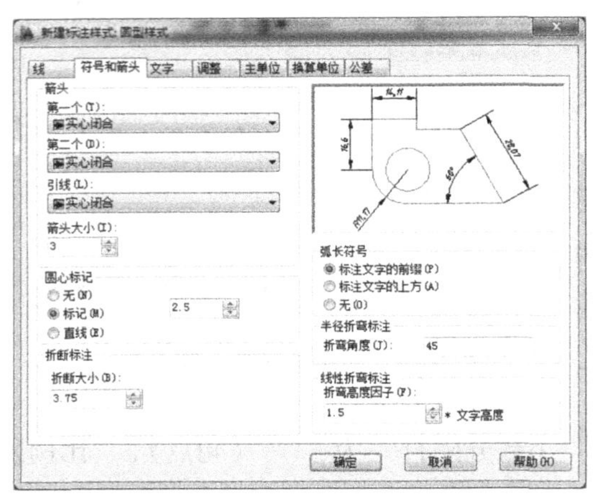

图6-19 设置“符号和箭头”选项卡

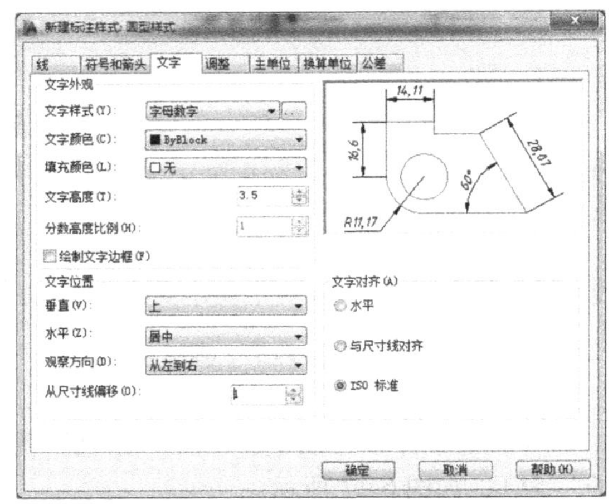

图6-20 设置“文字”选项卡

4）“调整”选项卡：“调整选项”选中“箭头”；“优化”选中“手动放置文字”，如图6-21 所示。

5）“主单位”选项卡：设置“精度”为0，“小数分隔符”为“.”（句点），“比例因子”为1，如图6-22 所示。

6）“换算单位”选项卡：选择默认。

7）“公差”选项卡：选择默认。

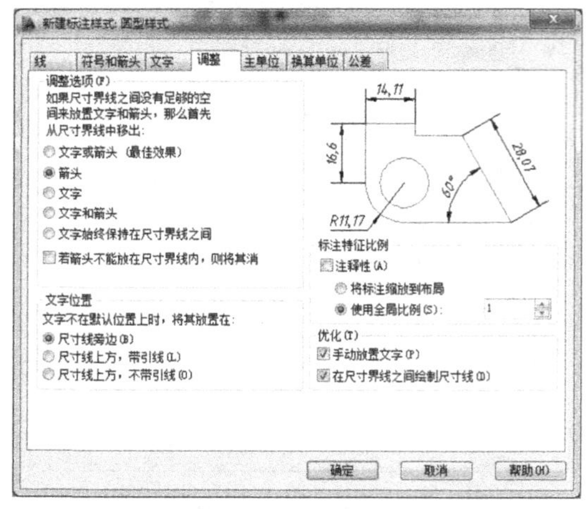

图6-21 设置“调整”选项卡

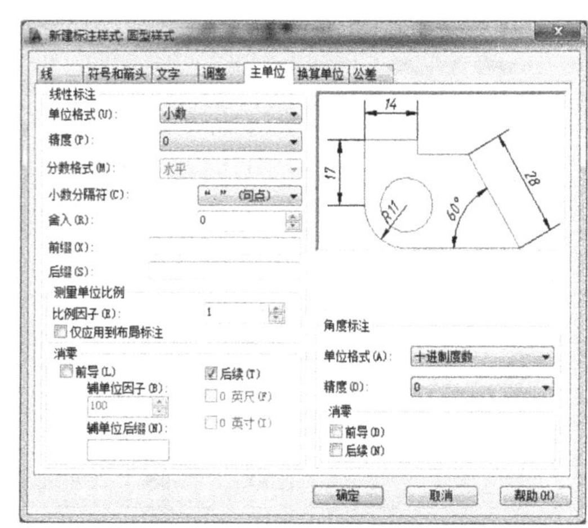

图6-22 设置“主单位”选项卡

单击“确定”按钮，关闭对话框，完成设置。

3. 角度标注样式

单击“标注样式”按钮，在弹出的“标注样式管理器”对话框中单击“新建”按钮，在弹出的“创建新标注样式”对话框中给所设置的标注样式起名，单击“继续”按钮。在弹出的“新建标注样式”对话框中，各选项卡设置如下：

1）“线”选项卡：设置“基线间距”为8；“超出尺寸线”为3；“起点偏移量”为0，如图6-23所示。

2）“符号和箭头”选项卡：设置“箭头大小”为3，如图6-24所示。

3）“文字”选项卡：选择创建的字母数字样式，设置“文字高度”为3.5；“从尺寸线偏移”为1；选中“水平”，如图6-25所示。

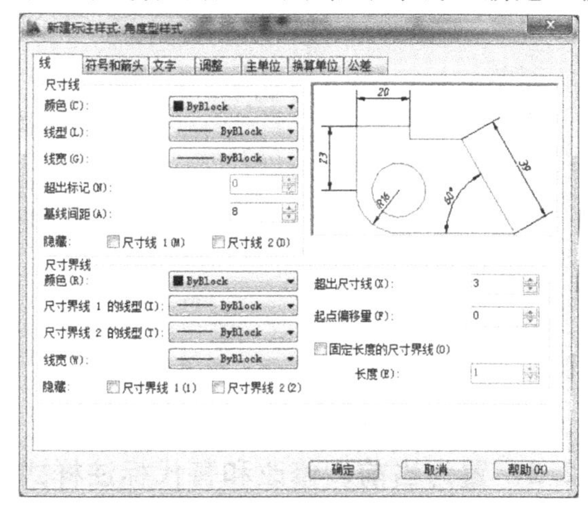

图6-23　设置“线”选项卡

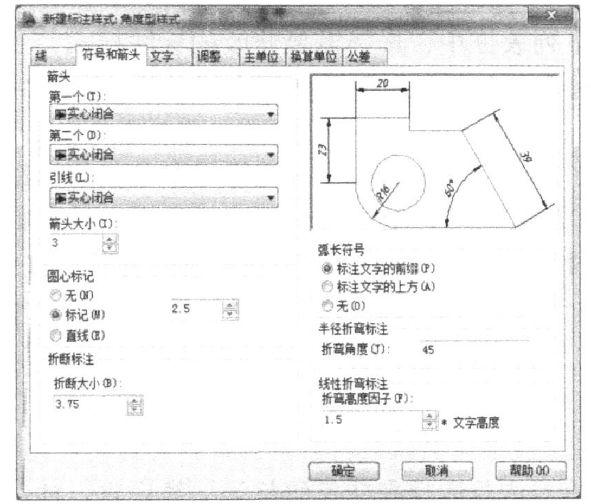

图6-24　设置“符号和箭头”选项卡

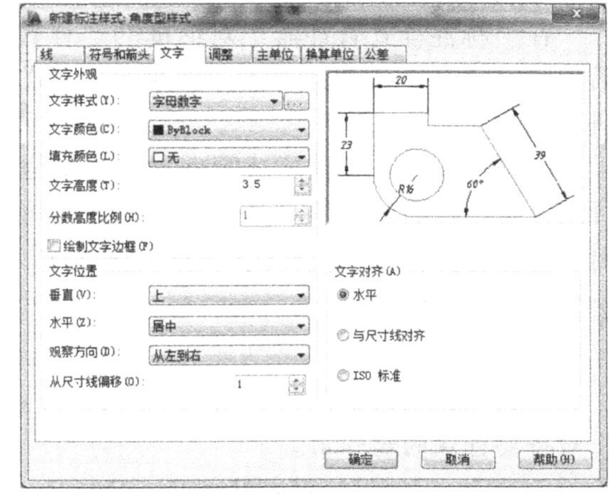

图6-25　设置“文字”选项卡

4）“调整”选项卡：“调整选项”选中“箭头”；“优化”选中“手动放置文字”，如图6-26所示。

5）“主单位”选项卡：设置“精度”为0，“小数分隔符”为“.”（句点），“比例因子”为1，如图6-27所示。

6）“换算单位”选项卡：选择默认。

7）公差”选项卡：选择默认。

单击“确定”按钮，关闭对话框，完成设置。

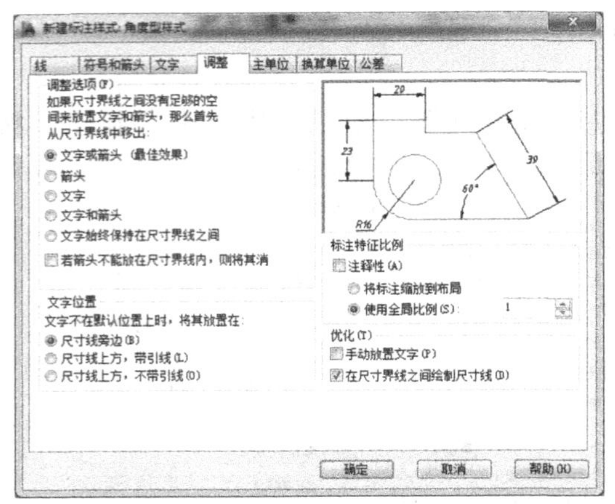

图 6-26　设置“调整”选项卡

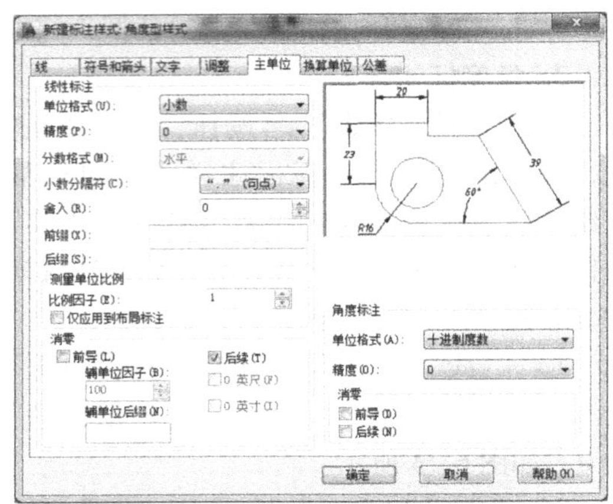

图 6-27　设置“主单位”选项卡

6.2.2　置为当前、修改和替代标注样式

要将一个标注样式置为当前样式，在标注样式管理器中单击“置为当前(U)”按钮，或在“标注”工具条的“建筑线性”下拉列表中选择该标注样式。

已设置的尺寸标注样式也可以修改和替代。

在“标注样式管理器”对话框的“样式”下列表框中，选择需要修改的标注样式，然后单击“修改”按钮，弹出“修改标注样式”对话框，可以在该对话框中对该样式的参数进行修改。

同样地，在“标注样式管理器”对话框的“样式”下列表框中，选择需要替代的标注样式，单击“替代”按钮，弹出“替代当前样式”对话框，用户可以在该对话框中设置临时的尺寸标注样式，以替代当前尺寸标注样式的相应设置。

特别提示

1）标注样式“修改”后，已用该样式标注的及将要标注的全部改变。“替代”只对将要标注的起作用。

2）由一种标注样式转成另一种标注样式的方法是选择要转换的标注，然后从“标注”工具条“建筑线性”下拉列表中选择要转换成的标准样式。

6.3　尺寸标注

6.3.1　直线型尺寸标注

直线型尺寸是工程制图中最常见的尺寸，包括水平尺寸、垂直尺寸、对齐尺寸、基线标注和连续标注等。下面将分别介绍这几种尺寸的标注方法。

一、线性标注

1. 执行途径

1）工具栏：“标注”/“线性标注”按钮。

2）下拉菜单：“标注”/“线性标注”。

3）命令：DIMLINEAR。

2. 操作说明

执行该命令后，命令行提示：

指定第一个延伸线原点或 <选择对象>：选取一点作为第一条尺寸界限的起点。

指定第二条延伸线原点：选取一点作为第二条尺寸界限的起点。

指定尺寸线位置或［多行文字（M）/文字（T）/角度（A）/水平（H）/垂直（V）/旋转（R）］：移动光标指定尺寸线位置，也可设置其他选项。

尺寸数字是系统自动内测得到的，若要改变则需要输入“多行文字（M）”或“文字（T）”，例如在提示下输入“T”并按 <Enter> 键，输入“%%c100”，则尺寸数字显示为“ϕ100”。

选项中的“角度”是指尺寸数字的旋转角度，如图6-28中的尺寸“57”的角度为45°。选项中的“水平”“垂直”用于选择水平或者垂直标注，或者通过拖动鼠标也可以切换水平和垂直标注。“旋转”指尺寸线旋转，如图6-28中的尺寸“38”为旋转30°的结果。

二、对齐标注

对齐尺寸标注，可以标注某一条倾斜线段的实际长度。

1. 执行途径

1）工具栏：“标注”/“对齐标注”按钮。

2）下拉菜单：“标注”/“对齐”。

3）命令：DIMALLGNEAD。

2. 操作说明

执行命令后，命令行提示与操作和线性标注类似，不再赘述。标注效果如图6-29所示。

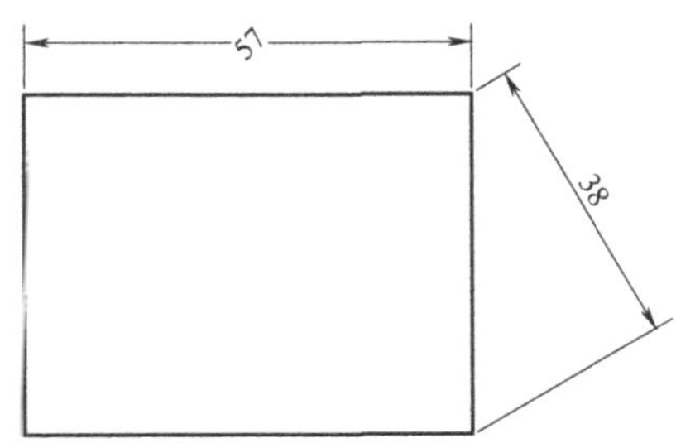

图6-28 线性标注

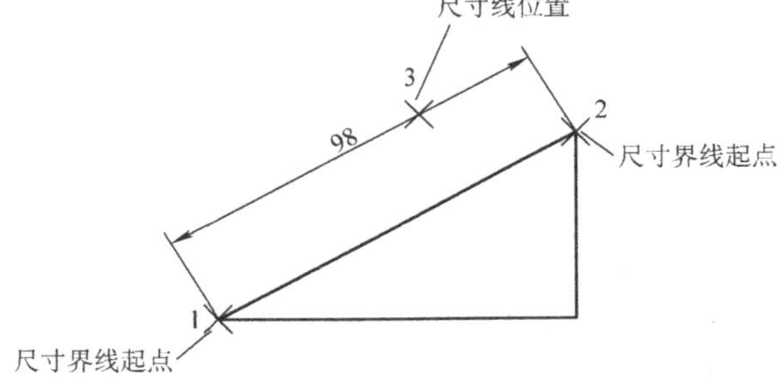

图6-29 对齐标注

三、基线标注

在工程制图中，往往以某一面（或线）作为基准，其他尺寸都以该基准进行定位或画线，这就是基线标注。基线标注需要以事先完成的一个线性标注为基础。

1. 执行途径

1）工具栏：“标注”/“基线”按钮。

2）下拉菜单：“标注”／“基线标注”。

3）命令：DIMBASELINE。

2. 操作说明

执行该命令后，命令行提示：

指定第二条延伸线原点：选取第二条尺寸界线起点。

指定第二条延伸线原点：指定第三条尺寸界线的起点，可以继续指定，直到结束。

标注效果如图 6-30 所示，先用线性标注“31”的尺寸，然后用“基线”标注，单击点 4、单击点 5、单击点 6 并按 <Enter> 键结束命令。

四、连续标注

连续标注是首尾相连的多个标注，前一尺寸的第二尺寸界线就是后一尺寸的第一尺寸界线。

1. 执行途径

1）工具栏：“标注”／“连续标注”按钮。

2）下拉菜单：“标注”／“连续标注”。

3）命令：DIMCONTINUE。

2. 操作说明

执行该命令后，命令行提示与“基线标注”类似，不再赘述。标注效果如图 6-31 所示。

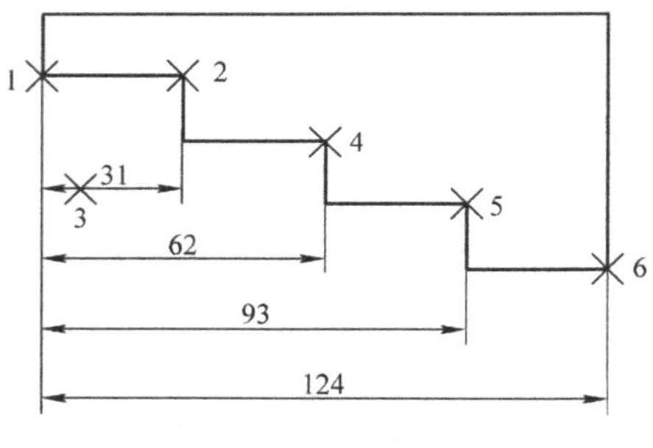

图 6-30　基线标注

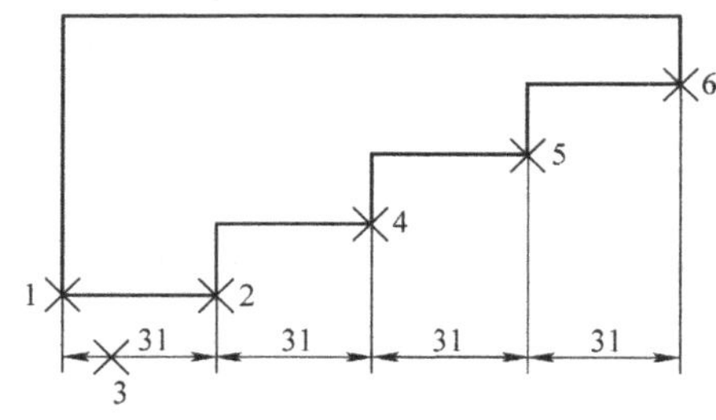

图 6-31　连续标注

五、快速标注

“快速标注”可以用连续标注的形式将同向尺寸快速标出。

1. 执行途径

1）工具栏：“标注”／“快速标注”按钮。

2）下拉菜单：“标注”／“快速标注”。

3）命令：QDIM。

2. 操作说明

执行“快速标注”命令，提示选择要标注的几何图形：选择线 *AB*、线 *CD*、线 *EF*，按 <Enter> 键后确定尺寸位置，结果如图 6-32 所示。

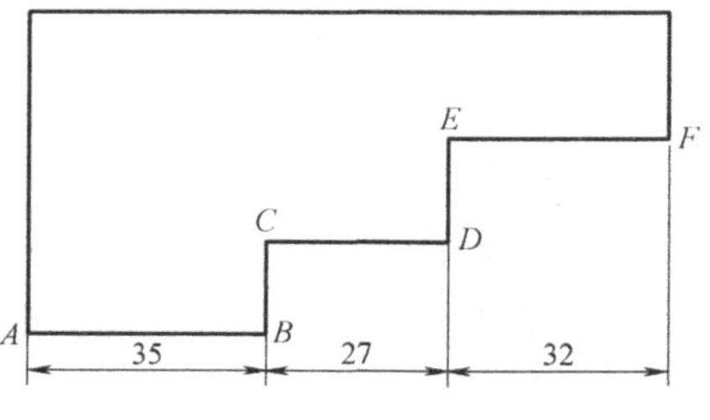

图 6-32　快速标注

六、等距标注

使用该命令可以自动调整尺寸线间的间距，或根据指定的间距值进行调整。

1. 执行途径

1）工具栏："标注"/"标注间距"按钮 。

2）下拉菜单："标注"/"标注间距"。

3）命令：DIMSPACE。

2. 操作说明

执行该命令后，命令行提示：

选择基准标注：指定作为基准的尺寸标注。

选择要产生间距的标注：指定要控制间距的尺寸标注。

选择要产生间距的标注：可以连续选择，按<Enter>键结束选择。

输入值或［自动（A）］<自动>：输入间距的数值。默认状态是自动，即按照当前尺寸样式设定的间距。

如图6-33a所示，要调整三个尺寸之间的间距为8mm，则执行"等距标注"命令，第一次选择"43"尺寸为基准标注，即这个尺寸保持不动，按<Enter>键后选择另两个尺寸，按<Enter>键后输入间距值"8"，结果如图6-33b所示。

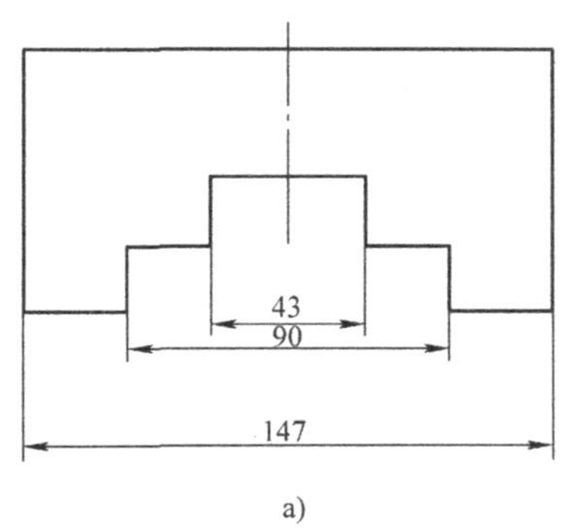

a)

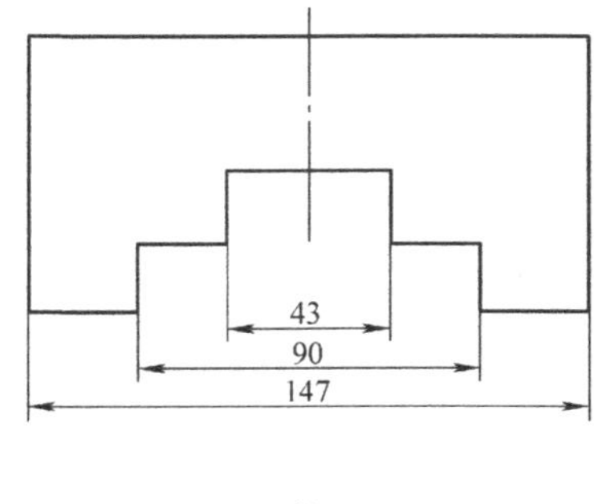

b)

图6-33 等距标注

a）标注间距之前 b）标注间距之后

特别提示

除了调整尺寸线间距，还可以通过输入间距值"0"使尺寸线相互对齐。由于能够调整尺寸线的间距或对齐尺寸线，因而无须重新创建标注或使用夹点逐条对齐并重新定位尺寸线。

6.3.2 径向尺寸标注

径向尺寸是工程制图中另一种比较常见的尺寸，常用于回转类形体尺寸的标注，包括标注半径和直径。下面将分别介绍这两种尺寸的标注方法。

一、半径标注

1. 执行途径

1）工具栏：“标注”/“半径”按钮。

2）下拉菜单：“标注”/“半径标注”。

3）命令：DIMRADIUS。

2. 操作说明

执行该命令后，命令行提示：

选择圆弧或圆：选择要标注半径的圆或圆弧对象。

指定尺寸线位置或［多行文字（M）/文字（T）/角度（A）］：移动光标至合适位置单击鼠标。

标注效果如图 6-34a 所示。

二、直径标注

1. 执行途径

1）工具栏：“标注”/“直径”按钮。

2）下拉菜单：“标注”/“直径标注”。

3）命令：DIMDIAMETER。

2. 操作说明

执行该命令后，命令行提示与半径标注类似，不再赘述，标注效果如图 6-34b 所示。

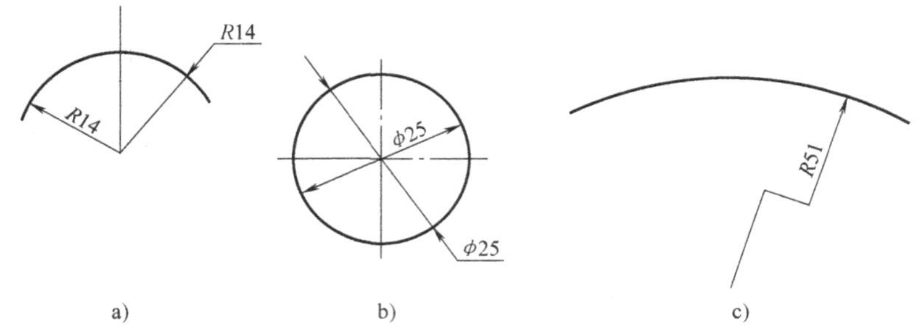

图 6-34　径向尺寸标注

a）半径标注　b）直径标注　c）折弯半径标注

三、折弯半径标注

1. 执行途径

1）工具栏：“标注”/“折弯”按钮。

2）下拉菜单：“标注”/“折弯标注”。

3）命令：DIMJOGGED。

2. 操作说明

执行该命令后，命令行提示：

选择圆弧或圆：选择要标注半径的圆或圆弧对象。

指定图示中心位置：指定中心位置替代位置。

指定尺寸线位置或［多行文字（M）/文字（T）/角度（A）］：用鼠标确定尺寸线的位置。

指定折弯位置：用鼠标确定折弯的位置。

标注效果如图6-34c所示。

6.3.3 角度型尺寸标注

角度型尺寸标注用于标注两条直线或3个点之间的角度。要测量圆的两条半径之间的角度，可以选择此圆，然后指定角度端点。对于其他对象，则需要先选择对象，然后指定标注位置。

1. 执行途径

1）工具栏：“标注”/“角度标注”按钮。

2）下拉菜单：“标注”/“角度”。

3）命令：DIMANGULAR。

2. 操作说明

执行该命令后，命令行提示：

选择圆弧、圆、直线或<指定顶点>：选择标注角度尺寸对象，圆弧、直线或者按<Enter>键后选择点。

指定标注弧线位置或［多行文字（M）/文字（T）/角度（A）］：移动光标至合适位置单击鼠标。

各种角度标注如图6-35所示。

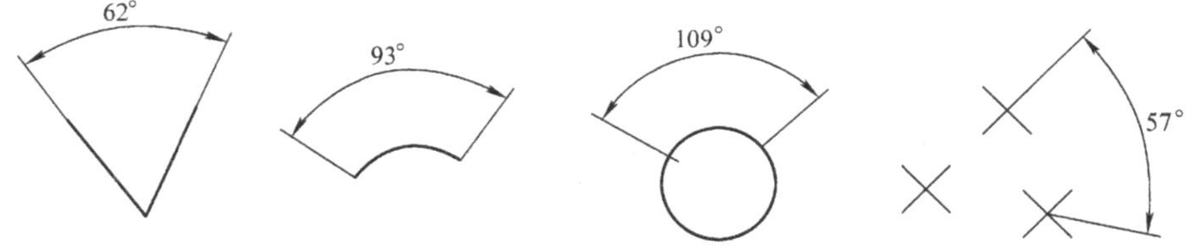

图6-35 角度标注

6.3.4 折断标注

标注过程有时会出现尺寸界线或尺寸线之间相交的情况，如图6-36a所示，这会使标注显得较乱，为了使标注更加清晰，层次分明，可以采用折断标注。

1. 执行途径

1）工具栏：“标注”/“折断标注”按钮。

2）下拉菜单：“标注”/“折断标注”。

3）命令：DIMBREAK。

2. 操作说明

执行“折断标注”命令，命令行提示：

选择标注或［多个（M）］：选择一个或多个要被打断的标注。

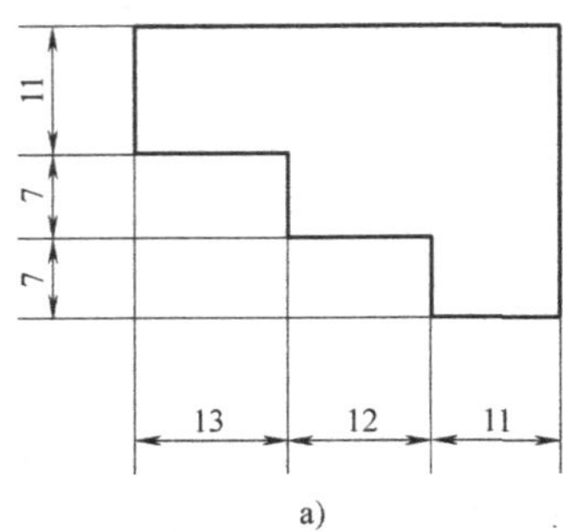

a)

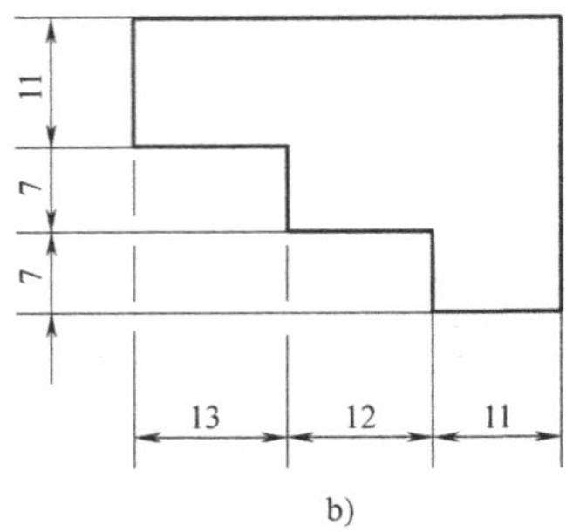

b)

图 6-36　折断标注实例

选择要打断标注的对象或［自动（A）/恢复（R）/手动（M）］<自动>：选择要保留的对象。

选择要打断标注的对象：进一步选择或按 <Enter> 键结束选择。

图 6-36b 是先选择横向“13”和“12”的尺寸作为被打断的标注，然后选择竖向最下方“7”作为要打断标注的保留对象的结果。

6.3.5　折弯线性标注

1. 执行途径

1）工具栏：“标注”/“折弯线性标注”按钮 。

2）下拉菜单：“标注”/“折弯线性标注”。

3）命令：DIMJOGLINE。

2. 操作说明

执行该命令后，命令行提示：

选择要添加折弯的标注或［删除（R）］：选择要添加折弯的标注或者输入“R”选择要删除的折弯标注。

指定折弯位置（或按 ENTER 键）：指定折弯位置或按 <Enter> 键默认折弯位置。

图 6-37b 是图 6-37a 添加折弯线性标注后的效果。

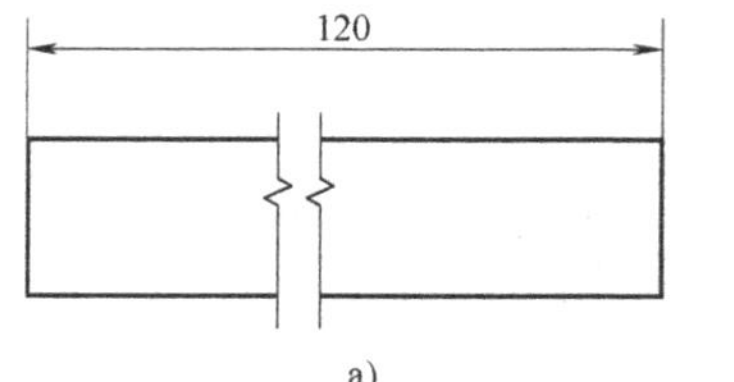

a)

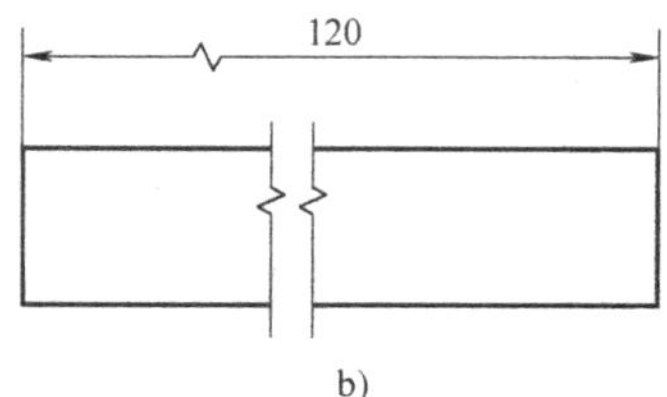

b)

图 6-37　折弯标注效果

6.4　编辑尺寸标注

编辑尺寸标注包括旋转现有文字或用新文字替换现有文字。可以将文字移动到新位置或返回其初始位置，也可以将标注文字沿尺寸线移动到左、右、中心或尺寸界线之内或之外的任意位置。

6.4.1 编辑标注

该命令用来进行修改已有尺寸标注的文本内容和文本放置方向。

1. 执行途径

1）“工具栏”标注/“编辑标注”按钮。

2）命令：DIMEDIT。

2. 操作说明

执行该命令后，命令行提示：

输入标注类型［默认（H）/新建（N）/旋转（R）/倾斜（O）］<默认>：

各选项含义如下：

1）“默认”（H）：此选项用于将尺寸文本按默认位置方向重新置放。

2）“新建”（N）：此选项用于更新所选择的尺寸标注的尺寸文本。

3）“旋转”（R）：此选项用于旋转所选择的尺寸文本。

4）“倾斜”（O）：此选项用于倾斜标注，即编辑线性尺寸标注，使其尺寸界线倾斜一个角度，不再与尺寸线相垂直，常用于标注锥形图形。

特别提示

常用的替换尺寸数字的方法是，选定标注，单击特性按钮，在文字行输入替代文字。

6.4.2 编辑标注文字

该命令用来修改已有尺寸标注的放置位置。

1. 执行途径

1）“工具栏”标注/“编辑标注”按钮。

2）命令：DIMTEDIT。

2. 操作说明

执行该命令后，命令行提示：

选择标注：选定要修改为位置的尺寸。

指定标注文字的新位置或［左（L）/右（R）/中心（C）/默认（H）/角度（A）］：

各选项含义如下：

1）“左”（L）：此选项用于将尺寸文本按尺寸线左端置放。

2）“右”（R）：此选项用于将尺寸文本按尺寸线右端置放。

3）“中心”（C）：此选项用于将尺寸文本按尺寸线中心置放。

4）“默认”（H）：此选项用于将尺寸文本按默认位置置放。

5）“角度”（A）：此选项用于将尺寸文本按一定角度置放。

6.4.3　尺寸标注更新

该命令用来进行替换所选择的尺寸标注的样式。

1. 执行途径

1）“工具栏”标注/“标注更新”按钮。

2）命令：DIMSTYLE。

2. 操作说明

在执行该命令前，先将需要的尺寸样式设为当前的样式。

执行该命令后，命令行提示：

选择对象：选择要修改样式的尺寸标注。

按 <Enter> 键后命令结束，所选择的尺寸样式变为当前的样式。

6.5　标注公差

公差标注分两种形式：标注尺寸公差和标注几何公差。这两种公差形式需要通过不同的途径实现。

6.5.1　标注尺寸公差

1. 操作说明

标注尺寸公差是零件图经常遇到的一项内容。选定一种标注样式进行尺寸标注，然后双击该尺寸数字，弹出“文字格式”对话框，如图 6-38 所示。在该对话框中，输入上极限偏差、下极限偏差，在上偏差和下偏差之间输入“^”，选中上极限偏差、下极限偏差，单击“分式”按钮，变成上下两部分，其间没有横线。

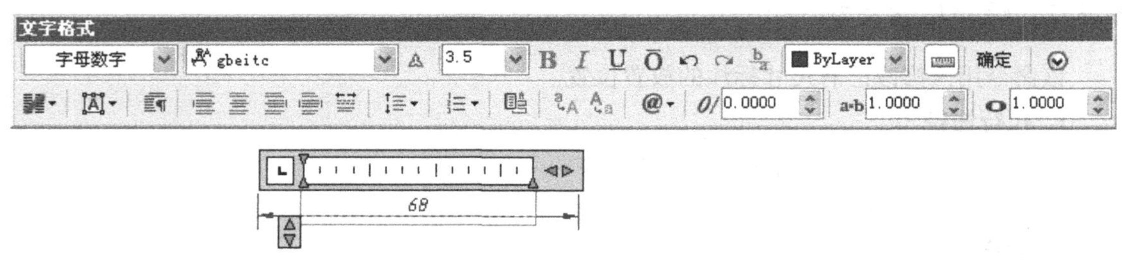

图 6-38　“文字格式”对话框

2. 应用示例

下面以图 6-39 所示的尺寸公差为例，说明操作步骤。

【操作步骤】

1）选定一种标注样式进行尺寸标注，如图 6-40 所示。

2）然后选中该尺寸，双击尺寸数字，如图 6-41 所示。

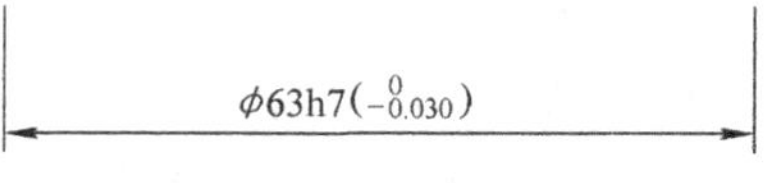

图 6-39　尺寸公差标注

3）再双击该尺寸数字，弹出“文字格式”对话框。在该对话框中，输入上极限偏差、下极限偏差，在上极限偏差和下极限偏差之间输入“^”，如图6-42所示。

4）选中上极限偏差、下极限偏差，单击“文字格式”对话框中的“分式”按钮，变成上下两部分，其间没有横线。如图6-43和图6-44所示。

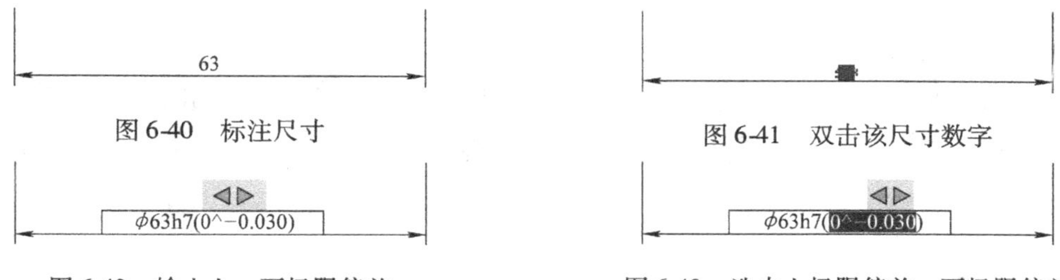

图6-40　标注尺寸

图6-41　双击该尺寸数字

图6-42　输入上、下极限偏差

图6-43　选中上极限偏差、下极限偏差

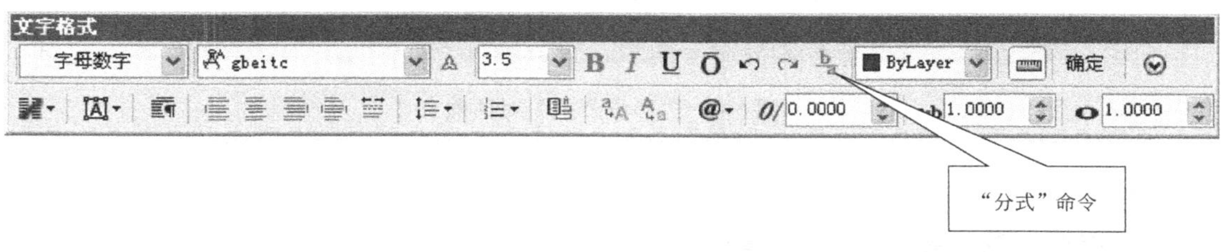

图6-44　执行“分式”命令

5）按键盘 < Esc > 键。

6.5.2　标注几何公差

几何公差注写方式是确定几何公差框格内各项内容，并动态地将其拖动到指定位置。AutoCAD提供了符合国家标准规定的有关几何公差的标注方法。

1. 执行途径

1）“工具栏”标注/“公差”按钮。

2）下拉菜单：“标注”/“公差”。

3）命令行：TOLERANCE。

2. 操作说明

执行上述命令后，AutoCAD自动弹出“形位公差”对话框，如图6-45所示。

1）在“形位公差”对话框中单击“符号”方框时，AutoCAD又自动弹出“符号”对话框，如图6-46所示。

2）在“符号”对话框中，单击一个符号，AutoCAD自动回到“形位公差”对话框。

3）在“形位公差”对话框中的“公差1”栏内，可单击出符号并填写公差值。

4）在“形位公差”对话框中的“公差2”栏内，可单击出符号并填写公差值。

5）在“形位公差”对话框中的“基准1”“基准2”“基准3”栏内，分别填写相应的基准部位符号。

6）设置完各项参数后，单击“确定”按钮，命令行提示：

输入公差位置：拖动几何公差框格到所需位置或输入几何公差标注位置坐标，如图6-47

所示。

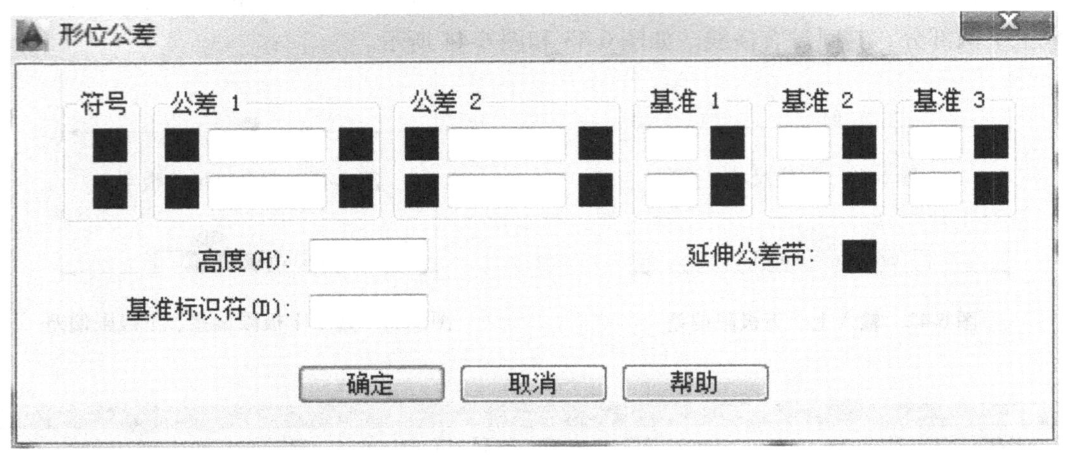

图 6-45　“形位公差”对话框

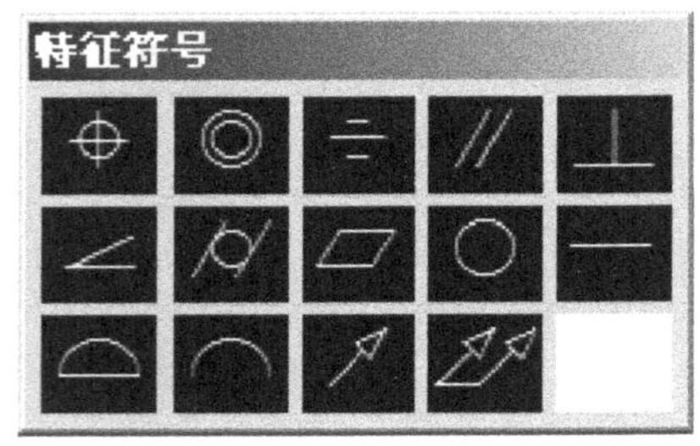

图 6-46　“符号”对话框

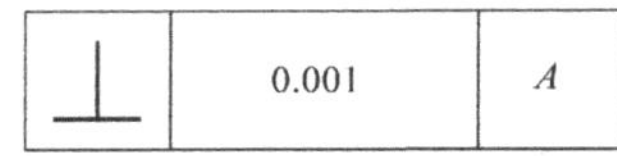

图 6-47　几何公差框格

6.6　多重引线标注

引线标注方式使引线与说明的文字一起标注。引线对象是一条线或样条曲线，其一端带有箭头，也可无箭头；另一端带有多行文字对象或块。在某些情况下，有一条短水平线（又称为基线）将文字或块和特征控制框连接到引线上。

6.6.1　创建多重引线样式

多重引线样式可以控制引线的外观，指定基线、引线、箭头和内容的格式。用户可以使用默认多重引线样式 STANDARD，也可以创建自已的多重引线样式。

1. 执行途径

1）工具：“样式”/“多重引线样式”按钮。

2）下拉菜单：“格式”/“多重引线样式”。

3）命令行：MLEADERSTYLE。

2. 操作说明

1）在“多重引线”工具栏上，单击“多重引线样式”。AutoCAD 自动弹出“多重引线样式管理器”对话框，如图 6-48 所示。

2）在多重引线样式管理器中，单击“新建”按钮。出现“创建新多重引线样式”对话框，如图 6-49 所示。设定新多重引线样式的名称。

3）单击“继续”按钮，出现“修改多重引线样式”对话框，如图 6-50 所示。在“修改多重引线样式”对话框里，设置不同的参数，单击“确定”按钮，保存修改的参数，即得到新的多重引线样式。

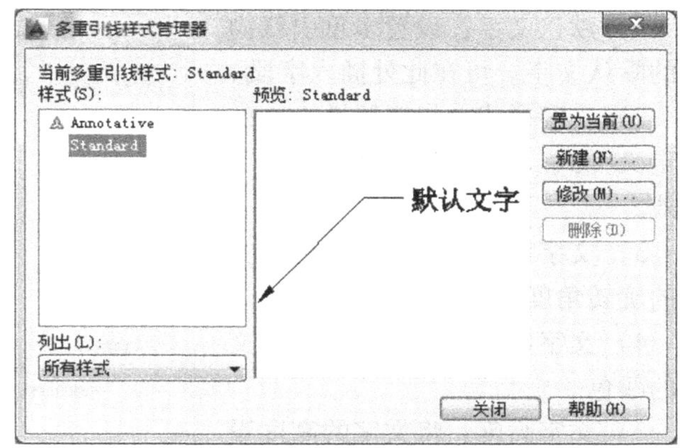

图 6-48 “多重引线样式管理器”对话框

3. “修改多重引线样式”对话框简介

“修改多重引线样式”对话框下面有三个选项卡，分别是“引线格式”“引线结构”“内容”。

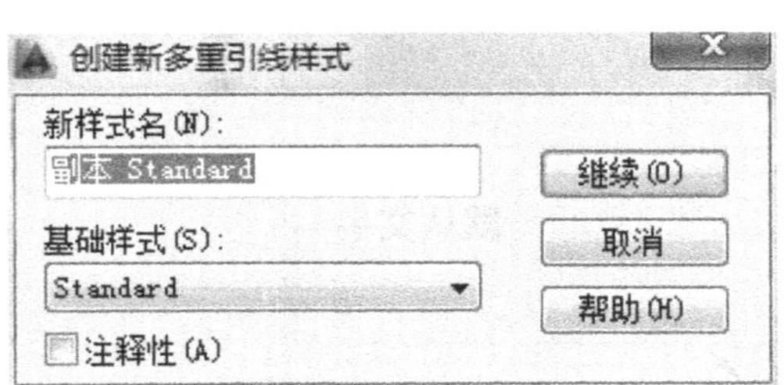

图 6-49 “创建新多重引线样式”对话框

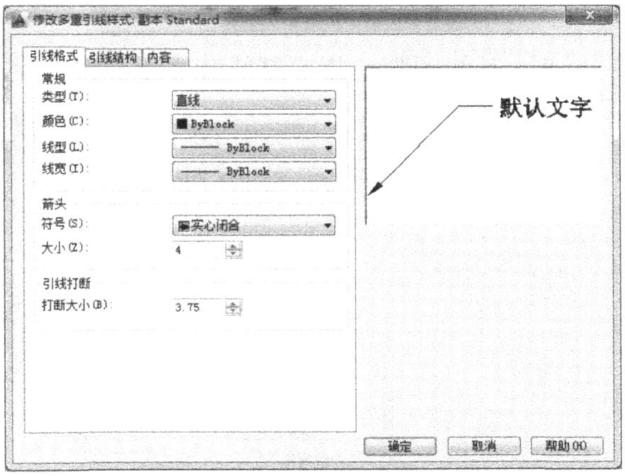

图 6-50 “修改多重引线样式”对话框

（1）“引线格式”选项卡　如图 6-50 所示，各选项解释如下：

1）类型：确定基线的类型。可以选择直线基线、样条曲线基线或无基线。

2）颜色：确定基线的颜色。

3）线型：确定基线的线型。

4）线宽：确定基线的线宽。

5）箭头：指定多重引线箭头的符号和尺寸。

（2）“引线结构”选项卡　如图 6-51 所示，各选项解释如下：

1）最大引线点数：指定多重引线基线的点的最大数目。

2）第一个线段角度和第二个线段角度：指定基线中第一个点和第二个点的角度。

3）自动包含基线：将水平基线附着到多重引线内容。

4）设置基线距离：确定多重引线基线的固定距离。

（3）“内容”选项卡　如图 6-52 所示，各选项解释如下：

1）默认文字：设置多重引线内容的默认文字。可在此处插入字段。

2）文字样式：指定属性文字的预定义样式。显示当前加载的文字样式。

3）文字角度：指定多重引线文字的旋转角度。

4）文字颜色：指定多重引线文字的颜色。

5）文字高度：将文字的高度设置为将在图纸空间显示的高度。

6）水平连接：引线呈水平状态。

7）垂直连接：引线呈垂直状态。

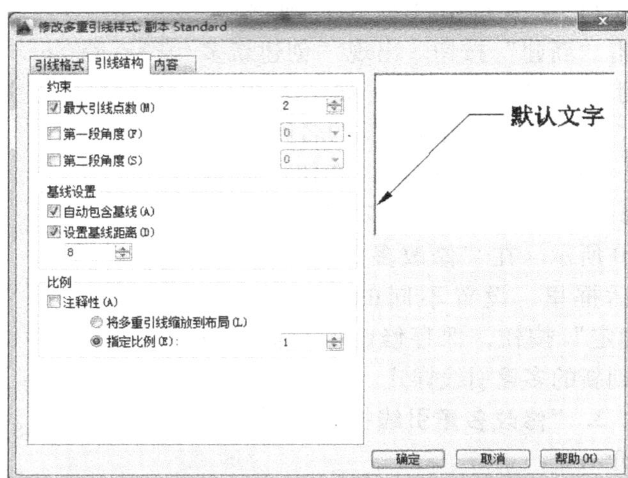

图 6-51　“引线结构”选项卡

8）基线间隙：指定基线和多重引线文字之间的距离。

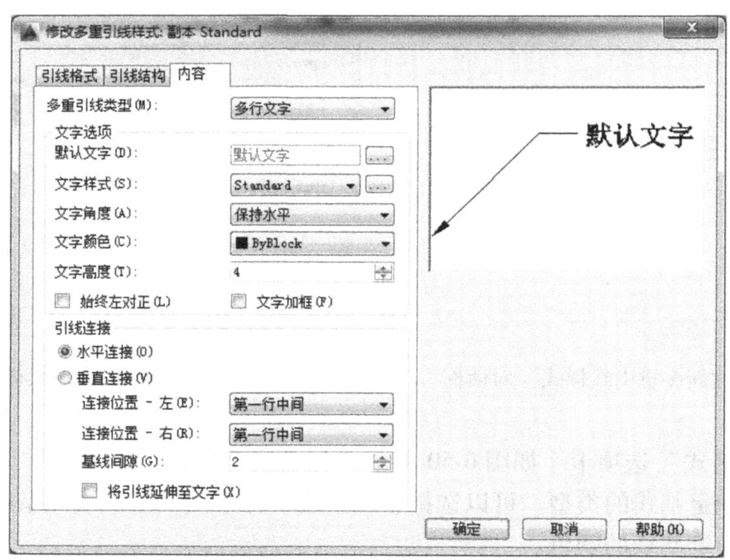

图 6-52　“内容”选项卡

6.6.2　标注多重引线

使用该命令，可以选择默认的或新创建的多重引线样式进行标注。

1. 执行途径

1）图6-53所示的“多重引线”工具栏中的按钮。

2）下拉菜单：“标注”/“多重引线”。

3）命令：MLEADER。

2. 操作说明

执行该命令后，命令行提示：

指定引线箭头的位置或[引线基线优先（L）/内容优先（C）/选项（O）]<选项>：直接单击确定引线箭头的位置，然后在打开的文字输入窗口中输入注释内容即可。

6.6.3 多重引线应用示例

1. 单画箭头

创建多重引线“箭头”样式，单独划出箭头，如图6-54所示。

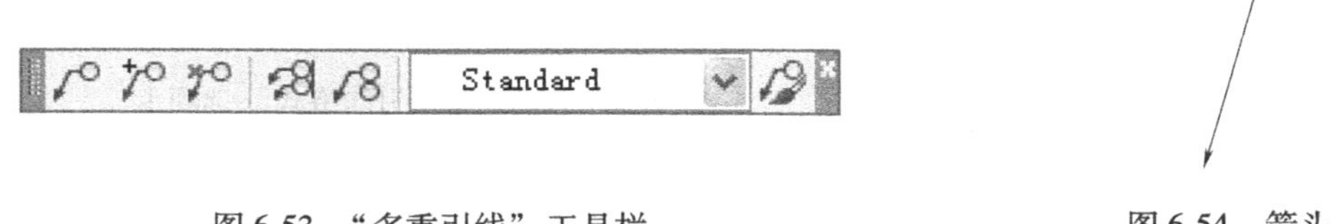

图6-53 “多重引线”工具栏　　图6-54 箭头

【操作步骤】

1）单击“多重引线”工具栏按钮，调出“多重引线样式管理器”，如图6-55所示。

2）单击“新建”按钮，出现“创建新多重引线样式”对话框，起名“箭头”，如图6-56所示。

图6-55 多重引线样式管理器　　图6-56 多创建新重引线样式

3）单击“继续”按钮，出现“内容”选项卡，“多重引线类型”选择“无”，如图6-57所示。

4）单击“引线格式”选项卡，选择默认选项，如图 6-58 所示。

5）单击“引线结构”选项卡，取消“自动包含基线”选项，其余选择默认选项，如图 6-59 所示。

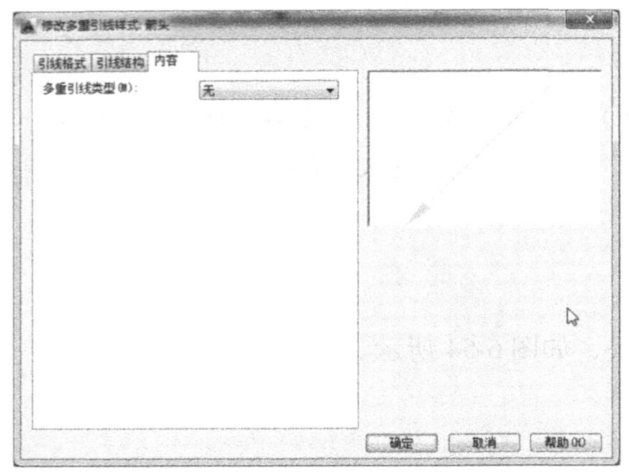

图 6-57　“内容”选项卡

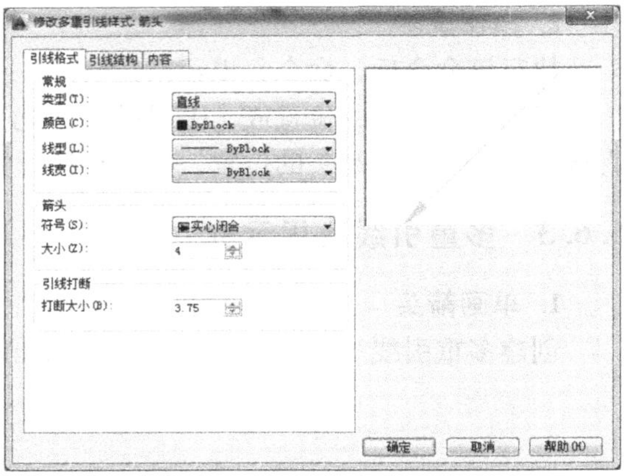

图 6-58　“引线格式”选项卡

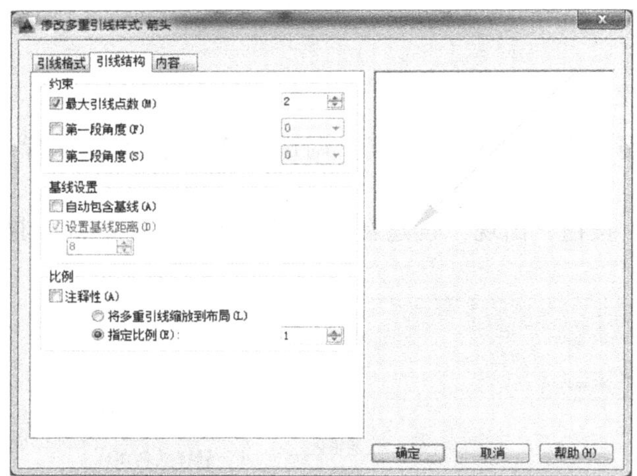

图 6-59　“引线结构”选项卡

6）单击“多重引线”工具栏多重引线按钮，确定两点位置，箭头即可画出箭头。

2. 倒角标注

创建“倒角标注”样式，标注如图 6-60 所示的倒角。

【操作步骤】

1）单击“多重引线”工具栏按钮，调出“多重引线样式管理器”。单击“新建”按钮，起名“倒角标注”，单击“继续”按钮。

2）在“内容”选项卡中，“多重引线类型”选择“多行文字”；“文字样式”选择已创建的“字母数字”样式；“文字高度”选“3. 5”；垂直连接，“左”“右”选择“最后一行加下划线”。如图6-61所示。

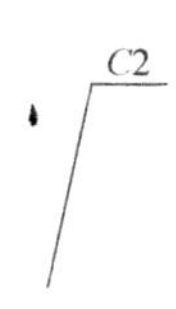

图6-60 倒角标注

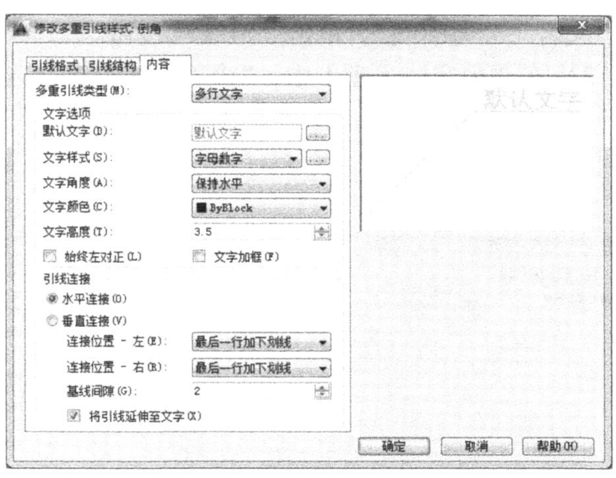

图6-61 “内容”选项卡

3）在“引线结构”选项卡中，取消“自动包含基线”选项，其余选择默认选项，如图6-62所示。

4）在“引线格式”选项卡中，“箭头符号“选择“无”，其余选择默认选项，如图6-63所示。

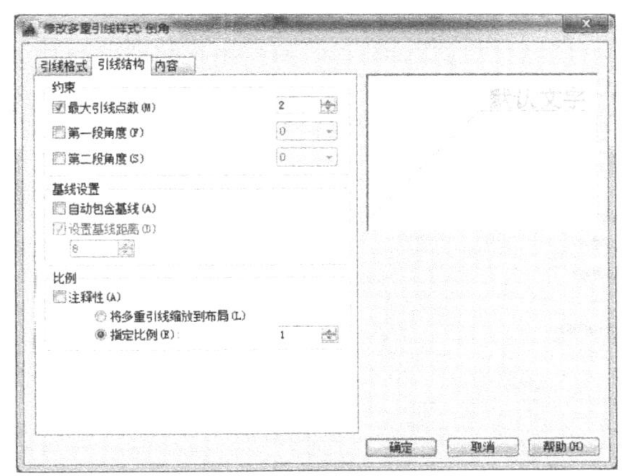

图6-62 “引线结构”选项卡

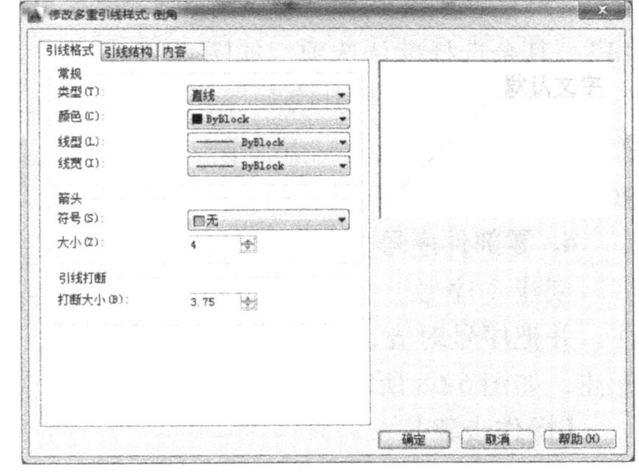

图6-63 “引线格式”选项卡

5）单击“多重引线”工具栏多重引线按钮，确定两点位置，出现文字对话框，输入“C2”即可画出倒角。

3. 公差引线

创建“公差引线”样式，画出公差引线，完成几何公差的标注，如图6-64所示。

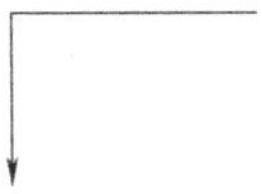

图6-64 公差引线

【操作步骤】

1）单击“多重引线”工具栏按钮，调出“多重引线样式管理器”。单击“新建”按钮，起名“公差引线”，单击“继续”按钮。

2）在“内容”选项卡中，“多重引线类型”选择“无”，如图 6-65 所示。

3）在“引线格式”选项卡中，“箭头符号“选择“实心闭合”，其余选择默认选项，如图 6-66 所示。

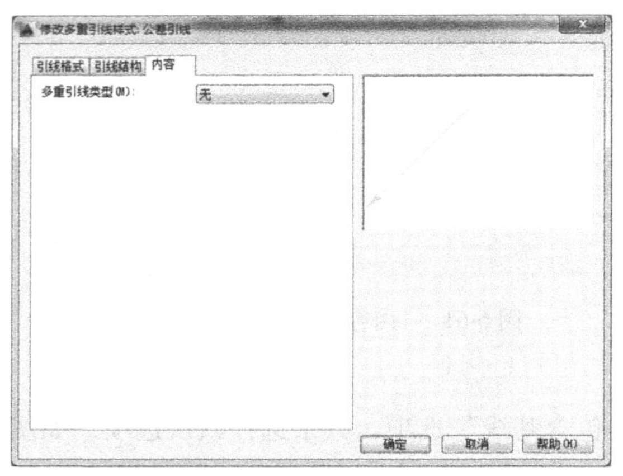

图 6-65 “内容”选项卡

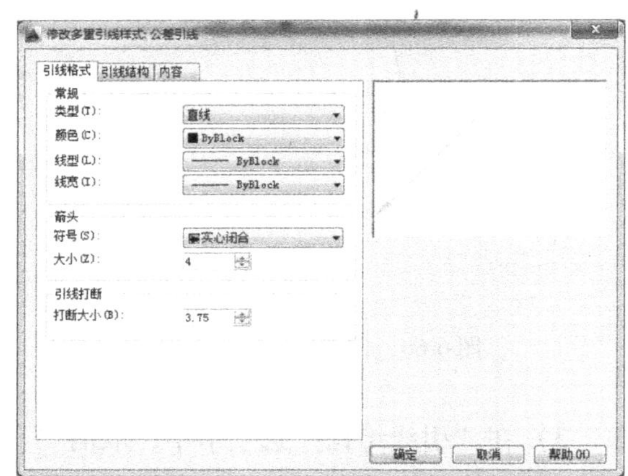

图 6-66 “引线格式”选项卡

4）在“引线结构”选项卡中，取消“自动包含基线”选项，“最大引线点数 ”选择“3”，其余选择默认选项，如图 6-67 所示。

5）单击“多重引线”工具栏多重引线按钮，确定三点位置，即可画出公差引线。

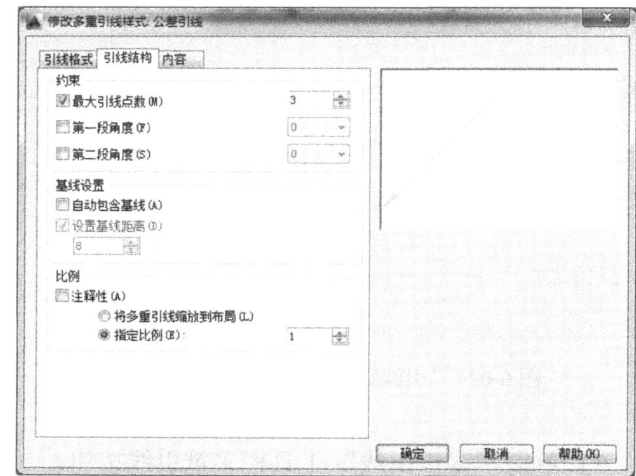

图 6-67 “引线结构”选项卡

4. 零部件序号标注

创建“序号”样式，进行序号标注，并把序号对齐，完成零件序号的标注，如图 6-68 所示。

【操作步骤】

1）单击“多重引线”工具栏按钮，调出“多重引线样式管理器”。单击“新建”按钮，起名“序号”，单击“继续”按钮。

2）在“引线格式”选项卡中，箭头大小改为“3”，和尺寸标注大小一样，如图 6-69 所示。

3）在“引线结构”选项卡中，“设置基线距离”为“2”，“最大引线点数”为“2”，其余选择默认选项，如图 6-70 所示。

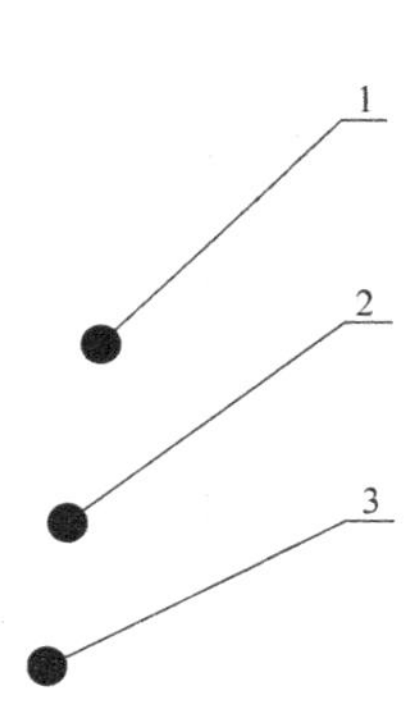

图6-68　部件序号标注

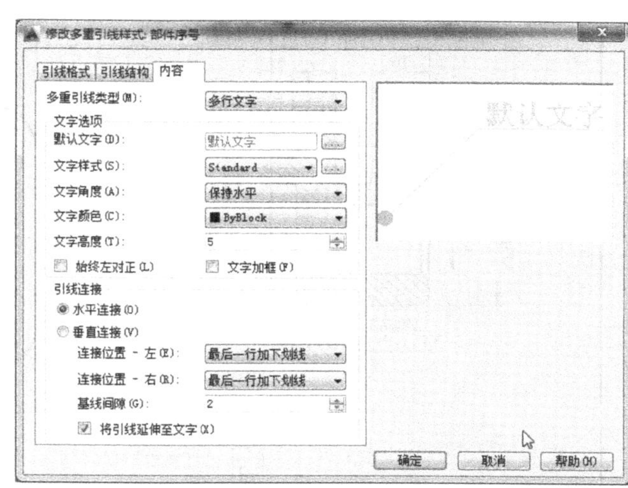

图6-69　“引线格式”选项卡

4）在“内容”选项卡中，“文字样式”选择“字母数字”样式，文字高度为“5”，“连接位置”为“最后一行加下划线”，如图6-71所示。

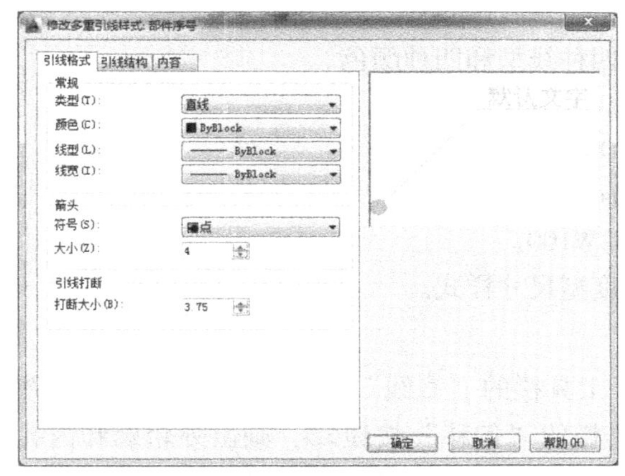

图6-70　“引线结构”选项卡

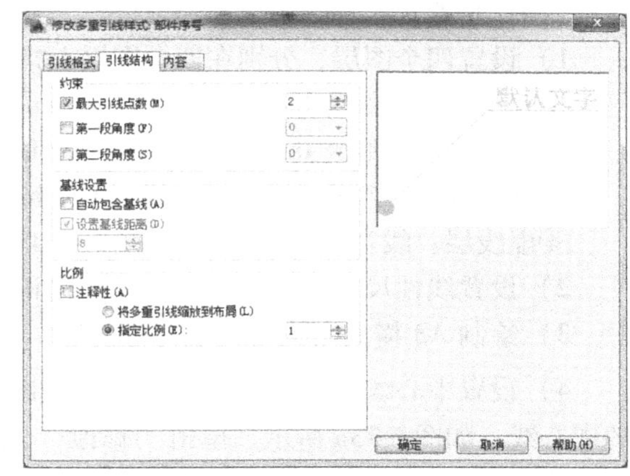

图6-71　“内容”选项卡

5）把建立的“零件序号”样式置为当前，单击“多重引线”按钮，标注零件序号。单击“多重引线对齐”按钮，选择要对齐的序号，选完后按<Enter>键，再选择要对齐的那个序号，把标注的零件序号对齐。

6.7　上机指导

例题：绘制图6-72所示的零件图。

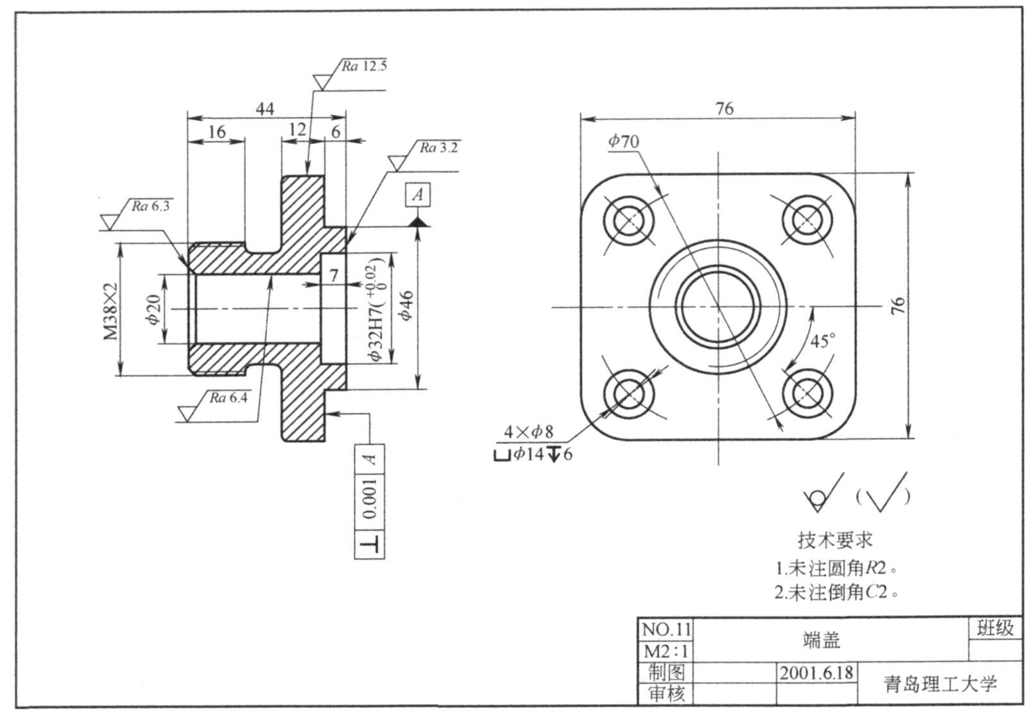

图 6-72　零件图

【操作步骤】

1）设置四个图层，分别在四个图层上指定四种线型和四种颜色。

①粗实线层：线宽 0. 3mm、线型 Continuous。

②中心线层：线宽 0. 15mm、线型 ACAD ISO04W100。

③细实线层：线宽 0. 15mm、线型 Continuous。

④虚线层：线宽 0. 15mm、线型 ACAD ISO02W100。

2）设置线性尺寸样式、径向尺寸样式和角度型尺寸样式。

3）绘制 A3 横放图框，并填写标题栏。

4）设置中心线层为当前层，单击“绘图”工具栏的“直线”按钮，绘制三个视图的中心线，如图 6-73a 所示。单击“修改”工具栏的“偏移”按钮，画出外轮廓和内孔的构造线，如图 6-73b 所示。单击“修剪”按钮，剪去多余线，画出外轮廓和内孔，如图 6-73c 所示。

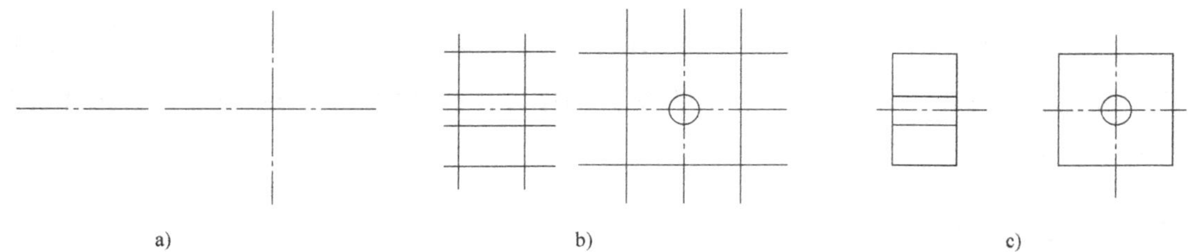

图 6-73　绘制外轮廓和内孔

a）中心线　b）偏移外轮廓和内孔构造线　c）剪去多余线

5）单击“修改”工具栏的“偏移”按钮，画出左边的外螺纹孔，如图6-74a所示。单击“修剪”按钮，剪去多余线，得到外螺纹孔。

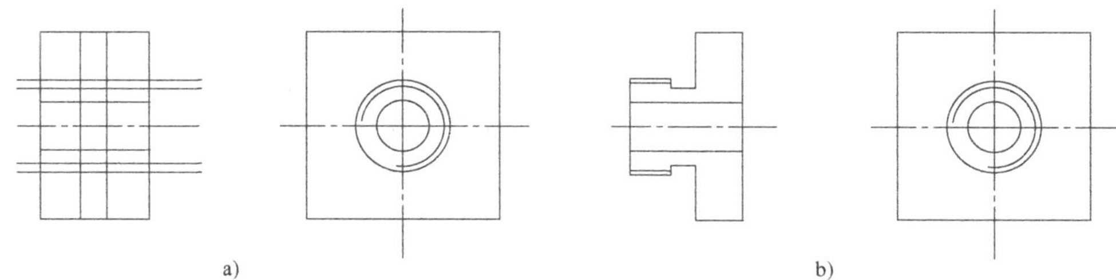

图6-74 画出左边的外螺纹孔
a）偏移外螺纹孔 b）修剪得到外螺纹孔

6）单击“修改”工具栏的“偏移”按钮，画出右边的孔，如图6-75a所示。单击“修剪”按钮，剪去多余线，如图6-75b所示。

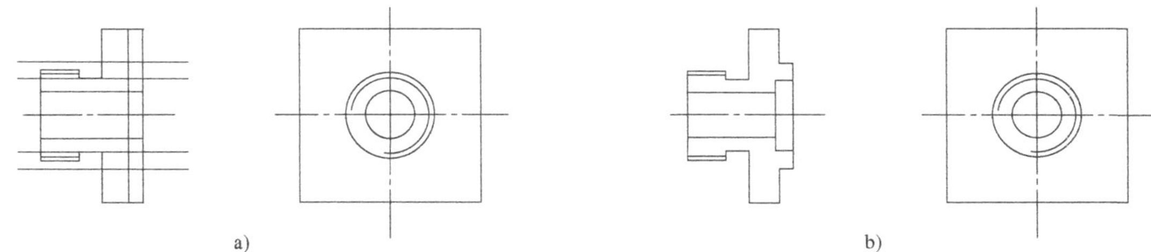

图6-75 画出右边的凸出孔
a）偏移凸出孔 b）修剪得到凸出孔

7）画出左视图的圆孔以及圆角，如图6-76a所示。填充剖面线，转换图层，如图6-76b所示。

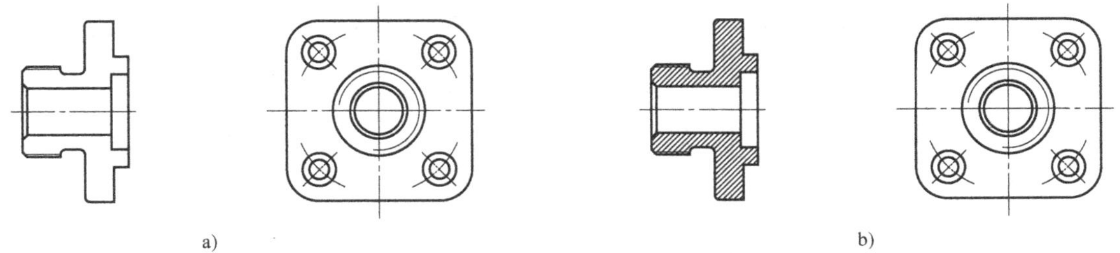

图6-76 画出两个视图
a）绘制左视图圆孔及圆角 b）填充剖面线并转换图层

8）标注表面粗糙度、标注尺寸公差和几何公差等技术要求，如图6-77a所示。标注尺寸，如图6-77b所示。

绘图完毕。

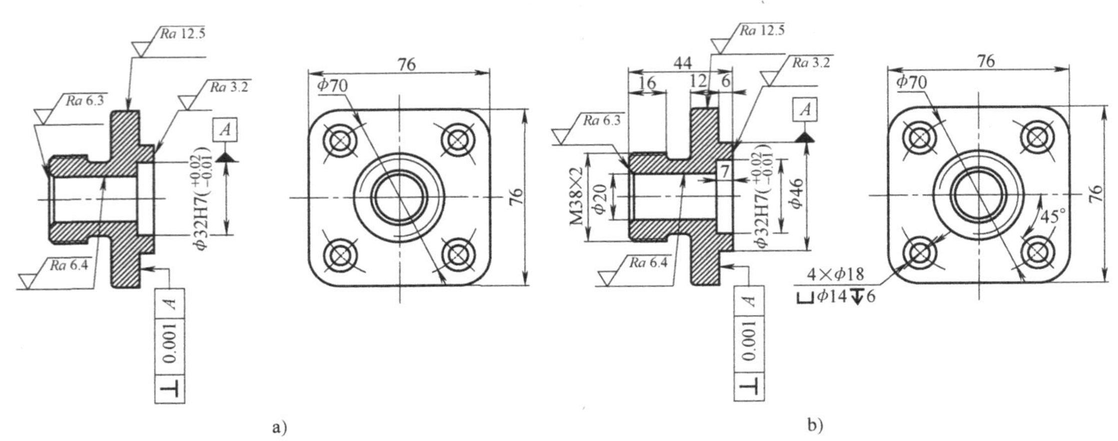

图 6-77　标注技术要求和标注尺寸
a）标注技术要求　b）标注尺寸

6.8　操作练习

绘制图 6-78 ~ 图 6-83 所示的零件图。

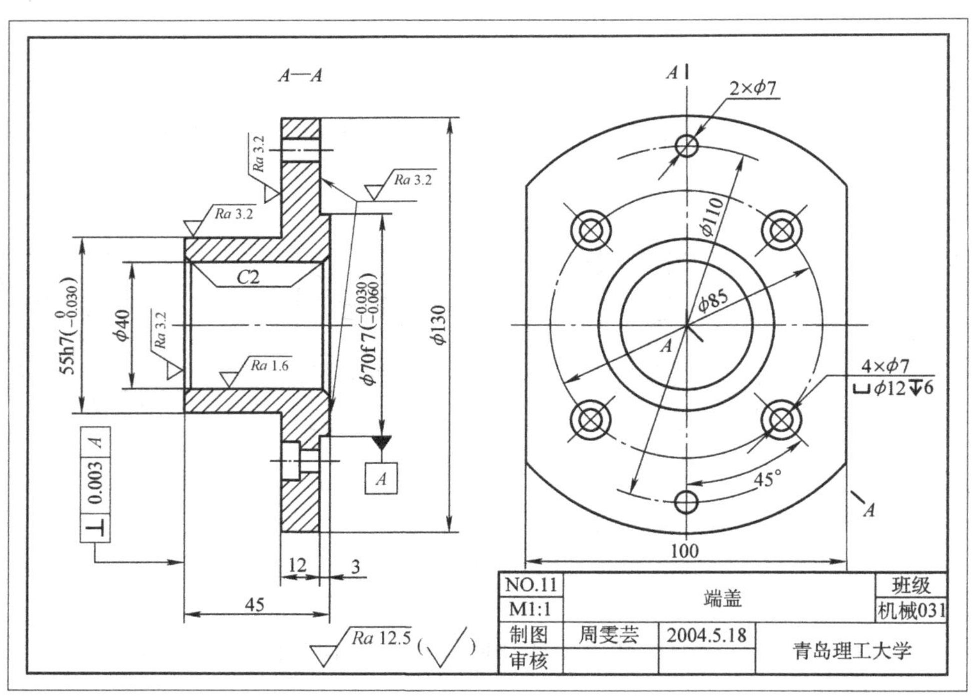

图 6-78　零件图 1

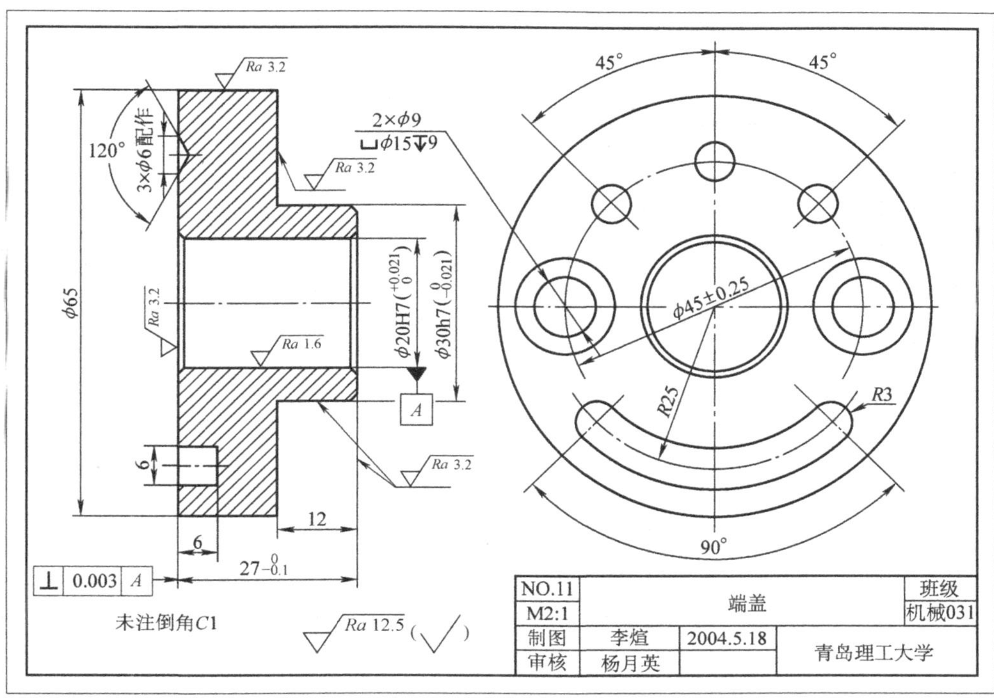

图 6-79 零件图 2

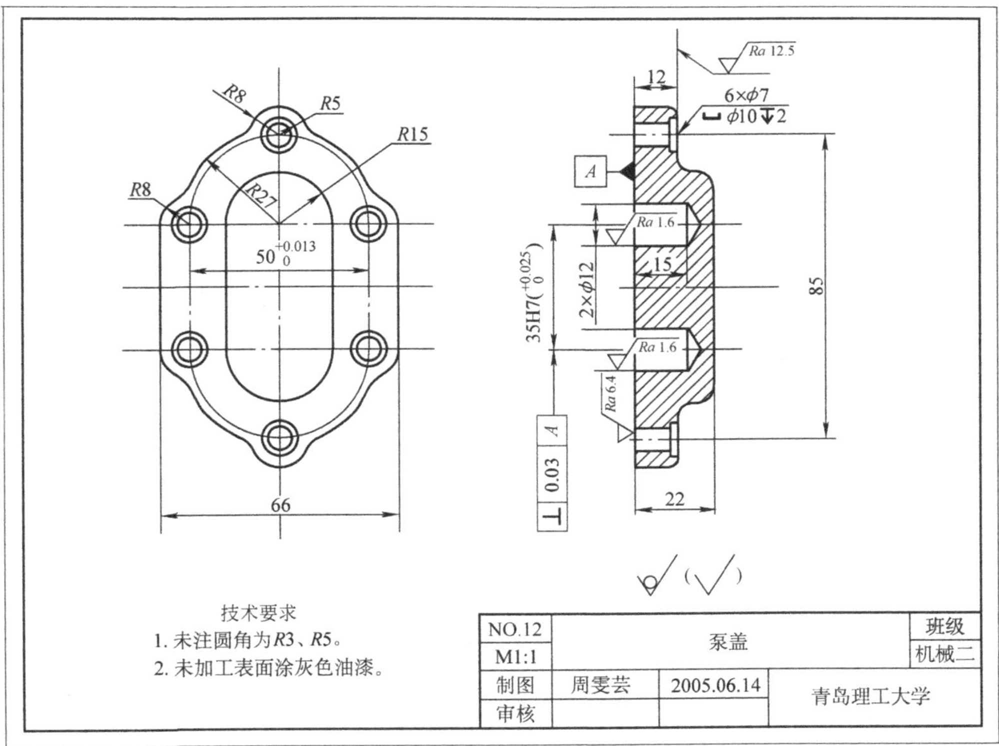

图 6-80 零件图 3

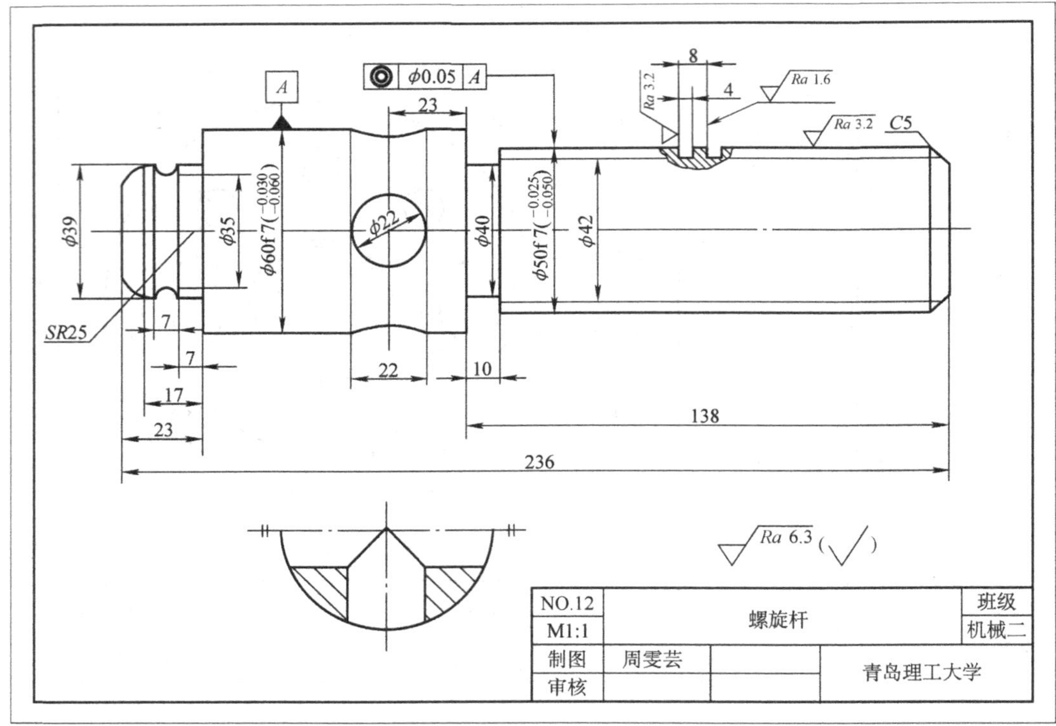

图 6-81　零件图 4

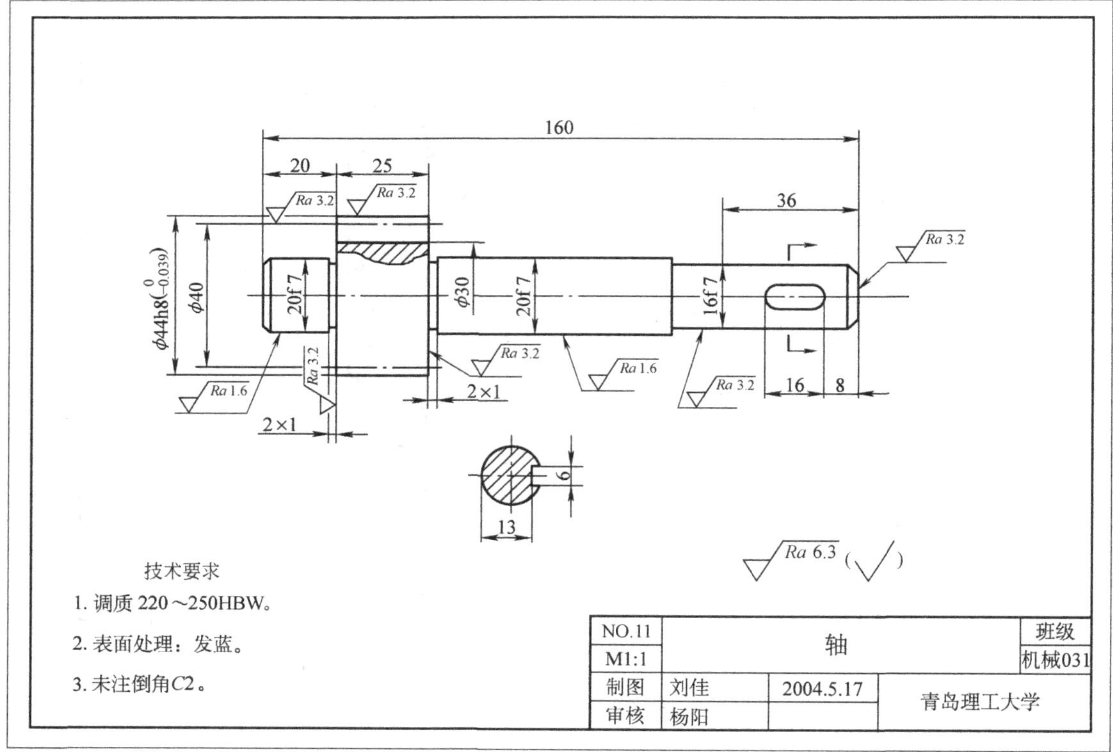

图 6-82　零件图 5

80
20
17
15
M10-7H
Ra 1.6
Ra 3.2
Ra 1.6
Ra 3.2
ϕ80
ϕ50
ϕ42
ϕ65J7
4
8
C2
C2
C2
C2
Ra 6.3 (√)
技术要求
未注圆角 R1。
NO.11
M1:1
螺套
班级
机械031
制图
李煊
2004.5.18
审核
青岛理工大学

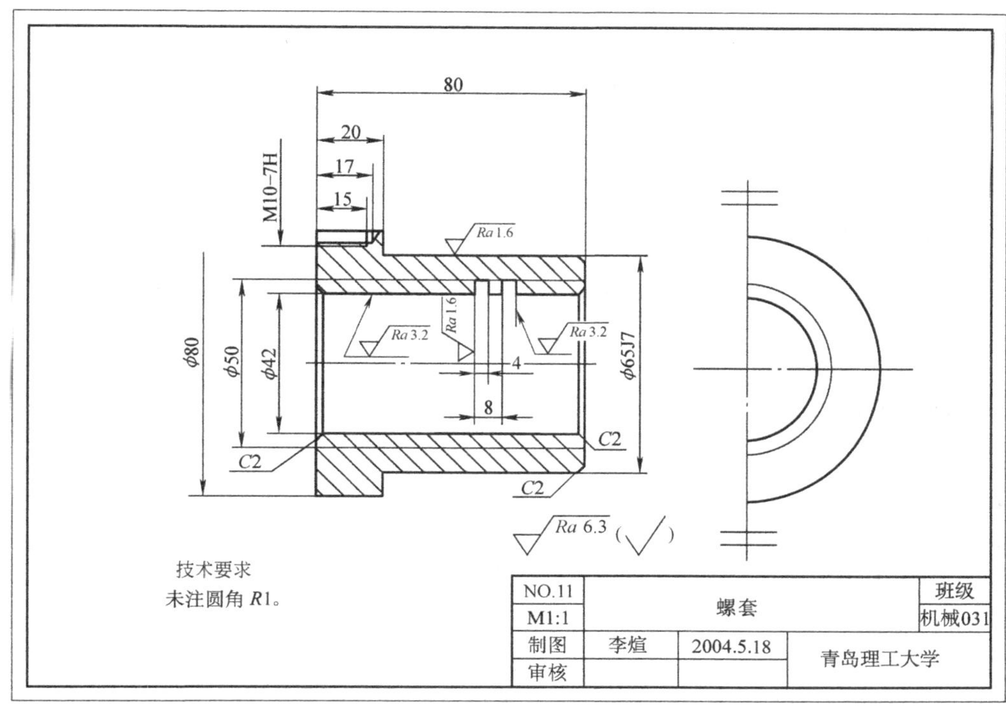

图6-83 零件图6

第7章　图块与参照

【教学目标与任务】

通过对本章的学习，读者应学会创建图块及插入图块和参照的基本方法，并能够对图块添加属性。

【教学重点与难点】

- 创建图块
- 保存图块
- 插入图块
- 在图块中添加属性
- 插入外部参照

图块（简称块）是AutoCAD为用户提供的在图形中管理对象的重要功能之一，属性是块的文本信息。本章主要介绍有关块和属性的性质、概念、设置及具体的操作等内容。

7.1　图块的用途和性质

7.1.1　图块的用途

图块是一组图形或文本作为一个实体的总称。图块功能把设计绘图人员从某些重复性的绘图中解脱出来，可大大提高绘图效率。块的具体功用如下：

1）便于图形的修改。绘制好的工程图样有时要进行修改，如果逐个修改就要花费较多时间。利用图块的一致性，所插入的相同图块可一起修改，这样便节省了逐个修改的时间。

2）节省磁盘空间。当一组图形在图中重复出现时，会占据较多的磁盘空间，若把这组图形定义成块并存入磁盘，则对块的每次插入，AutoCAD仅需记住块的插入点坐标、块名、比例和转角，从而起到节省内存空间的作用。

3）建立图形库。把经常使用的图形定义成块，并建立一个图库。当绘图时，可以将块从图库中调出使用，避免重复性的工作。

4）定义属性。若要在图中加入一些文本信息，这些文本信息可以在每次插入块时改变，并且可以像普通文本那样显示出来或隐藏起来。这样的文本信息被称为属性。用户还可以从图中提取属性值，并为其他数据库提供资源。

7.1.2　图块的性质

（1）图块的嵌套　图块可以嵌套，即一个块中可以包含对其他块的引用。块可以多层嵌套，系统对每个块的嵌套层数没有限制。

（2）图块与图层、线型、颜色的关系

1）可以把不同图层上颜色和线型各不相同的对象定义为图块。可以在图块中保持对象的图层、颜色和线型信息。每次插入块时，块中每个对象的图层、颜色和线型的属性将不会变化。

2）如果图块的组成对象在系统默认的 0 图层，并且对象的颜色和线型设置为随层，当把此块插入到当前图层时，AutoCAD 将指定该块的颜色和线型与当前图层的特性一样。

（3）图库修改的一致性　在建筑图中，将标高符号、轴线编号及门窗等常做成块，建成图库，方便使用及交流。在工程图中插入了一系列的块，只要修改块的源文件，工程图也随之修改，这就是 AutoCAD 提供的图库修改的一致性。

7.2　创建图块和调用图块

7.2.1　创建图块（内部块）

在创建图块之前，先绘制图形，然后将绘制的图形对象定义成图块。

1. 执行途径

1）工具栏：“绘图”/“创建块”按钮。

2）下拉菜单：“绘图”/“块”/“创建”。

3）命令：BLOCK（快捷命令 B）。

2. 操作说明

执行“创建块”命令，弹出“块定义”对话框，如图 7-1 所示。

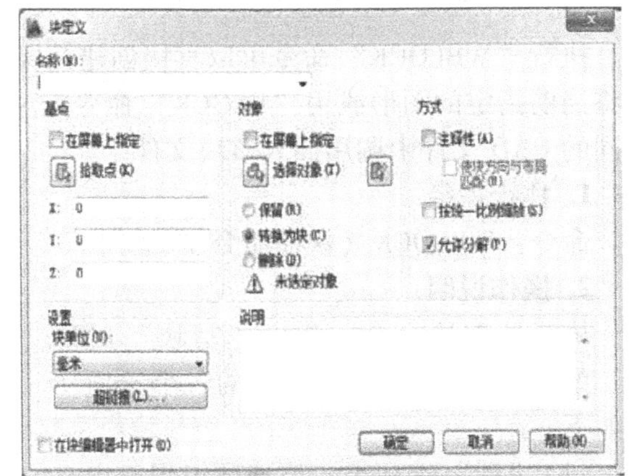

图 7-1　“块定义”对话框

（1）“块定义”对话框简介　在“块定义”对话框中，用户需要设置“名称”文本框、“基点”选项组、“对象”选项组，其他选项采用默认设置即可。

1）“名称”文本框用于输入当前要创建的图块的名称。

2）“基点”选项组用于确定插入点的位置。此处定义的插入点是该块将来插入的基准点，也是块在插入过程中旋转或缩放的基点。用户可以通过在“X”“Y”“Z”文本框中直接输入坐标值，最常用的是单击“拾取点”按钮，切换到绘图区，在图形中用对象捕捉直接指定。

3）“对象”选项组用于指定定义成块的对象。选中“保留”单选按钮，创建块以后，所选对象依然保留在图形中，不转换为块。选中“转换为块”单选按钮，创建块以后，所选对象转换成图块格式，同时保留在图形中。选中“删除”单选按钮，表示创建块以后，所选对象从图形中被删除。用户可以通过单击“选择对象”按钮，切换到绘图区，选择要创建为块的图形实体。

4）“设置”选项组包括“块单位”和“超级链接”。“块单位”下拉列表框用于指定从 AutoCAD 设计中心拖动块时，用以缩放块的单位。例如，这里设置拖放单位为“毫米”，将被拖放到的图形单位设置为“米”，则图块将缩小为原来的千万之一被拖放到该图形中。通常选择“毫米”选项。“超级链接”选项，将来用户可以通过该块来浏览其他文件或者访问 Web 网站。单击“超级链接”按钮后，系统弹出“插入超级链接”对话框。

（2）创建图块步骤

1）在“名称”文本框中输入块名。

2）在“基点”选项组中单击“拾取点”按钮。

3）选择插入基点。

4）在“对象”选项组中单击“选择对象”按钮。

5）利用框选选择要定义成块的对象。

6）单击“确定”按钮，即可将所选对象定义成块。

特别提示

按上述方法定义的块只存在于当前图形中，执行新建图形操作或关机后，该块即消失。用“BLOCK”命令创建的块称为内部块。一般不用此方法创建块。若要保留定义的块，需执行“WBLOCK”命令，即创建外部块。

7.2.2　创建并保存图块（外部块）

执行“WBLOCK”命令可以直接创建并保存图块，也可保存已定义的块。执行该命令，即将当前指定的图形或用“BLOCK”命令定义过的块作为一个独立的块文件存盘，可以在不同的 CAD 文件中调用插入该块文件。

1. 执行途径

命令：WBLOCK（快捷命令 W）。

2. 操作说明

执行外部块命令，弹出“写块”对话框，如图 7-2 所示。该对话框的各个选项功能如下：

（1）“源”选项组　该选项组用于指定存储块的对象及块的基点。

1）选择“块”单选按钮，用户可以通过此下拉框选择一个块名将块进行保存。保存块的基点不变。

2）选择“整个图形”单选按钮，可以将整个图形作为块进行存储。

3）选择“对象”单选按钮，可以将用户选择的对象作为块进行存储。

另外其他选项和“块定义”相同。

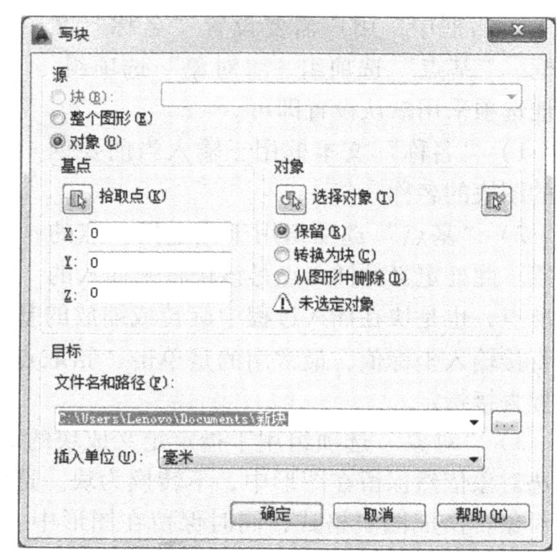

图 7-2　“写块”对话框

（2）“目标”选项组　该选项组用于设置保存块的名称、路径以及插入的单位。

1）“文件名和路径”用于指定保存块的文件名和保存路径。

2）用户可以通过“插入单位”下拉列表选择从 AutoCAD 设计中心拖动块时的缩放，单击“确定”按钮，完成图块的保存。插入单位一般是“毫米”。

3. 应用示例

将图 7-3 所示的图形定义为外部块，名称为“标题栏”。

【操作步骤】

1）首先根据尺寸绘制如图 7-3 所示的标题栏（不标尺寸）。然后执行“Wblock”命令，弹出“写块”对话框。

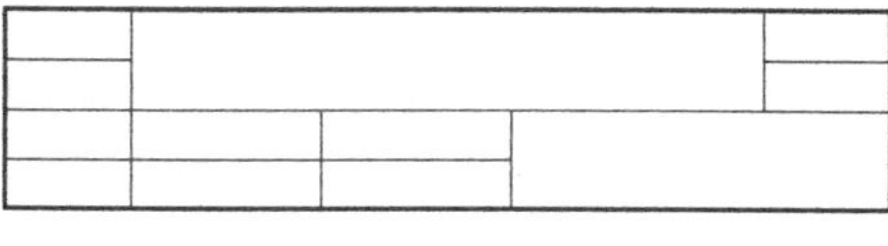

图 7-3　标题栏

2）在“写块”对话框中，将“源”选项设为“对象”，单击按钮，用对象捕捉功能捕捉标题栏右下角点，作为基点；单击“对象”选区的按钮，用拾取框选择标题栏图形，结束后返回“写块”对话框。

3）在“写块”对话框中，选中“转换为块”复选项；在“文件名和路径”中设置好要保存的路径，并给定名称“标高符号”，“插入单位”选择“毫米”选项，如图 7-2 所示。

4）单击“确定”按钮，完成标高符号块的创建。

特别提示

一定要注意基点的选取，如果不选取基点，系统默认（0，0，0）点作为基点。

7.3　插入图块

已定义过的块，可以使用“DDINSERT”或“INSERT”命令将块或整个图形插入到当前图形中。当插入块或图形时，需指定插入点、缩放比例和旋转角。当把整个图形插入到另一个图形时，AutoCAD 会将插入图形当作块引用处理。

1. 执行途径

1）工具栏：“绘图”/“插入块”按钮。

2）命令：INSERT（快捷命令 I）。

2. 操作说明

单击“插入块”按钮，弹出图 7-4 所示“插入”对话框。

（1）“插入”对话框简介　在“插入”对话框设置相应的参数就可以插入图块。包含“名称”文本框、“插入点”选项组、“比例”选项组和“旋转”选项组。

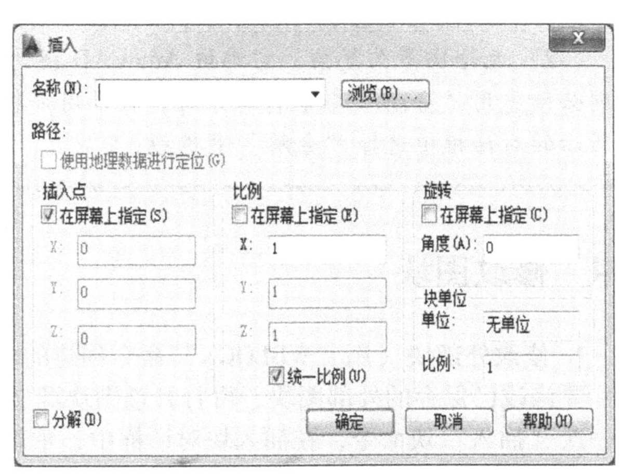

图 7-4　“插入”对话框

1）在“名称”下拉列表框中选择已定义的图块，或者单击“浏览”按钮，选择保存的块。

2）“插入点”选项组用于指定图块的插入位置，通常选中“在屏幕上指定”复选框，鼠标配合“对象捕捉”指定插入点。

3）“比例”选项组用于设置图块插入后的比例。选中“在屏幕上指定”复选框，则可以在命令行中指定缩放比例，用户也可以直接在“X”文本框、“Y”文本框和“Z”文本框中输入数值，以指定各个方向上的缩放比例。“统一比例”复选框用于设定图块在 X、Y、Z 方向上缩放是否一致。应注意的是，X、Y 方向比例因子的正负将影响图块插入的效果。当 X 方向的比例因子为负时，图块以 Y 轴为镜像线进行插入；当 Y 方向的比例因子为负时，图块以 X 轴为镜像线进行插入，如图 7-5 所示。

4）“旋转”选项组用于设定图块插入后的角度。选中“在屏幕上指定”复选框，则可以在命令行中指定旋转角度，用户也可以直接在“角度”文本框中输入数值，以指定旋转角度。

（2）“插入”图块的步骤

1）单击“插入块”按钮，弹出图 7-4 所示的“插入”对话框。

2）在该对话框中单击“浏览”按钮，选择要插入的块文件。

3）调整“比例”和“旋转”，单击“确定”按钮。

4）在屏幕上单击需要插入块的点，插入块，操作完成。

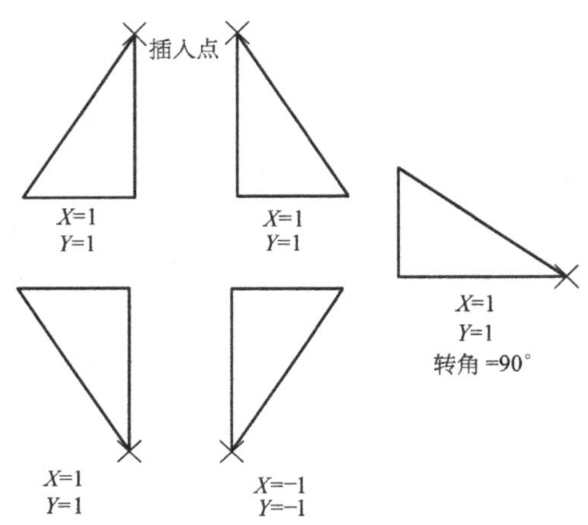

图 7-5　比例因子的正负对图块插入效果的影响

特别提示

1）图形文件也可以作为块来插入。方法是：在图 7-4 所示的“插入”对话框中单击“浏览”，选择一个图形文件，即可按块插入的方法插入图形。插入的图形文件是一个整体。图形文件也可以作为“外部参照”插入，方法是“插入”/“DWG 参照”。

2）无论块多么复杂，它都被 AutoCAD 视为单个对象。想要对插入的块进行修改，则必须先用“分解”命令将其分解。假如用户想在插入块后使块自动分解，可在图 7-4 所示的对话框中选择“分解”复选框。

7.4　修改图块

1. 修改外部块（用“WBLOCK”命令创建的块）

要修改已保存的外部图块，可打开该图块源文件，修改后以原来的名称保存，然后再执行一次“插入”块命令，在插入块对话框中，重新单击“浏览”，选择修改后的块文件，单击“确定”按钮后，系统弹出图 7-6 所示的对话框。单击“重新定义块”，则已插入的所有的块都重新定义。

2. 修改内部块（用 BLOCK 命令创建的块）

要修改未保存的内部图块，和修改外部块一样，应先修改这种图块中的任意一个，然后以同样的图块名再重新定义一次。重新定义后，系统将立即修改所有已插入的图块。

> **特别提示**
>
> 当图中已插入多个相同的图块，而且只需要修改其中一个时，切记不要重新定义块，此时应用“分解”命令将这单个的块分解，然后再进行修改。

3. 应用示例

以图 7-7 为例，介绍图块的修改。

【操作步骤】

1）按图 7-7a 所示图形画图并用“创建块”命令做成块。

2）所做的图块用“插入块”命令插入到图 7-7b 所示的图形中。

3）用“打开”命令打开图块文件并修改成图 7-7c 所示的图形，以原来的名称保存。

4）再执行一次“插入”命令，按提示确定“重新定义”后，系统将会修改所有已插入的同名图块，如图 7-7d 所示。

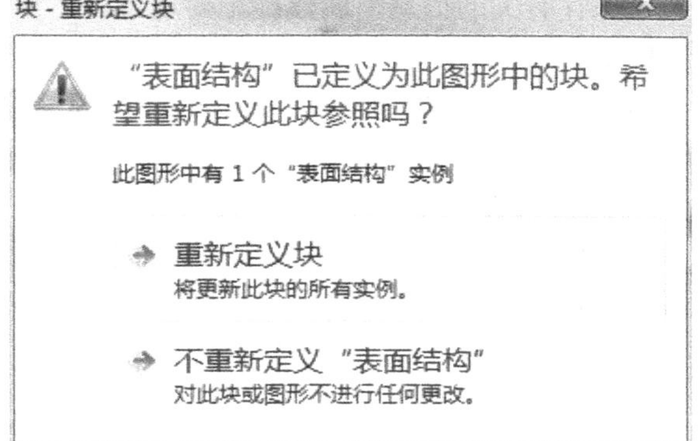

图 7-6　重新定义块

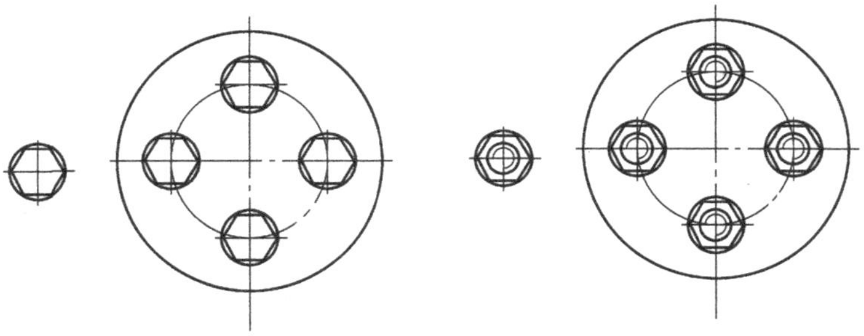

a)　　b)　　c)　　d)

图 7-7　图块的修改

a）原图块　b）插入原图块的图形　c）修改后的图块　d）插入修改后图块的图形

7.5　定义带有属性的图块

7.5.1　属性的概念与特点

1. 属性的概念

在 AutoCAD 中，属性是从属于块的文本信息，它是块的组成部分。用户可以定义带有属性的块。当插入带有属性的块时，可以交互地输入块的属性。对块进行编辑时，包含在块中的属性也被编辑。

2. 属性的特点

图块的属性包括属性标记和属性值两方面内容。属性标记就是指一个具体的项目，属性值是指具体的项目情况。

7.5.2 定义图块的属性

在定义图块前，要先定义该块的属性。定义属性后，该属性以其标记名在图形中显示出来，并保存有关的信息。属性标记要放置在图形的合适位置。

1. 执行途径

1）下拉菜单："绘图" / "块" / "定义属性"。

2）命令行：ATTDEF（快捷命令 ATT）。

2. 操作说明

执行块"定义属性"命令后，弹出"属性定义"对话框，如图 7-8 所示。"属性定义"对话框包含有"模式"选项组、"属性"选项组、"插入点"选项组、"文字设置"选项组和"在上一个属性定义下对齐"复选框。

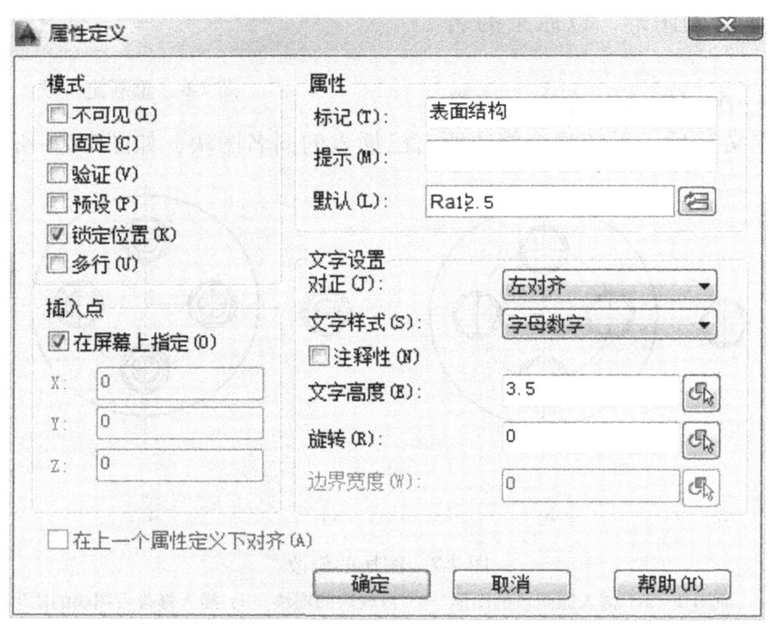

图 7-8 "属性定义"对话框

1）"模式"选项组用于设置属性模式。"不可见"复选框用于控制插入图块，输入属性值后，属性值是否在图中显示；"固定"复选框表示属性值是一个常量；"验证"复选框表示会提示输入两次属性值，以便验证属性值是否正确；"预设"复选框表示插入图块时以默认的属性值插入。

2）"属性"选项组用于设置属性的一些参数。"标记"文本框用于输入显示标记；"提示"文本框用于输入提示信息，提醒用户指定属性值；"默认"文本框用于输入默认的属性值。

3）“插入点”选项组用于指定图块属性的显示位置。选中“在屏幕上指定”复选框，则以在绘图区指定插入点，用户也可以直接在“X”“Y”“Z”文本框中输入坐标值，以确定插入点。建议用户采用“在屏幕上指定”方式。

4）“文字设置”选项组用于设定属性值的基本参数。“对正”下拉列表框用于设定属性值的对齐方式，“文字样式”下拉列表框用于设定属性值的文字样式，“文字高度”文本框用于设定属性值的高度；“旋转”文本框用于设定属性值的旋转角度。

通过“属性定义”对话框，用户可以定义一个属性，但是并不能指定该属性属于哪个图块，因此用户必须通过创建块将图块和定义的属性重新定义为一个新的图块。

3. 创建带属性图块的步骤

1）画块图形。

2）定义属性，对所画图形添加块属性。

3）用“WBLOCK”命令创建块。

4）插入属性块。插入块时，系统会在命令行提示“属性定义”对话框中“提示”的信息“请输入表面粗糙度值”。默认的就是“属性定义”对话框中“默认值”。

特别提示

1）属性值可以修改，修改的方法是双击插入的属性快，弹出对话框。可以对属性值、文字及特性进行修改。

2）一个块可以创建多个不同的属性。

3）使用“分解”命令将带属性的块分解后，块中的属性值还原为属性定义。

7.5.3　应用示例

1. 表面粗糙度符号

下面以图 7-9 所示的图形为例，练习带属性块的创建和插入。

【操作步骤】

1）按制图标准画出表面粗糙度符号，尺寸如图 7-10 所示。

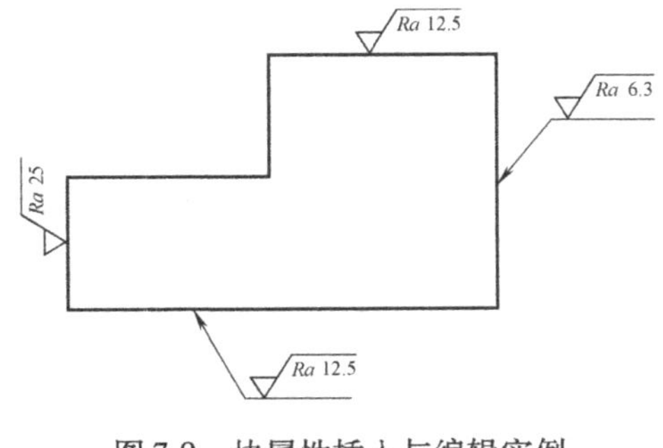

图 7-9　块属性插入与编辑实例

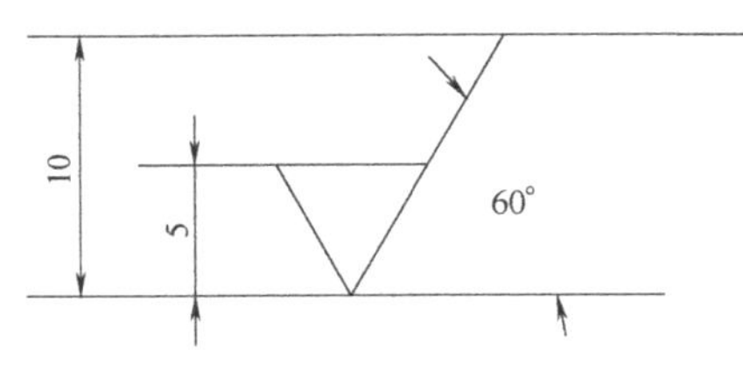

图 7-10　表面粗糙度符号

2）选择下拉菜单“绘图”/“块”/“定义属性”，对所画图形添加属性，如图 7-11 所示。

3）定义块属性并按图示位置放到表面粗糙度符号的正上方，如图 7-12 所示。

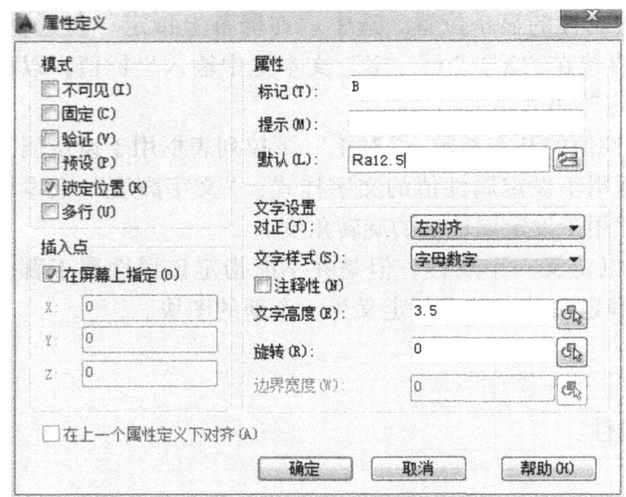

图 7-11　填写“属性定义”对话框

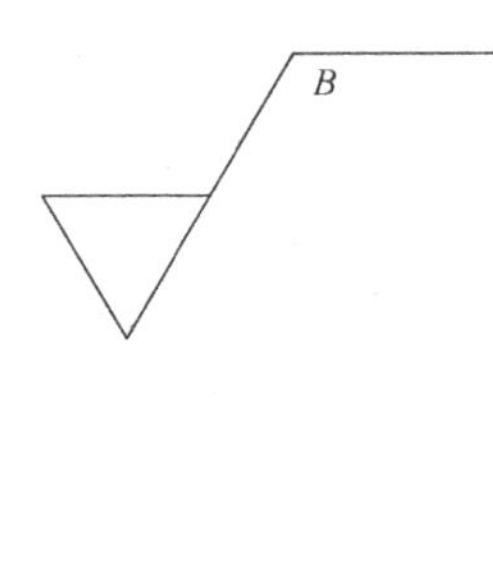

图 7-12　确定属性位置

4）单击“绘图”工具栏创建块图标，在名称处起名“表面结构”，如图 7-13 所示。

图 7-13　保存图块

5）捕捉符号的底部顶点为基点，便于此后插入块时操作方便，得到带属性的图块。如图 7-14 所示。

6）单击“绘图”工具栏/“插入块”按钮，选择刚才定义的“表面结构”图块插入，如图 7-15 所示。

7）在适当的位置插入块，设置插入比例、旋转角度等，同时在命令行提示时输入具体的表面粗糙度值，产生不同的标注效果。插入过程中可以充分利用“捕捉”命令，达到符号位置的要求。

8）当插入块后发现数值字头的方向不能满足制图国标要求时，此情况可有两种解决的途径，一是另定义一种图块，以达到符合要求；二是通过“增强属性编辑器”对话框中的

“文字”选项卡编辑文字，同样可满足国家标准的要求，第二种方法较麻烦，不常使用，不再赘述。

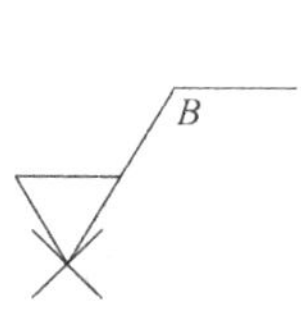

图 7-14　确定插入基点

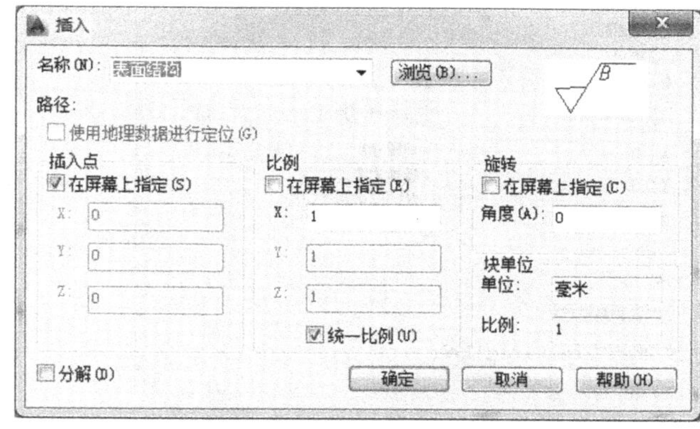

图 7-15　插入图块

2. 基准符号

几何公差常常还需要标注基准符号。下面以图 7-16 为例，介绍操作方法。

【操作步骤】

1）按制图标准画出图 7-16 所示几何公差的基准符号。

2）选择下拉菜单“绘图”/“块”/“定义属性”，对所画图形添加属性，如图 7-17 所示。

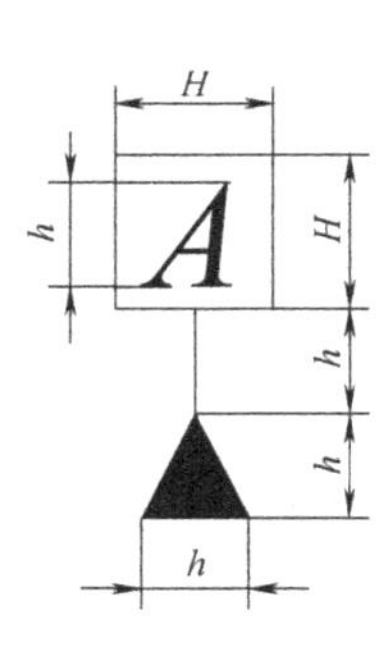

图 7-16　基准符号

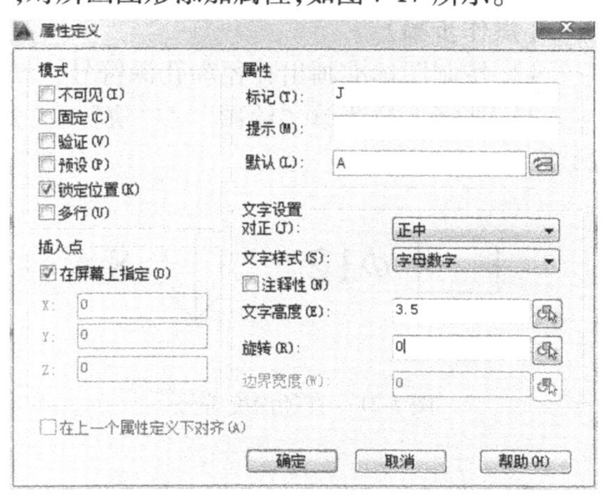

图 7-17　填写“定义块属性”对话框

3）定义块属性并按图示位置放到表面结构符号的正上方，如图 7-18 所示。

4）从命令行输入“WBLOCK”，保存图块，选择块保存途径，更改“新块”名为属性同名“J”，如图 7-19 所示。

5）捕捉符号的底部顶点为基点，便于此后插入块时操作方便，得到带属性的图块。如图 7-20a 所示。

6）单击“绘图”工具栏/“插入块”按钮，选择刚才定义的基准“J”图块插入，得到所需要的基准符号，如图 7-20b 所示。

图 7-18　确定属性位置

图 7-19　保存图块

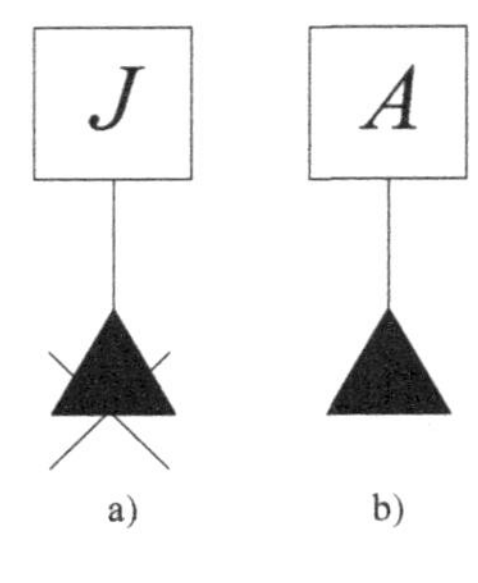

图 7-20　插入基准符号
a）确定插入基点　b）输入 A

3. 在图块中添加多个属性

在画图过程中，有时会遇到这种情况，需要在图块中添加多个属性。以图 7-21 所示的直径深度符号为例，介绍其操作方法。

【操作步骤】

1）按制图标准画出孔径和孔深符号，尺寸如图 7-22 所示。

2）选择下拉菜单“绘图”／“块”／“定义属性”，对所画图形添加直径属性，如图 7-23 所示。

图 7-21　直径深度符号

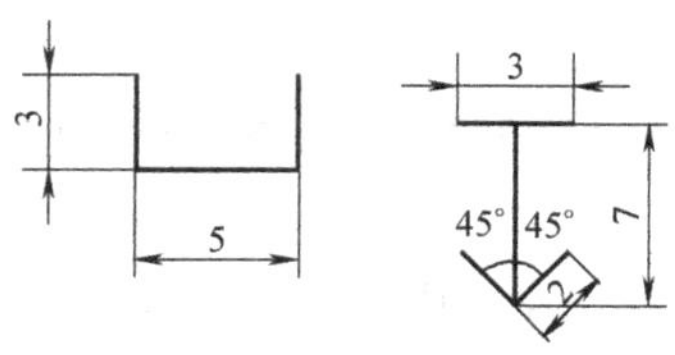

图 7-22　孔径和孔深符号

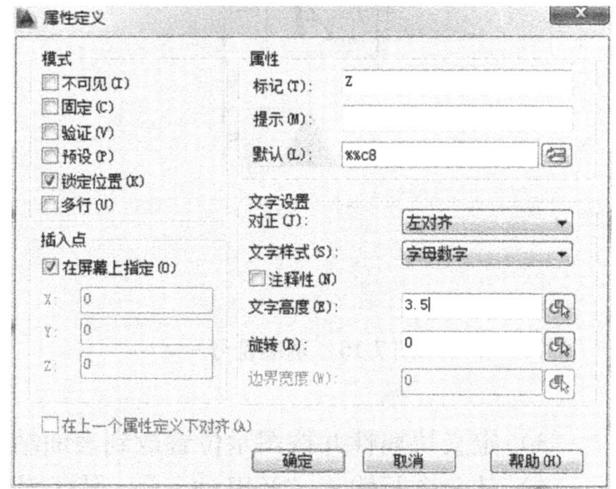

图 7-23　添加直径属性

3）单击“确定”按钮，按图示位置将直径属性放到直径深度符号中，如图 7-24 所示。

4）再次选择下拉菜单“绘图”／“块”／“定义属性”，对所画图形添加深度属性，如

图 7-25 所示。

5）单击“确定”按钮，按图示位置将属性放到直径深度符号中，如图 7-26 所示。

6）从命令行输入“WBLOCK”，保存图块，选择块保存途径，更改“新块”名为属性同名“ZS”

7）单击“绘图”工具栏/“插入块”按钮，选择刚才定义的直径深度符号“ZS”图块插入。确定图块插入位置，如图 7-27 所示。

图 7-24　确定直径符号位置

8）单击“确定”按钮，从命令行输入直径和深度的数值，按 <Enter> 键完成标注。

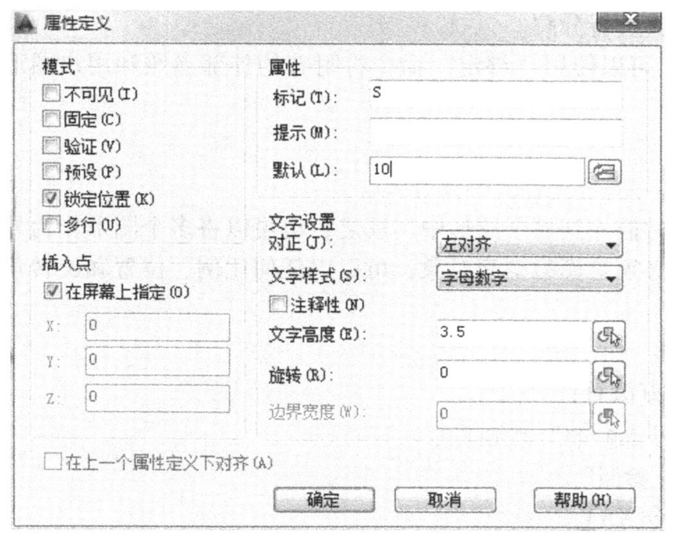

图 7-25　添加深度属性

图 7-26　确定深度属性位置

图 7-27　块插入位置

7.6　参照

用户可以使用插入块命令向图形中插入块形式的图形。除此之外，AutoCAD 还允许用户直接插入一个外部图形，它是 AutoCAD 图形相互调用更为有效的一种方法，这就是外部参照。参照工具栏如图 7-28 所示。

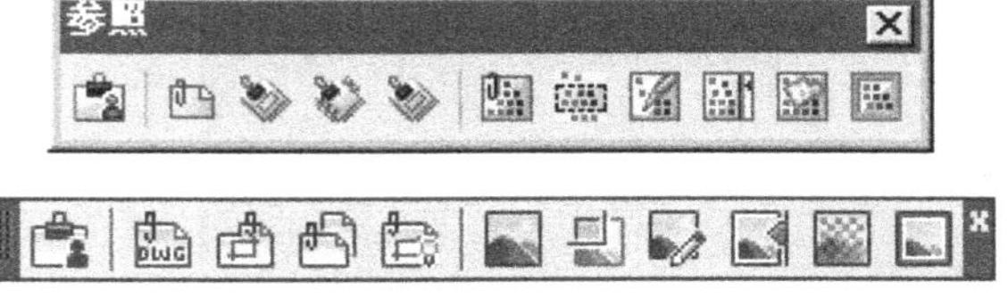

图 7-28　“参照”工具栏

7.6.1　外部参照的概述

直接引用到当前图形中的非块形式的外部图形也是一个独立的对象，为了区别于图块，将其称为外部参照。外部参照的一个最大特点是，当被引用的外部图形发生变化时，当前图形中的外部参照将随之更新。

外部参照具有以下的特点：

1）可以将整个图形作为外部参照附着到当前图形中，它并不真正插入，附着的外部参照的数据仍然保存在原来的图形文件中，当前图形只保存外部参照文件的名称和路径，因此，使用外部参照可以生成图形，而不会显著增加图形文件的大小。

2）可以通过在图形中参照其他用户的图形来协调用户之间的工作，从而与其他用户所做的修改保持同步。

3）确保显示参照图形的最新版本。每次打开图形文件时，AutoCAD 将自动重载每个外部参照，从而反映参照图形文件的最新状态。

4）可以控制参照文件图层的状态和特性，也可以对外部参照进行“比例缩放”“移动”“复制”“阵列”和“旋转”等操作。外部参照在当前图形中以单个对象的形式存在，与块不同的是，必须先绑定外部参照才能对其进行分解。

5）当工程完成并准备归档时，可以使用“绑定”命令将附着的外部参照和用户图形永久合并到一起。

7.6.2　插入外部参照

一个图形可以作为外部参照同时插入到多个图形中。反之，也可以将多个图形作为外部参照插入到单个图形上。外部参照必须是模型空间对象，可以以任何比例、位置和旋转角度附着这些外部参照。

1. 执行途径

执行“附着外部参照”命令的方法有：

1）工具栏：“参照”／“附着外部参照”按钮。

2）下拉菜单：“插入”／“dwg 参照”。

3）命令：XATTACH（快捷命令 XA）。

2. 操作说明

执行该命令后，弹出如图 7-29 所示“选择参照文件”对话框。在该对话框中选中要插入的参照文件，然后单击“打开”按钮，弹出图 7-30 所示的对话框。

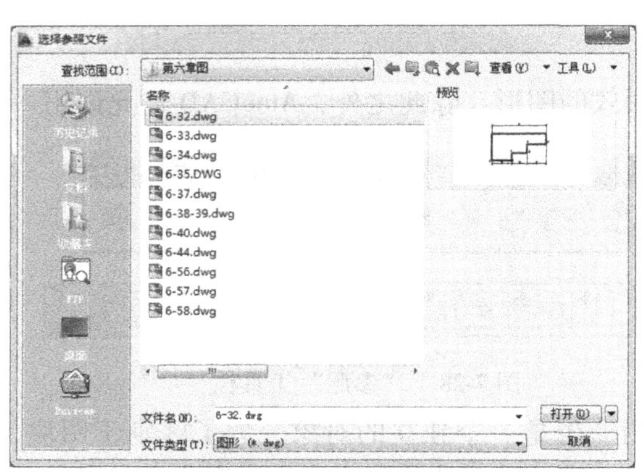

图 7-29　“选择参照文件”对话框

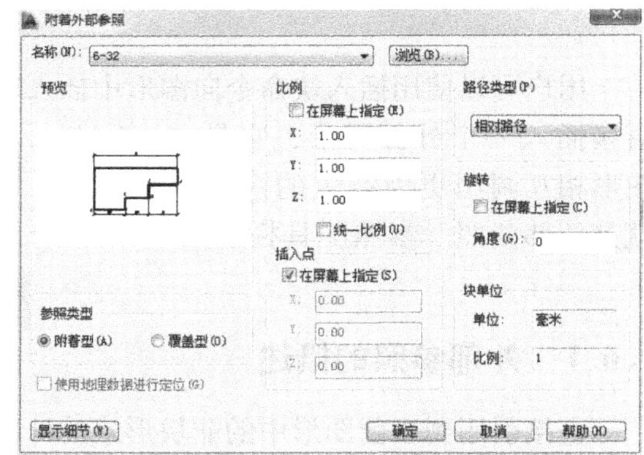

图 7-30　“附着外部参照”对话框

对话框中各主要项的功能如下：

（1）名称　需要插入的外部参照文件的名称。

（2）路径类型　指定外部参照的保存路径是完整路径、相对路径，还是无路径。将路径类型设置为“相对路径”之前，必须保存当前图形。如果参照的图形位于另一个本地磁盘驱动器或网络服务器上，“相对路径”选项不可用。

（3）参照类型选项区

1）“附着型”单选按钮：附着的外部参照可以被嵌套。例如图形 A 以“附着型”引用了图形 B，当图形 A 被图形 C 引用时，在 C 图形中同时显示图形 A 和 B。

2）“覆盖型”单选按钮：附着的外部参照不可以被嵌套。例如图形 A 以“覆盖型”引用了图形 B，当图形 A 被图形 C 引用时，在 C 图形中不显示图形 B。

（4）插入点选项区　确定参照图形的插入点。

（5）比例选项区　确定参照图形的插入比例。

（6）旋转选项区　确定参照图形插入时的旋转角度。

设置完毕后单击“确定”按钮，就可以按照插入块的方法插入外部参照。

7.6.3　外部参照管理

假设一张图中使用了外部参照，用户要知道外部参照的一些信息，如参照名、状态、大小、类型、日期及保存路径等，或者要对外部参照进行一些操作，如附着、拆离、卸载、重载及绑定等，这就需要使用外部参照管理器，它的作用就是在图形文件中管理外部参照。下面介绍一下外部参照管理器的用法。

假设在当前图形中使用了外部参照，单击“参照”工具栏上的外部参照管理器按钮，打开“外部参照”对话框，如图 7-31 所示。

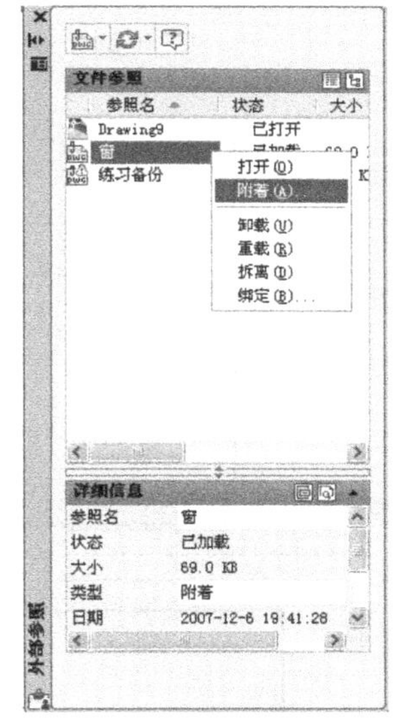

图 7-31　“外部参照”对话框

1）在“外部参照”对话框中，如果在参照列表中选中某个外部参照，单击鼠标右键，在弹出的快捷菜单上选择“附着”命令，将直接显示“外部参照”对话框，用户可以插入此参照。

2）如果选择“拆离”，它的作用是从当前图形中移去不再需要的外部参照，与用“删除”命令在屏幕上删除一个参照对象不同。用“删除”命令在屏幕上删除的仅仅是外部参照的一个引用实例，但图形数据库中的外部参照关系并没有删除。而使用“拆离”命令不仅删除了屏幕上的所有外部参照实例，而且彻底删除了图形数据库中的外部引用关系。

3）“卸载”可以从当前图形中卸载不需要的外部参照，但卸载后仍保留外部参照文件的路径。

4）选择“绑定”，打开“外部参照绑定”对话框，如图 7-32 所示。选定的外部参照及其依赖符号（如块、标注样式、文字样式、图层和线型等）成为当前图形的一部分。

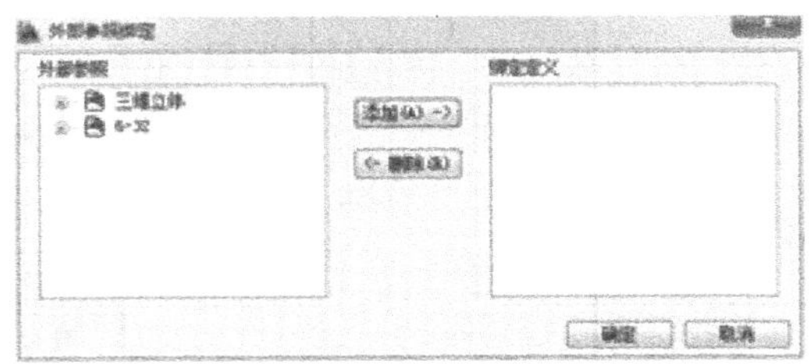

图 7-32　“外部参照绑定”对话框

7.7　上机指导

例题：根据图 7-33 所示的千斤顶立体图和图 7-34 ~ 图 7-38 所示的零件图绘制千斤顶装配图。

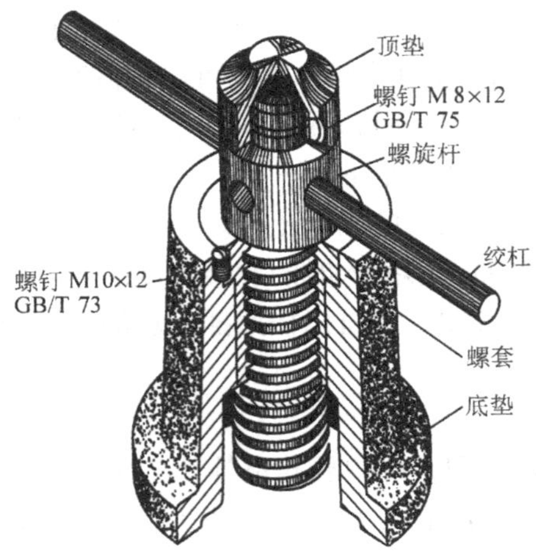

图 7-33　千斤顶轴测图

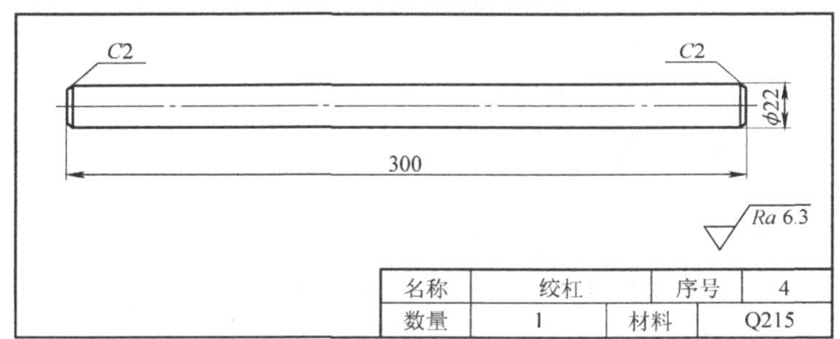

图 7-34　绞杠

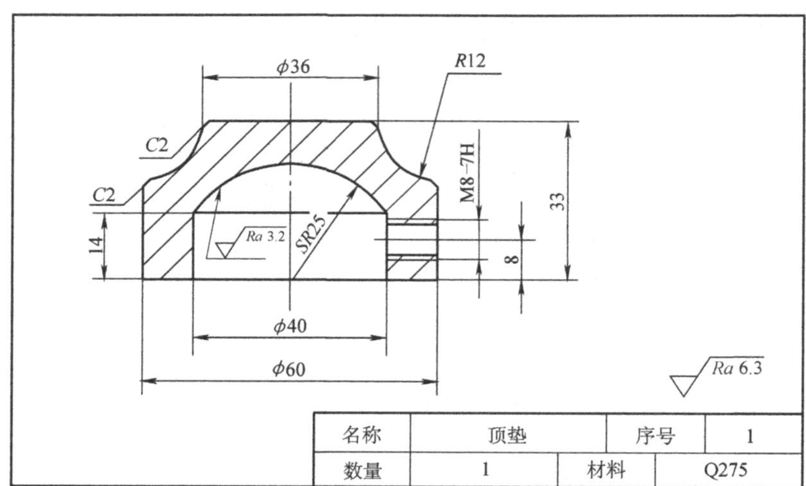

图 7-35　顶垫

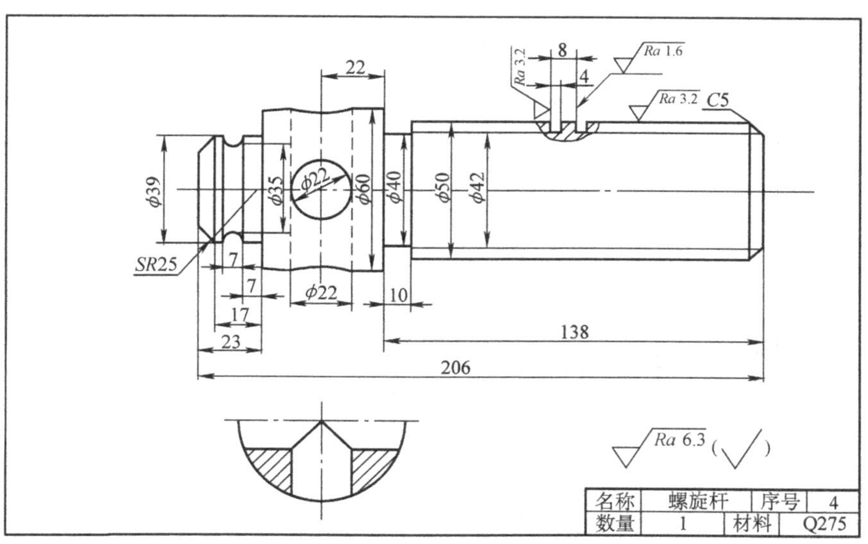

图 7-36 螺旋杆

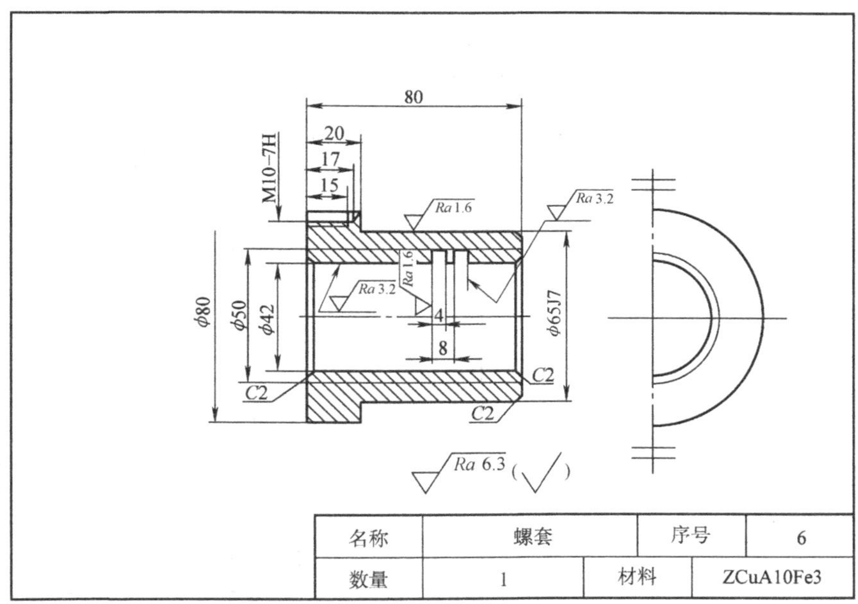

图 7-37 螺套

【操作步骤】

1）设置图层、文字样式和尺寸标注样式。

2）分别画七个零件的主视图，并做成七个块。

3）画装配图图框 A2 以及标题栏和明细栏，如图 7-39 所示。

4）单击“绘图”工具栏的“插入块”按钮，先插入底垫，如图 7-40 所示。

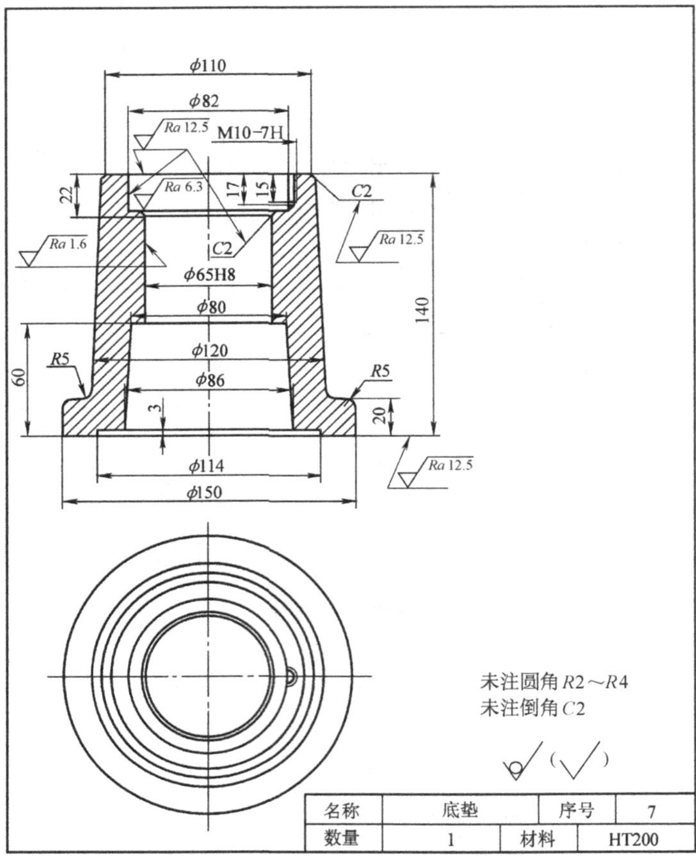

图 7-38　底座

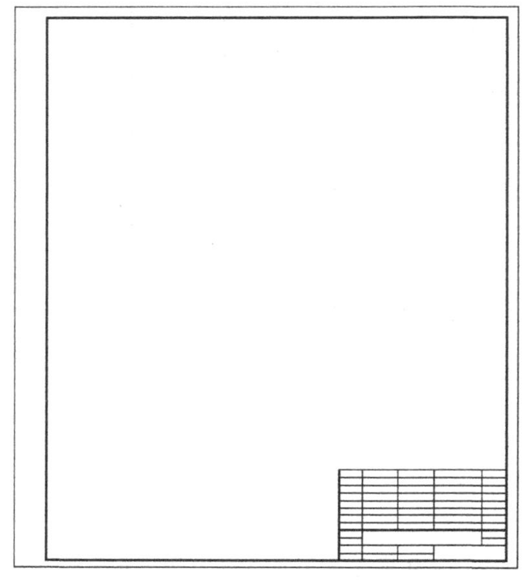

图 7-39　装配图图框

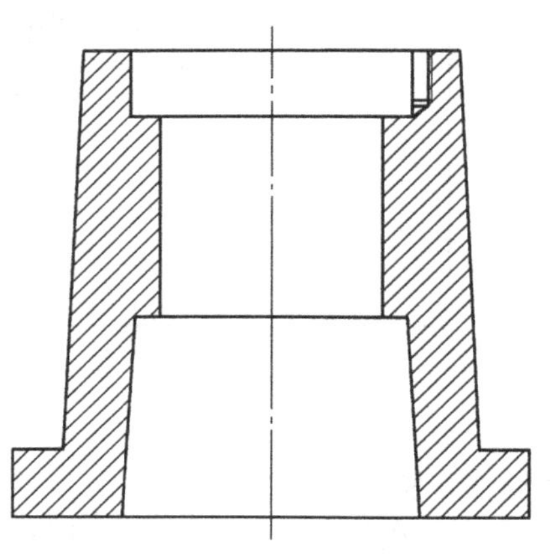

图 7-40　底垫

5）单击“绘图”工具栏的“插入块”命令，再插入螺套，如图 7-41 所示。

6）单击“修改”工具栏的“分解”按钮和“修剪”按钮，剪切多余线。如图 7-42 所示。

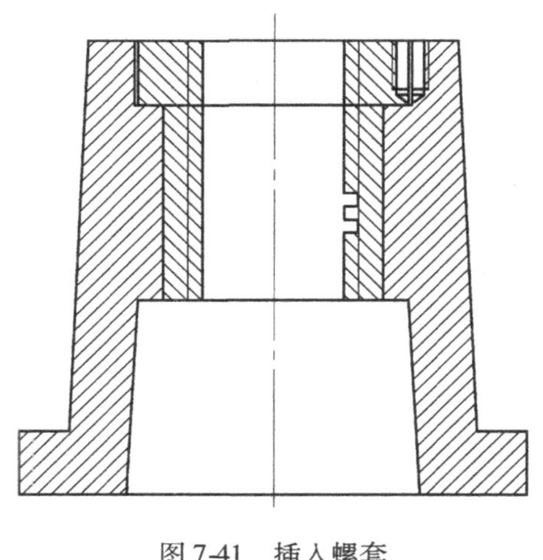

图 7-41　插入螺套

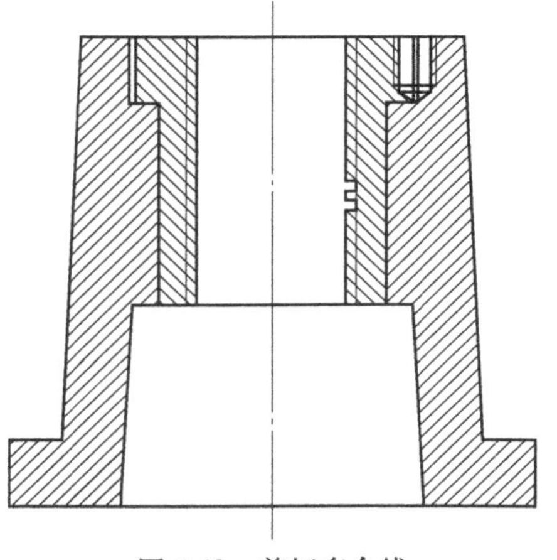

图 7-42　剪切多余线

7）单击“绘图”工具栏的“插入块”按钮，再插入螺旋杆，如图 7-43 所示。

8）单击“修改”工具栏的“分解”按钮和“修剪”按钮，剪切多余线，如图 7-44 所示。

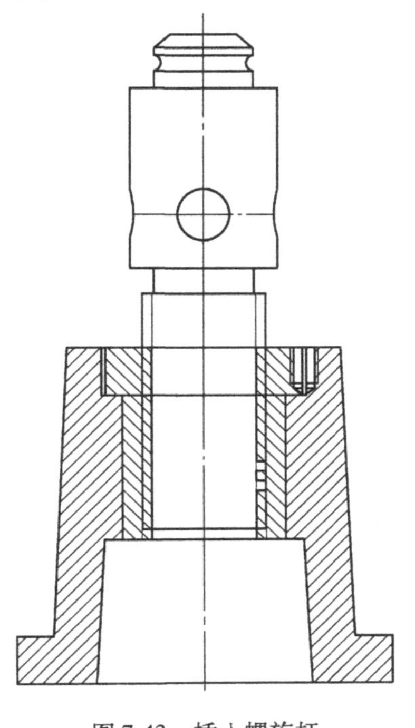

图 7-43　插入螺旋杆

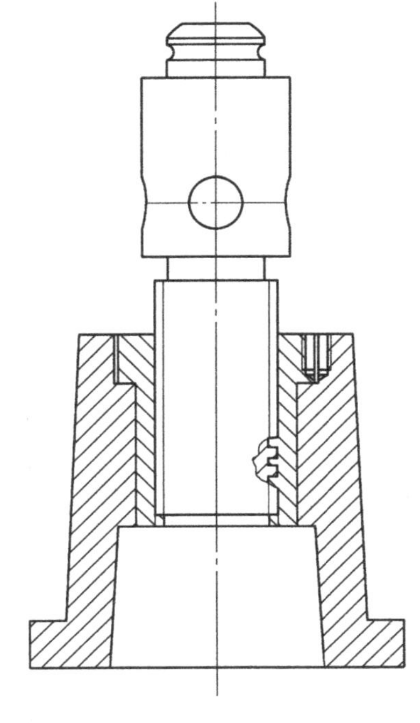

图 7-44　剪切多余线

9）单击“绘图”工具栏的“插入块”按钮，再插入绞杠，如图 7-45 所示。

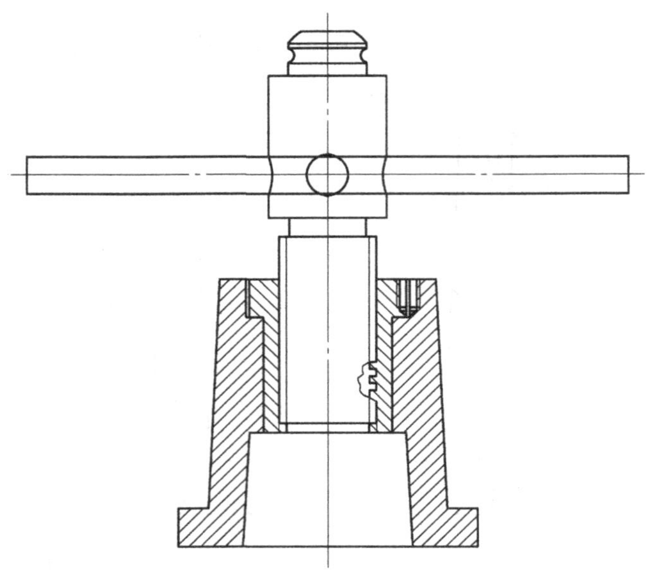

图 7-45　插入绞杠

10）用“分解”和“修剪”命令，剪切多余线，如图 7-46 所示。

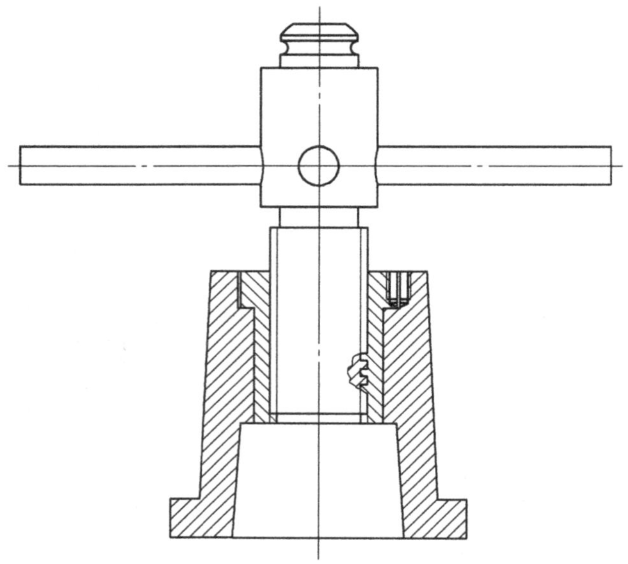

图 7-46　剪切多余线

11）单击“绘图”工具栏的“插入块”按钮，再插入顶垫，如图 7-47 所示。

12）单击“绘图”工具栏的“插入块”按钮，再插入上螺钉和下螺钉，如图 7-48 所示。上螺钉和下螺钉处的连接如图 8-49 和图 8-50 所示。

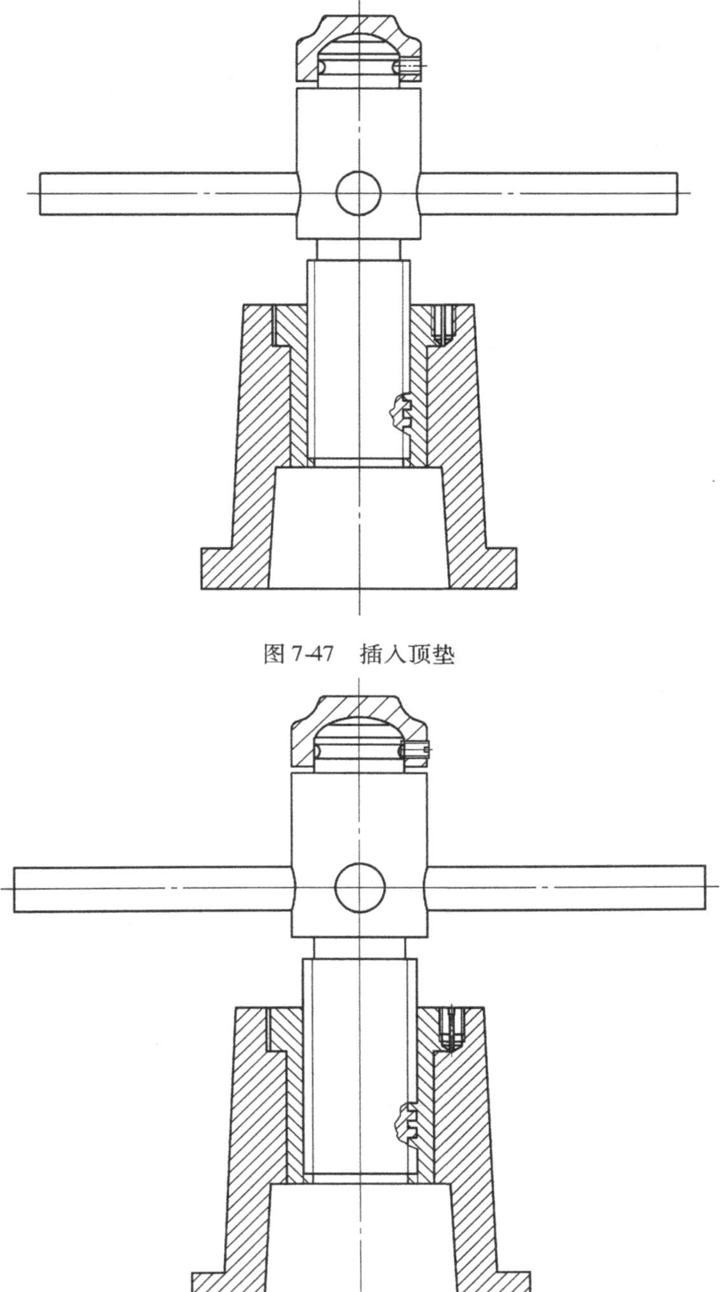

图 7-47　插入顶垫

图 7-48　插入上螺钉和下螺钉

13）单击“修改”工具栏的“分解”按钮和“修剪”按钮，剪切多余线，完成主视图，如图 7-51 所示。

14）画千斤顶俯视图，如图 7-52 所示。

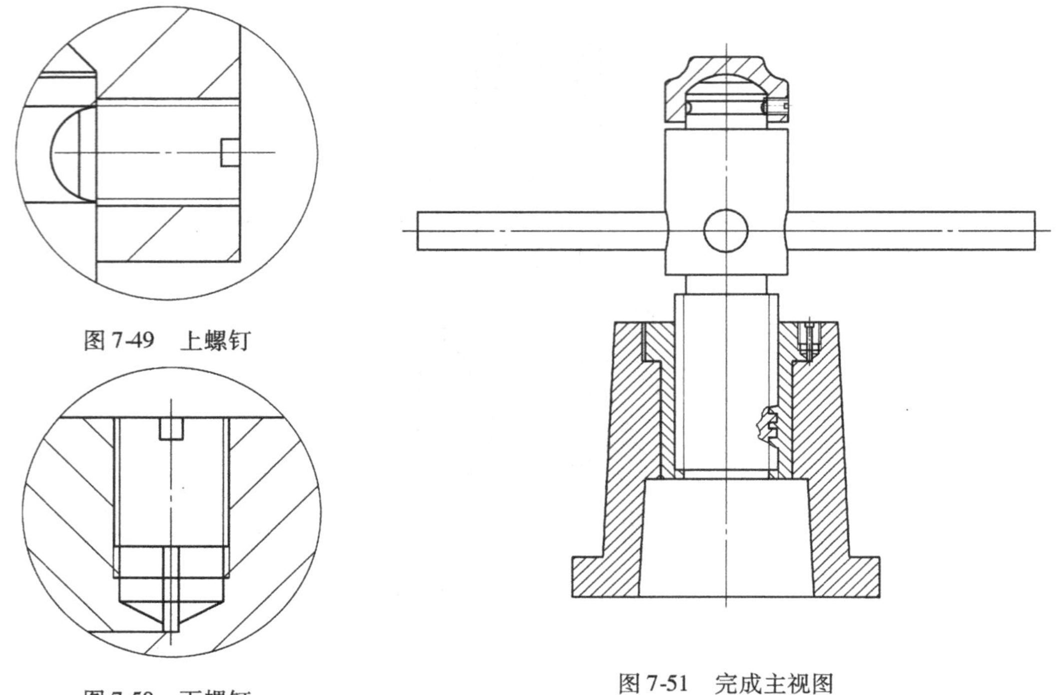

图 7-49　上螺钉

图 7-50　下螺钉

图 7-51　完成主视图

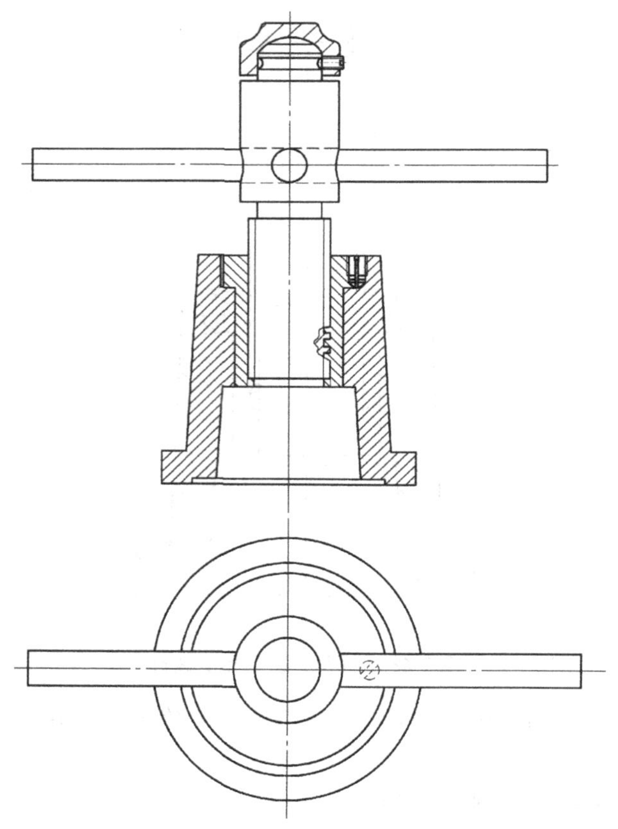

图 7-52　画俯视图

15）标注尺寸和序号，如图 7-53 所示。

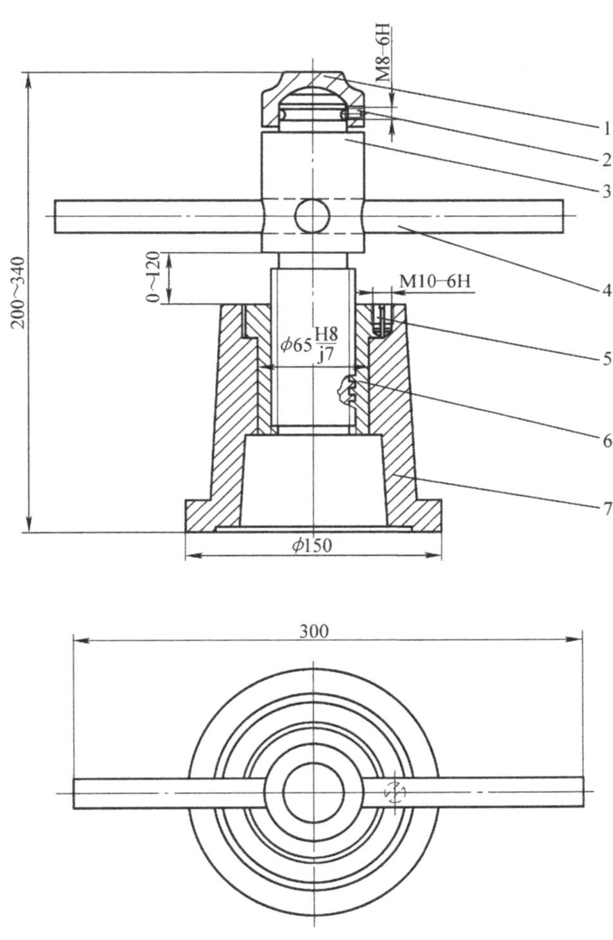

图 7-53　标注尺寸和序号

16）填写标题栏和明细栏，如图 7-54 所示。

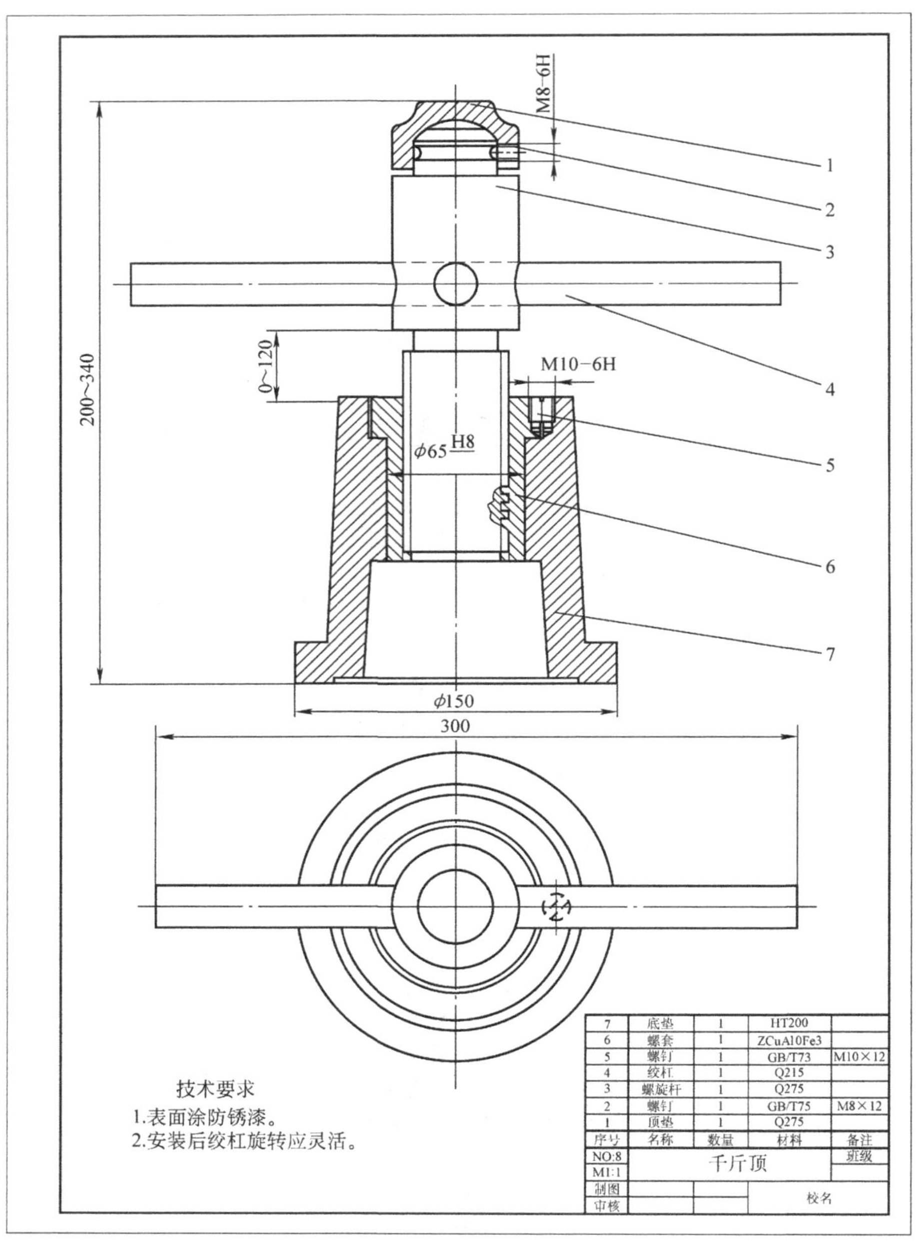

图 7-54　填写标题栏和明细栏

7.8　操作练习

1. 绘制千斤顶装配图。
2. 根据图 7-55 ~ 图 7-61 所示的手动气阀零件图绘制装配图。

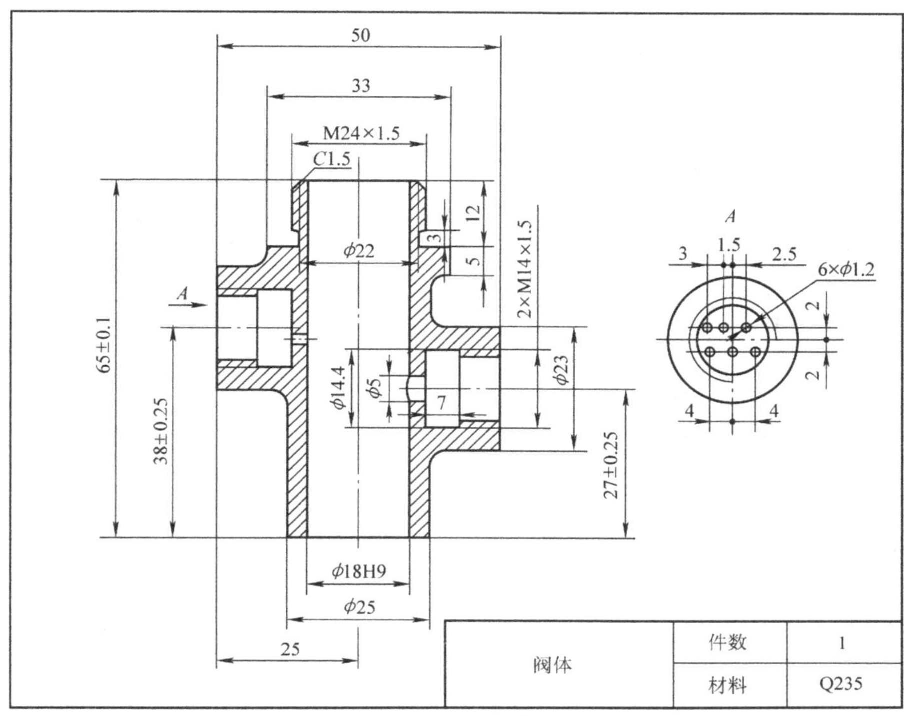

图 7-55　阀体

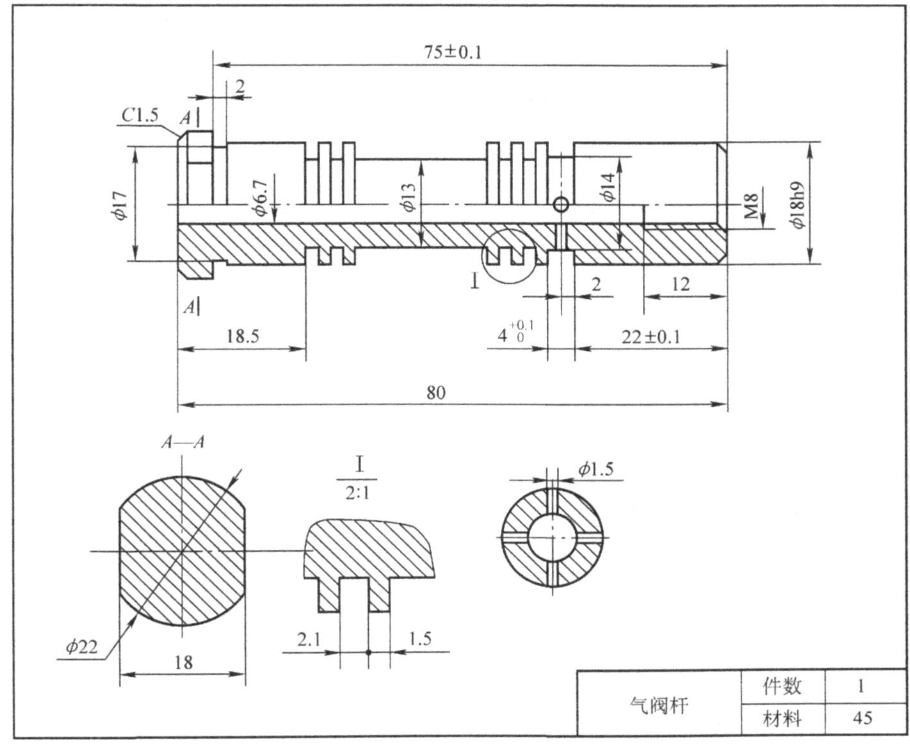

图 7-56　气阀杆

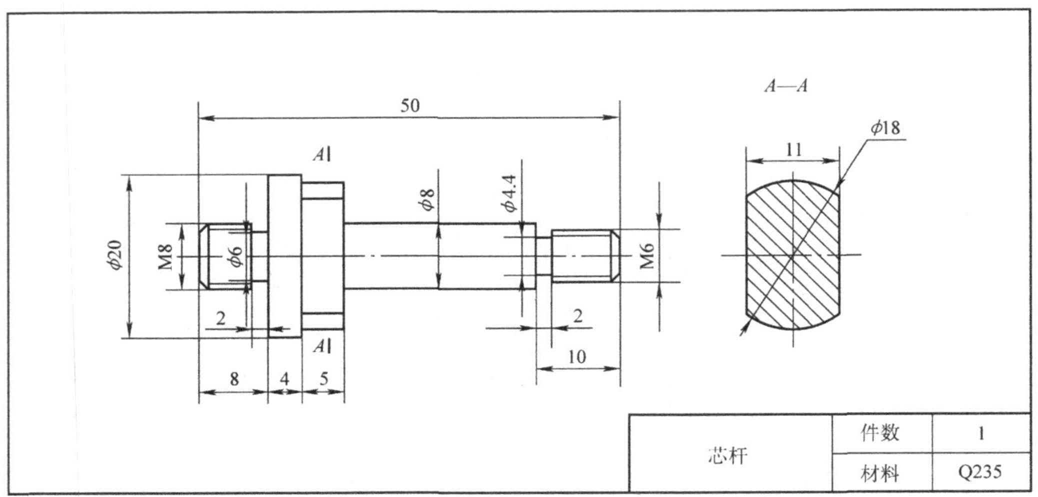

图 7-57　芯杆

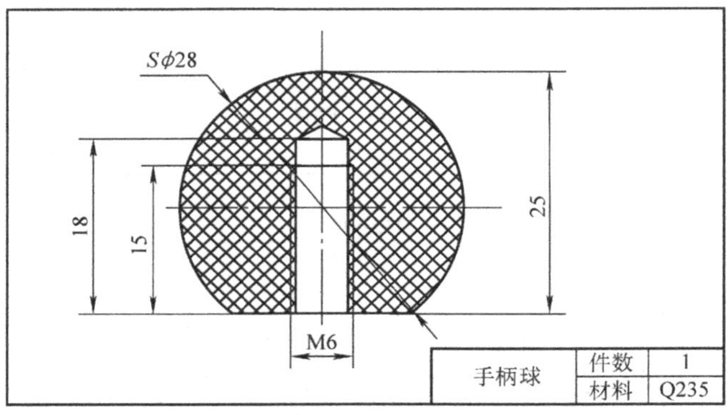

图 7-58　手柄球

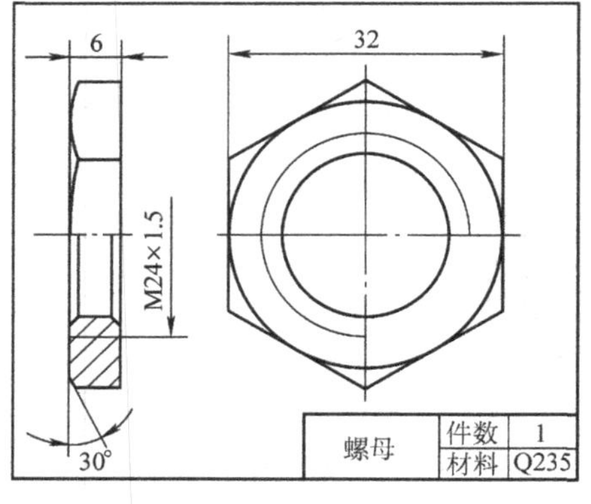

图 7-59　螺母

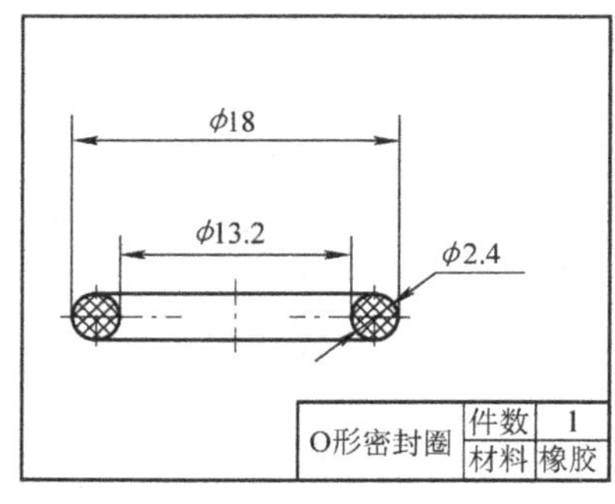

图 7-60　密封圈

手动气阀装配图可参考图 7-61。

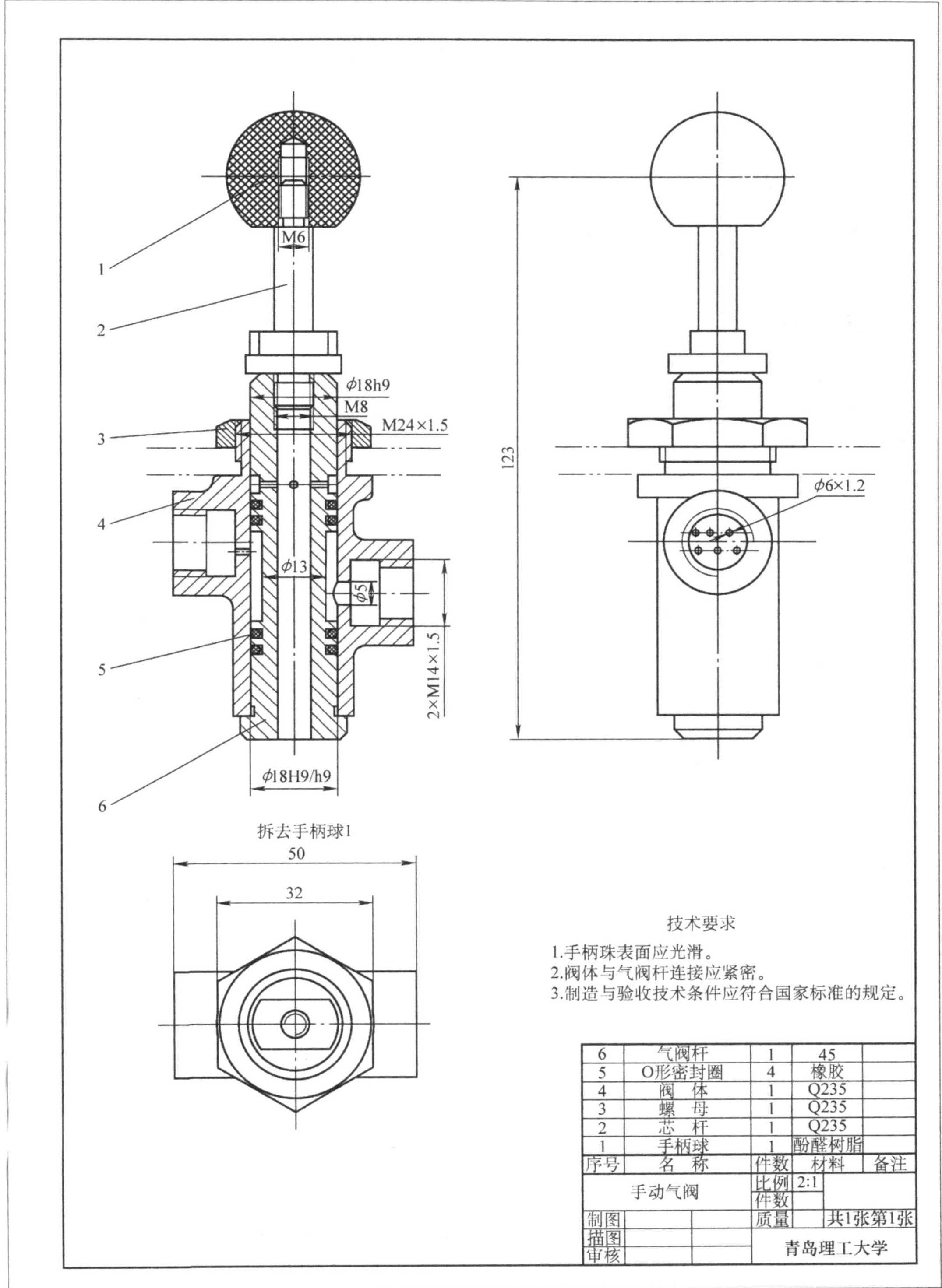

序号	名称	件数	材料	备注
6	气阀杆	1	45	
5	O形密封圈	4	橡胶	
4	阀　体	1	Q235	
3	螺　母	1	Q235	
2	芯　杆	1	Q235	
1	手柄球	1	酚醛树脂	

手动气阀		比例	2:1	
		件数		
制图		质量		共1张第1张
描图		青岛理工大学		
审核				

图 7-61　手动气阀装配图

第 8 章　布局与打印

【教学目标与任务】

通过对本章的学习，读者可以在模型空间打印出图，也可以根据需要在布局窗口创建和修改布局，并会对各种图形在图纸空间进行多比例出图。

【教学重点与难点】

- 模型空间与图纸空间
- 模型空间打印
- 图纸空间打印

绘制好的图样需要打印出来进行报批、存档、交流、指导施工，所以绘图的最后一步是打印图形。前面的绘制工作都是在模型空间中完成的，用户可以直接在模型空间中打印草图，但是当打印正式图样，特别是多比例打印时，利用模型空间打印会非常不方便。所以AutoCAD提供了图纸空间，用户可以在一张图纸上输出图形的多个视图，添加文字说明、标题栏和图纸边框等。图纸空间完全模拟了图纸页面，用于安排图形的输出布局。这一章主要讲述怎样在模型空间出图，怎样设置布局、利用布局进行打印等。

8.1　模型空间和图纸空间

模型空间主要用于建模，前面章节讲述的绘图、修改、标注等操作都是在模型空间完成的。模型空间是一个没有界限的三维空间，用户在这个空间中以任意尺寸绘制图形，通常按照1∶1的比例，以实际尺寸绘制。

图纸空间是为了打印出图而设置的。一般在模型空间绘制完图形后，需要输出到图纸上。为了让用户方便地为一种图纸输出方式设置打印设备、纸张、比例、视图布置等，AutoCAD提供了一个用于进行图纸设置的图纸空间。利用图纸空间还可以预览到真实的图纸输出效果。由于图纸空间是纸张的模拟，所以是二维的。同时图纸空间由于受选择幅面的限制，所以是有界限的。在图纸空间还可以设置比例，实现图形从模型空间到图纸空间的转化。

用户用于绘图的空间一般都是模型空间，在默认情况下AutoCAD显示的窗口是模型窗口，在绘图窗口的左下角显示“模型”和“布局”窗口的选项卡按钮 模型 / 布局1 / 布局2，单击“布局1”或“布局2”可进入图纸空间。

8.2　模型空间打印

如果要打印的图形只使用一个比例，则该比例既可以预先设置，也可以在出图时修改比例。在出图时设置比例这种方式适用于大多数图样的设计与出图，如果整张图形使用同一个比例，即单比例布图，则可以直接在模型空间出图打印。

1. 确定图形比例

有两种方法设置绘制图形的比例，一种是绘图之前设置，另一种可以在出图之前设置。在绘制该图形时一般采用 1∶1 的比例，这就需要在出图之前设置比例。

2. 设置打印参数

执行 AutoCAD 的“文件”/“打印”命令或单击“标准”工具栏/“打印”按钮，显示图 8-1 所示的对话框。“打印-模型”对话框简介如下：

（1）“页面设置”选项组　在“页面设置”选项组中的“名称”下拉列表框中可以选择所要应用的页面设置名称，也可以单击“添加”按钮添加其他的页面设置。如果没有进行页面设置，可以选择“无”选项。

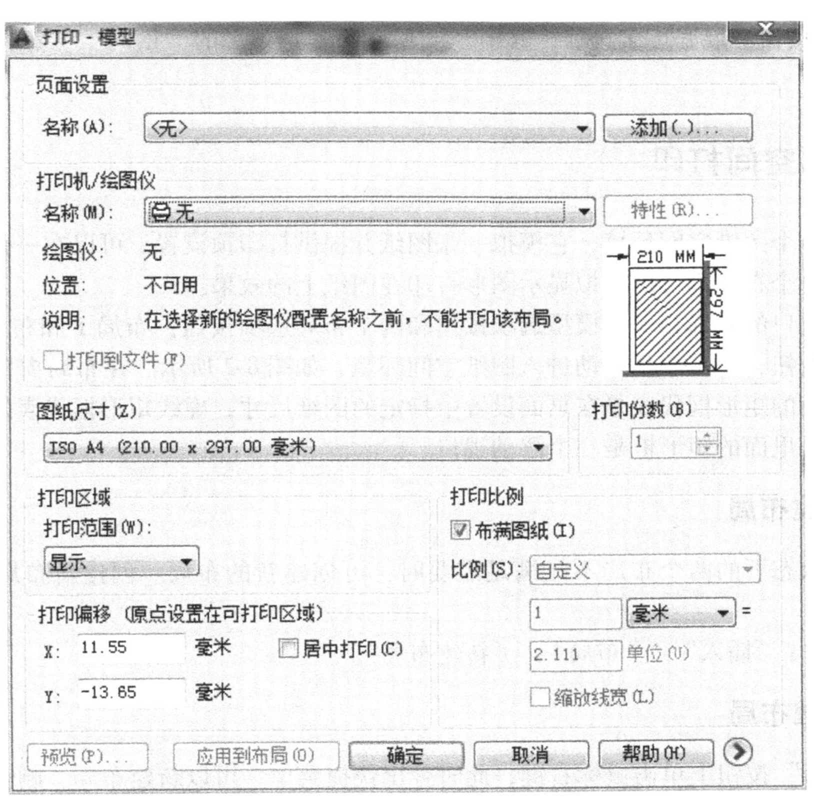

图 8-1　“打印-模型”对话框

（2）“打印机/绘图仪”选项组　在“打印机/绘图仪”选项组中的“名称”下拉列表框中可以选择要使用的绘图仪。选择“打印到文件”复选框，则图形输出到文件后再打印，而不是直接从绘图仪或者打印机打印。

（3）“图纸尺寸”选项组　在“图纸尺寸”选项组的下拉列表框中可以选择合适的图纸幅面，可以预览图纸幅面的大小。

（4）“打印区域”选项组　在“打印区域”选项组中，用户可以通过4种方法来确定打印范围。

1）“图形界限”选项表示将打印指定图纸尺寸的页边距内的所有内容，其原点从布局中的（0，0）点计算得出。从模型空间打印时，将打印图形界限定义的整个图形区域。

2）“显示”选项表示打印选定的是模型空间当前视口中的视图或布局中的当前图纸空间视图。

3）“窗口”选项表示打印指定的图形的任何部分。这是直接在模型空间打印图形时最常用的方法。选择“窗口”选项后，命令行会提示用户在绘图区指定打印区域。

4）“范围”选项用于打印图形的当前空间部分（该部分包含对象），当前空间内的所有几何图形都将被打印。

（5）“打印比例”选项组　在“打印比例”选项组中，当选中“布满图纸”复选框后，其他选项显示为灰色，不能更改。取消“布满图纸”复选框，用户可以对比例进行设置。

单击⊙按钮，展开更多选项，其中“图形方向”选项区的“横向”、“纵向”选项最常用。

8.3 布局空间打印

布局是一个图纸空间环境，它模拟一张图纸并提供打印预设置。可以在一张图形中创建多个布局，每个布局都可以模拟显示图形打印在图纸上的效果。

在绘图窗口的底部是一个模型选项按钮和两个布局选项按钮：布局 1 和布局 2。单击任一布局选项按钮，AutoCAD 自动进入图纸空间环境，如图 8-2 所示。在布局窗口中有三个矩形框，最外面的矩形框代表是在页面设置中指定的图纸尺寸，虚线矩形框代表的是图纸的可打印区域，最里面的矩形框是一个浮动视口。

8.3.1 创建布局

当默认状态下的两个布局不能满足需要时，可创建新的布局。创建新布局常用的方法是：

下拉菜单：“插入”/“布局”/“新建布局”。

8.3.2 管理布局

在“布局”按钮上单击鼠标右键，此时弹出快捷菜单，可以新建布局、删除布局等，选择“页面设置管理器”，弹出如图 8-3 所示对话框。选中“布局 1”，单击“修改”弹出图 8-4 所示的对话框，在对话框中可以进行修改设置。

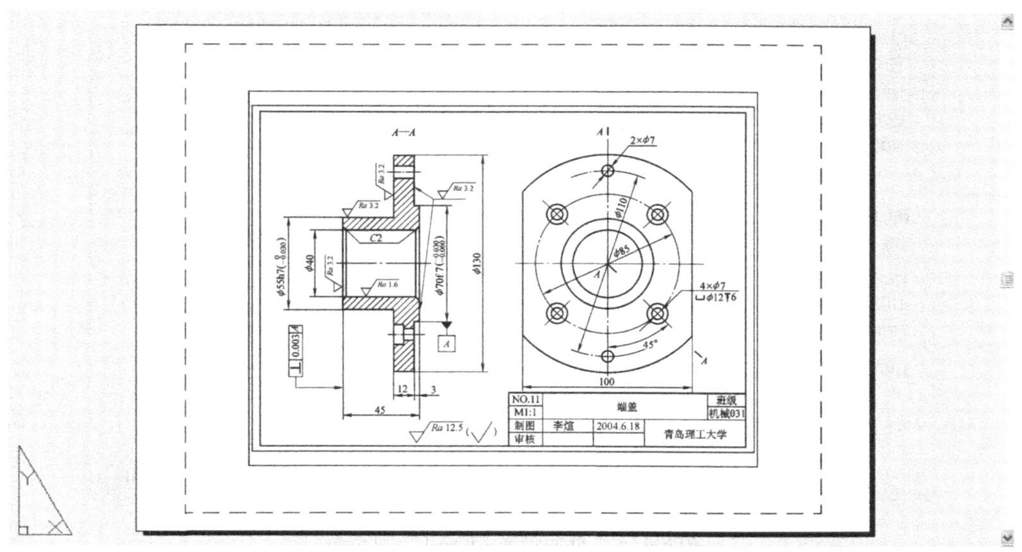

图 8-2　图纸空间

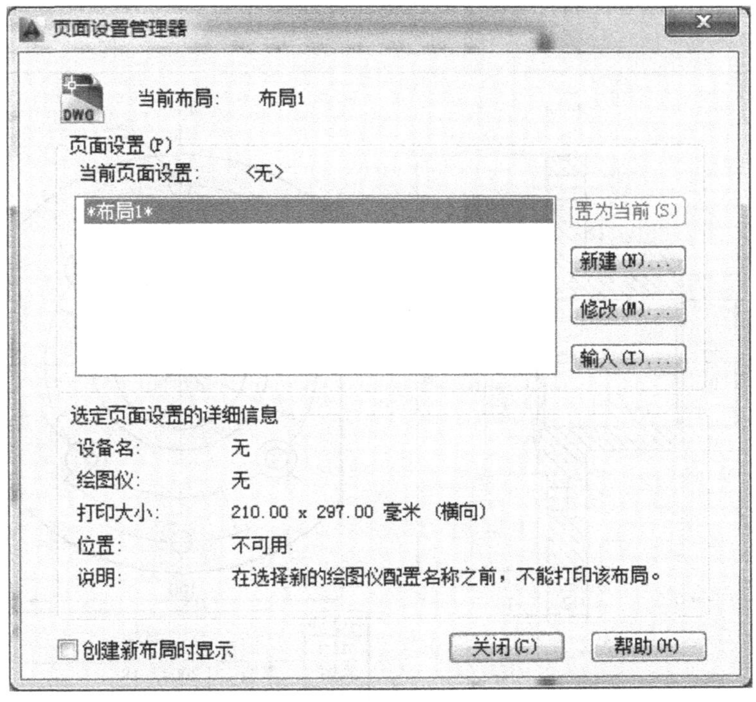

图 8-3　“页面设置管理器”对话框

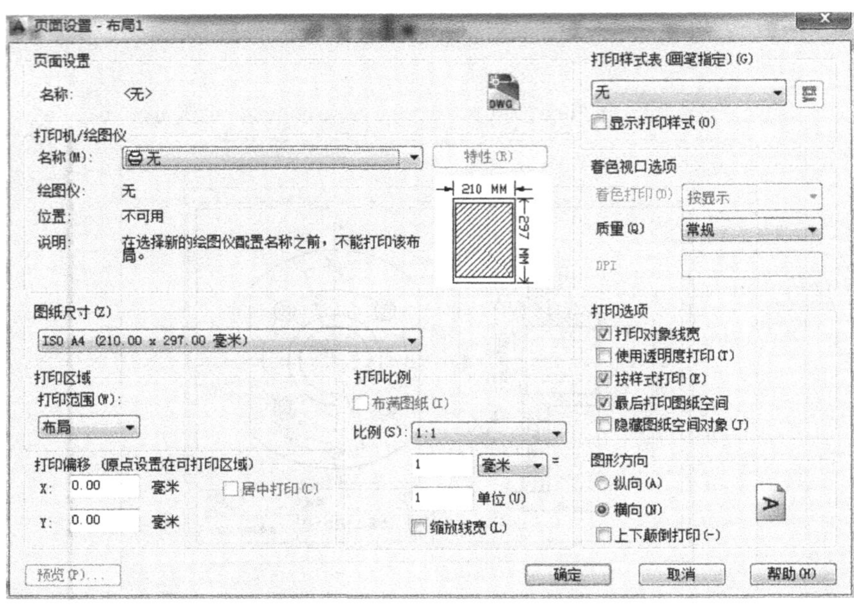

图 8-4 “页面设置-布局 1”对话框

8.4 上机指导

例题：用 A4 图纸按 1∶1 打印图 8-5 所示的工程图。

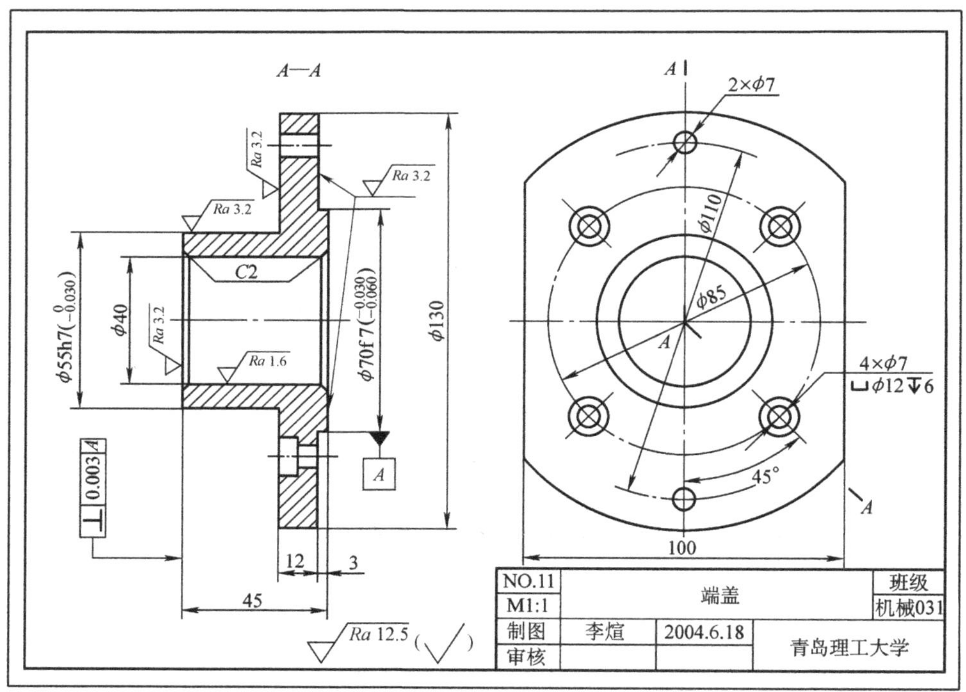

图 8-5 端盖零件图

【操作步骤】

1）连接打印机。将打印机连接到电脑并安装打印机的驱动程序。

2）设置打印参数。单击“打印”按钮🖨，弹出“打印-模型”对话框。在该对话框中设置打印参数。

①在“打印机”列表框里：选中已安装好的打印机。

②在“图纸尺寸”列表框里：选中 A4 图纸。

③在“打印区域”选项组中：选中“窗口”选项，然后单击“窗口”按钮，“居中打印”，用户可以在绘图区指定打印区域，即图 8-5 的左下角和右上角。

④在“打印比例”选项组中选取 1∶1。

⑤在“图形方向”选项组中选中“横向”。

其余选择默认选项，如图 8-6 所示。

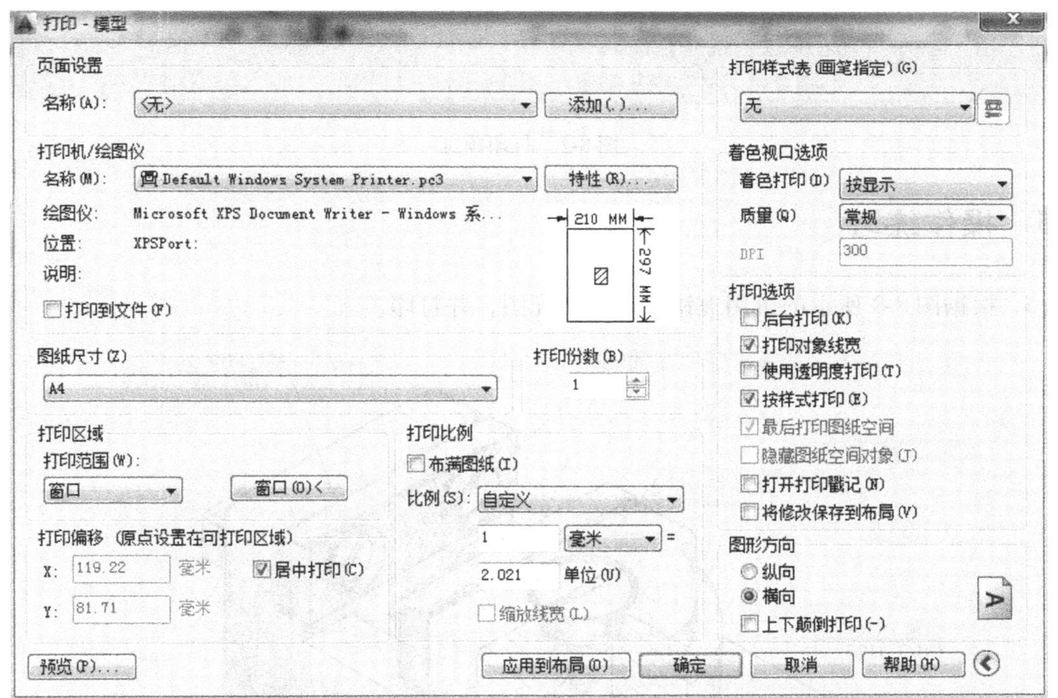

图 8-6　打印设置

3）预览。单击“预览”按钮，出现的打印效果如图 8-7 所示。

4）打印。单击“确定”按钮，关闭对话框，系统开始打印。

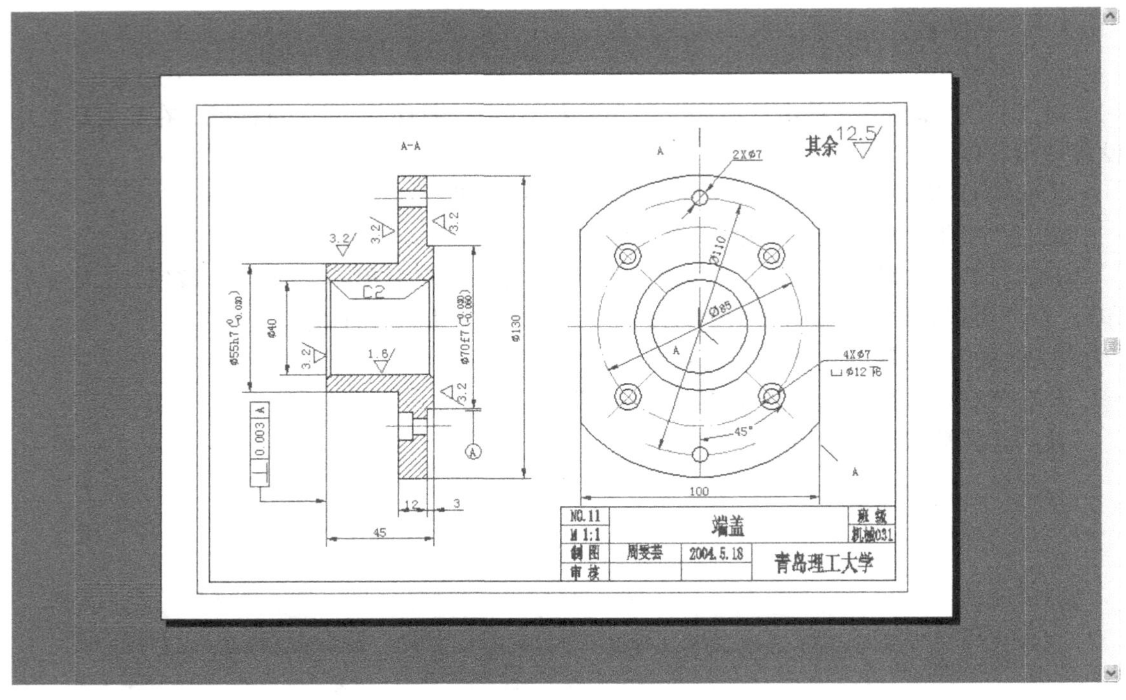

图 8-7 打印预览

8.5 操作练习

1. 根据图 8-8 所示的机用虎钳绘制其装配图，并打印。

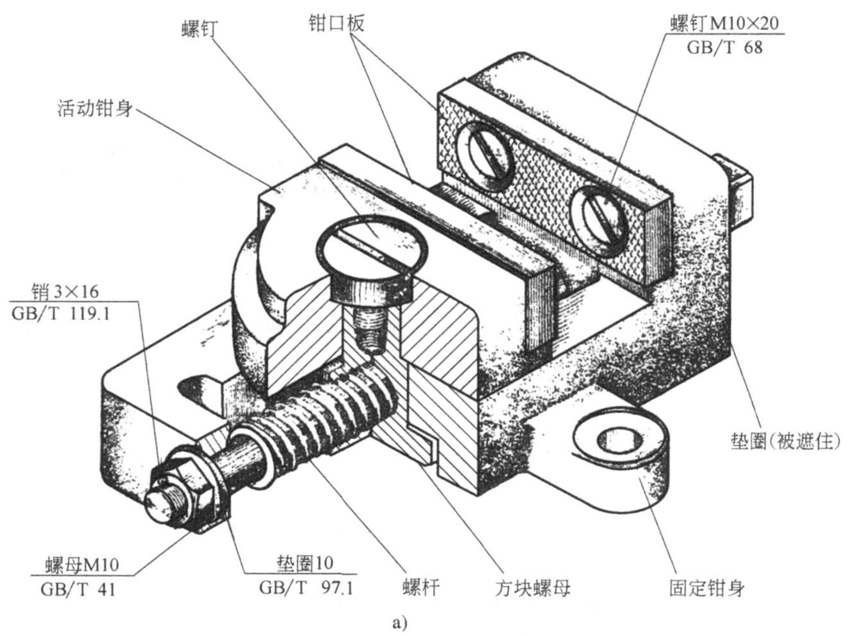

a)

图 8-8 机用虎钳

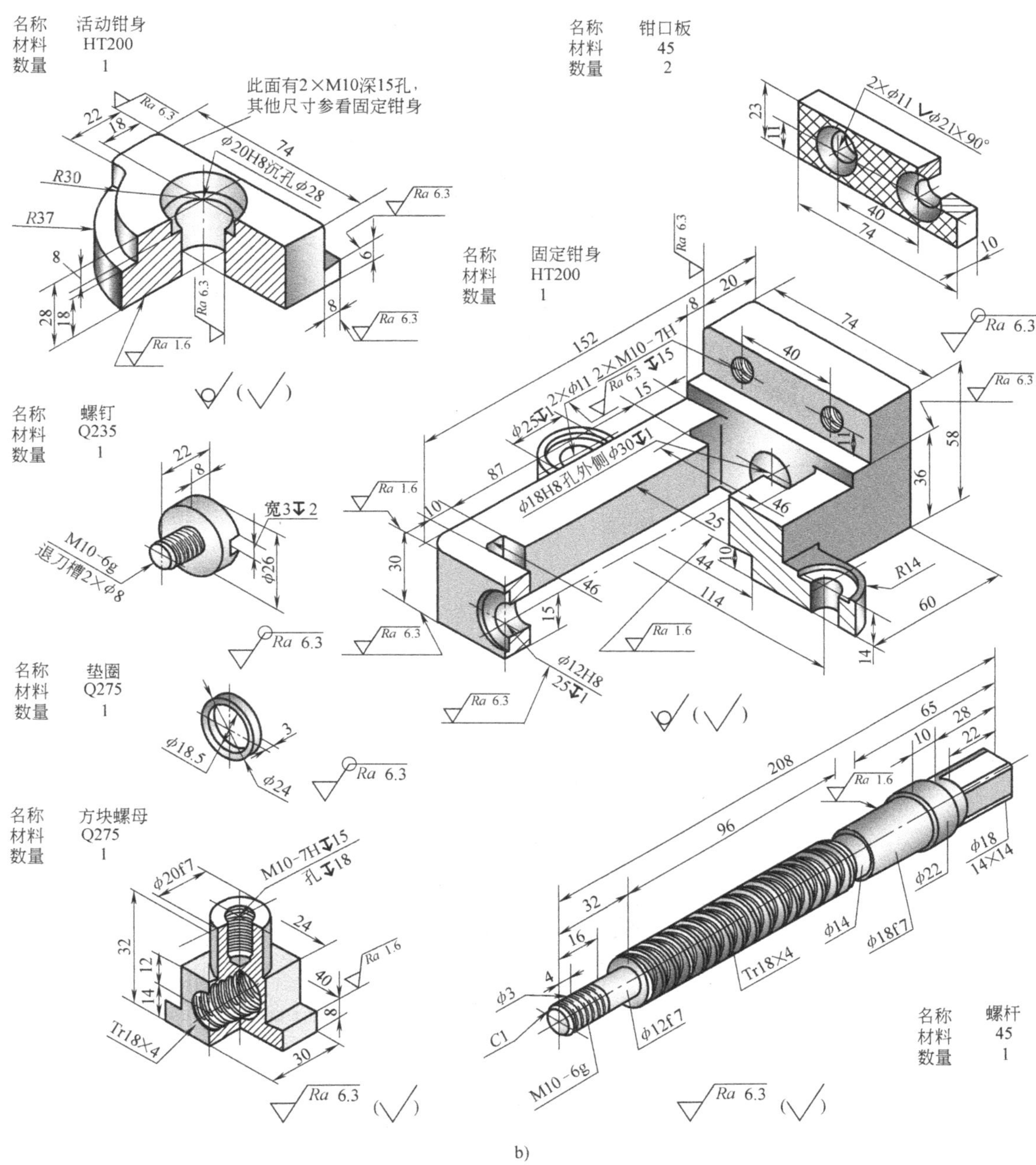

图 8-8　机用虎钳（续）

机用虎钳的工作原理：

机用虎钳是一种安装在机械加工工作台上、用于夹紧工件以便进行工件加工的夹具。当用扳手转动螺杆时，螺杆带动方块螺母及活动钳身做直线运动，从而使钳口合拢或分开，以实现夹紧或松开工件。

2. 绘制图 8-9 ~ 图 8-12 所示零件的零件图，并打印。

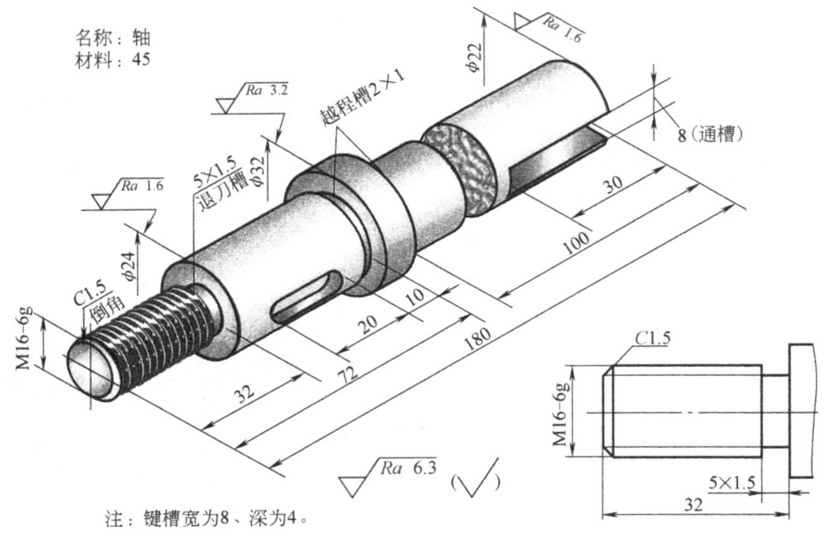

图 8-9　零件 1

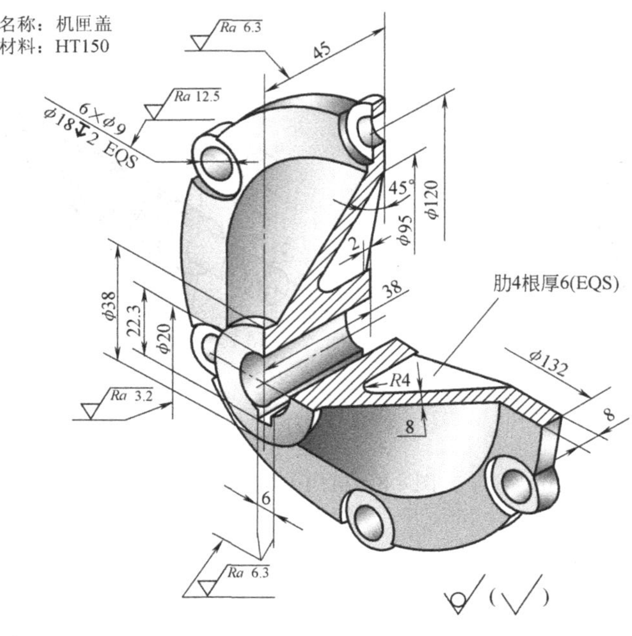

图 8-10　零件 2

3. 名称：踏架
材料：HT150

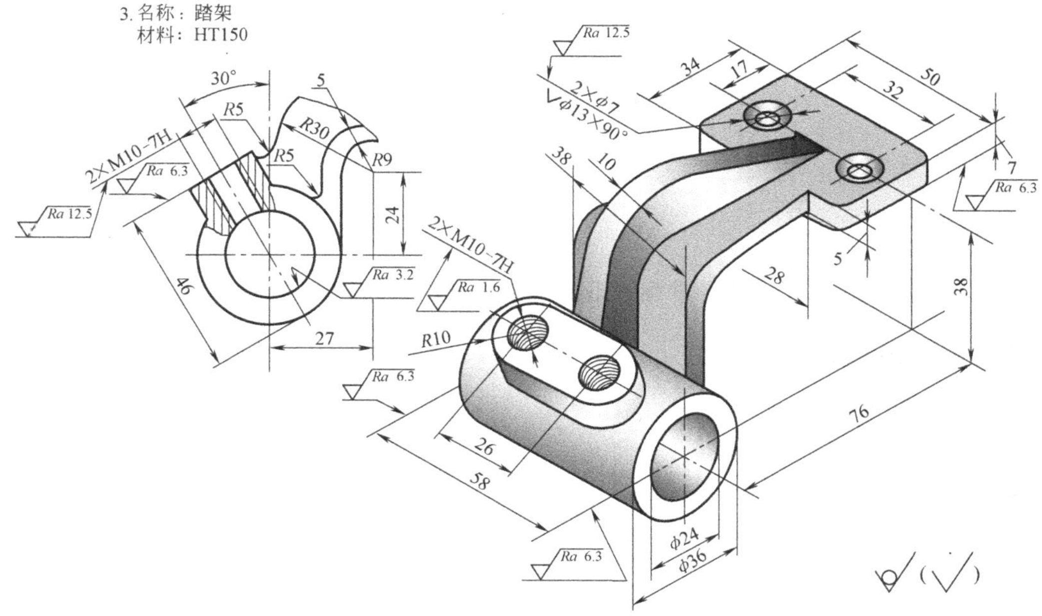

图 8-11　零件 3

名称：阀体
材料：HT150

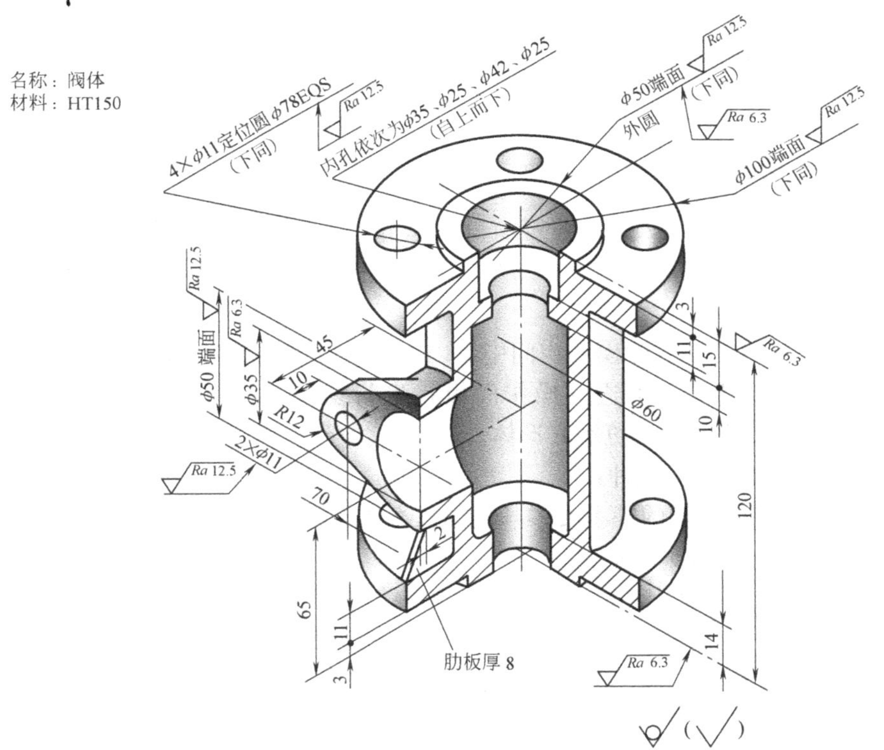

图 8-12　零件 4

第9章 三维建模

【教学目标】

通过本章的学习，要求读者掌握基本的三维建模和实体编辑方法。

【教学难点和重点】

- 绘制三维基本实体
- 绘制复杂实体
- 实体编辑
- 绘制建筑实体

三维实体、三维曲面和三维网格是最常用的三维模型，它具有体的特征。在三维模型中，实体的信息最完整，歧义最少，并且非常容易构造和编辑。形成实体后，用户还可以对其进行挖孔、切槽、倒角以及布尔运算等操作。

9.1 三维建模界面与用户坐标

9.1.1 三维建模界面

建模之前，一般先要进入三维建模窗口。单击“工作空间”的下拉按钮，选中“三维基础”空间或“三维建模”空间，如图9-1所示。一般绘制三维图都是采用“三维建模”空间。

在AutoCAD 2014“三维建模”空间中可以方便快捷的建模和编辑。界面上方是面板选择菜单，选择不同的菜单，下边的操作面板将进行切换。绘图区右侧有“Viewcube”和“视图导航栏”，可以方便地浏览观察形体。

三维造型的方法有以下三种：

1）利用AutoCAD提供的基本实体（例如长方体、圆锥体、圆柱体、球体、圆环体和楔体）创建简单实体，如图9-2所示。

2）沿路径将二维对象拉伸或者将二维对象绕轴旋转，创建复杂三维实体，如图9-3所示。

3）将利用前两种方法创建的实体进行布尔运算（交、并、差）等，生成更复杂的实体，如图9-4所示。

三维实体的显示形式有二维线框、隐藏、真实和概念等十种，可在图9-5所示的视图面板中选择。

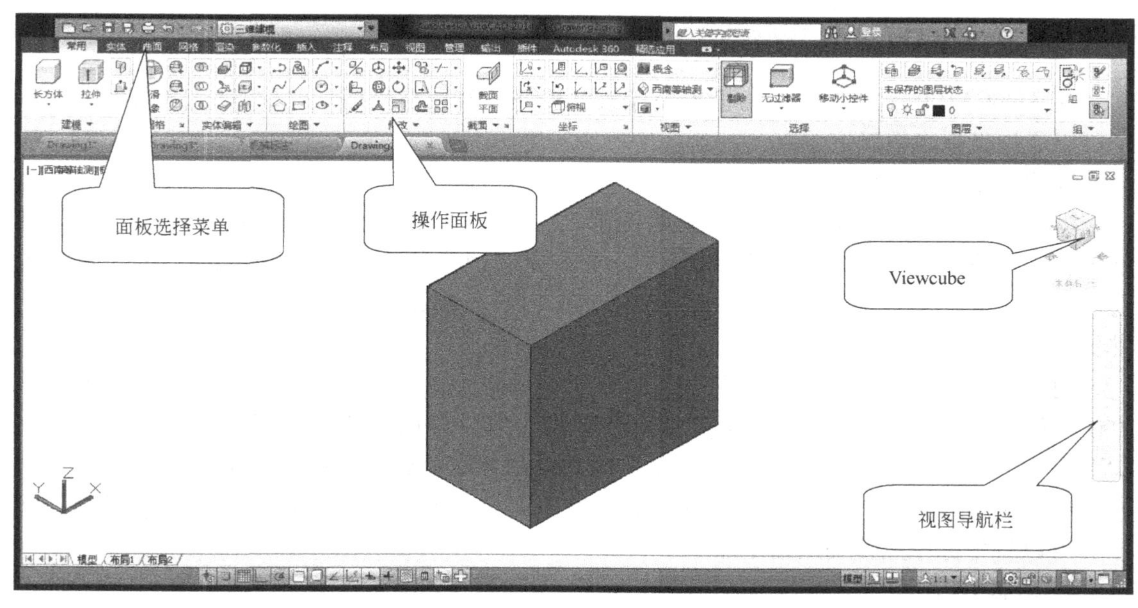

图 9-1　三维建模空间

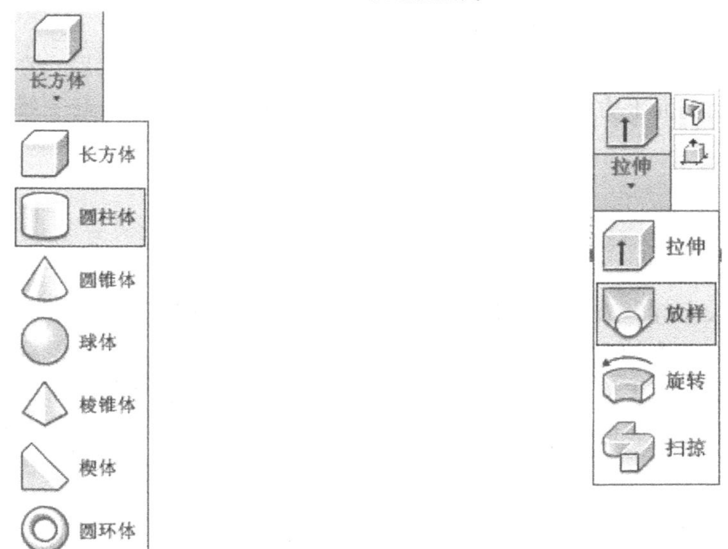

图 9-2　基本实体建模指令

图 9-3　复杂三维实体建模指令

图 9-4　实体编辑指令

图 9-5　视图面板

9.1.2 三维坐标

在 AutoCAD 中，坐标系分为世界坐标系（WCS）和用户坐标系（UCS）。这两种坐标系都可以通过坐标来精确定位点。

1. 新建和修改用户坐标

默认情况下，在开始绘制一个新的图形时，当前坐标系为世界坐标系 WCS。为了更好地辅助绘图，特别是绘制三维图形，经常需要修改坐标系的原点和方向，这就需要建立用户坐标系。在绘制三维图形时，使用动态 UCS 坐标系，可以更方便、快捷地进行三维造型。

通过下拉菜单“工具”/“新建 UCS”，可以移动或旋转用户坐标系。利用该菜单可以方便地设置 UCS。如利用菜单中的“原点”选项可以方便地移动 UCS 原点；利用其子命令“X”、“Y”、“Z”可以方便地使 UCS 绕 *X* 轴 *Y* 轴和 *Z* 轴旋转；利用其子命令“三点”可以方便地创建新的 UCS 坐标系，确定新坐标系的原点及 *X* 轴、*Y* 轴和 *Z* 轴的方向；利用“原点”可以将坐标原点移动到指定点。

2. 动态 UCS

使用动态 UCS 可以在三维实体的平整面上创建对象，而无须手动更改 UCS 方向。还可以使用动态 UCS 以及 UCS 命令指定新的 UCS，大大提高绘图速度。

将状态栏上的按钮按下，就打开了动态 UCS。动态 UCS 激活后，在执行命令的过程中，当将光标移动到面上方时，动态 UCS 会临时将 UCS 的 *XY* 平面与三维实体的平整面对齐。

3. 应用示例

【操作步骤】

使用动态 UCS 绘制图 9-6a 所示的立体。

首先利用“长方体”命令绘制出长方体，然后打开动态 UCS 按钮，单击面板上的圆柱体，将光标移到长方体的上表面上，当上表面以虚线框显示时，单击鼠标左键，动态 UCS 自动切换到长方体的上表面，如图 9-6b 所示。此时指定圆柱体的直径和高度，如图 9-6c 所示。然后可在长方体上表面绘制出图 9-6a 所示立体的圆柱部分。

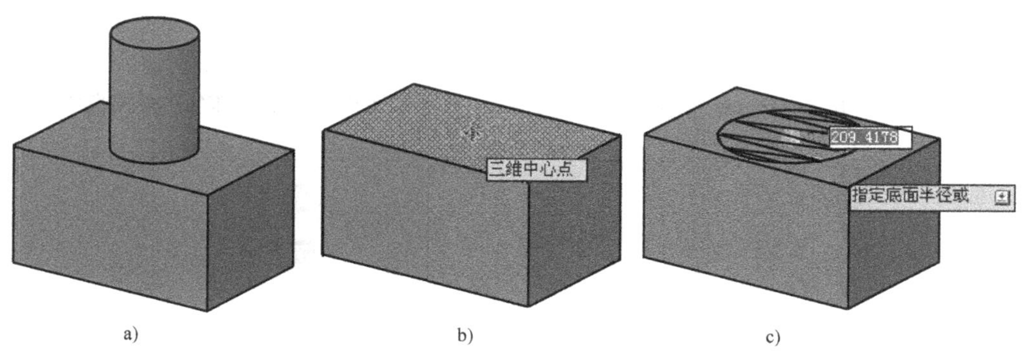

图 9-6 利用动态 UCS 绘图

a）三维立体 b）动态 UCS c）指定圆柱的半径和高度

9.2 建模

利用三维建模工作空间提供的建模命令可以创建简单的三维模型。

9.2.1 创建长方体

1. 执行途径

1）面板："建模"/"长方体"按钮。

2）命令：BOX。

2. 操作说明

长方体由底面和高度定义。长方体的底面总与当前UCS坐标系的*XY*平面平行。

执行"长方体"命令，命令行提示：

指定第一个角点或［中心（C）］：指定长方体底面矩形的一个角点。

指定其他角点或［立方体（C）/长度（L）］：指定长方体底面矩形的另一个角点。

指定高度或［两点（2P）］：输入高度，即可生成长方体，如图9-7所示。

图9-7 长方体

9.2.2 创建圆柱体

1. 执行途径

1）面板："建模"/"圆柱体"按钮。

2）命令：CYLINDER。

2. 操作说明

以圆或椭圆作底面创建圆柱体或椭圆柱体，柱体的底面位于当前UCS坐标系的*XY*平面上。

执行"圆柱体"命令，命令行提示：

指定底面的中心点或［三点（3P）/两点（2P）/切点、切点、半径（T）/椭圆（E）］：可以按照绘制二维圆的方法绘制圆或者是椭圆。

指定底面半径或［直径（D）］：指定圆柱体底圆的半径或直径。

指定高度或［两点（2P）/轴端点（A）］：指定圆柱体的高，即可生成圆柱体，如图9-8所示。

9.2.3 创建圆锥体

1. 执行途径

1）面板："建模"/"圆锥体"按钮。

2）命令：CONE。

2. 操作说明

圆锥体由圆或椭圆底面以及锥顶定义，如图9-9所示。默认情况下，圆锥体的底面位于当前 UCS 坐标系的 *XY* 平面上。圆锥体的高可以是正的也可以是负的。顶点决定了圆锥体的高和方向。还可以指定顶面半径来创建圆台。创建圆锥体的步骤与圆柱体类似，故不赘述。

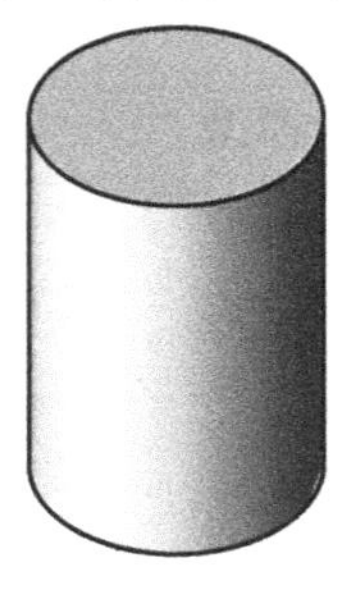

图 9-8　圆柱体

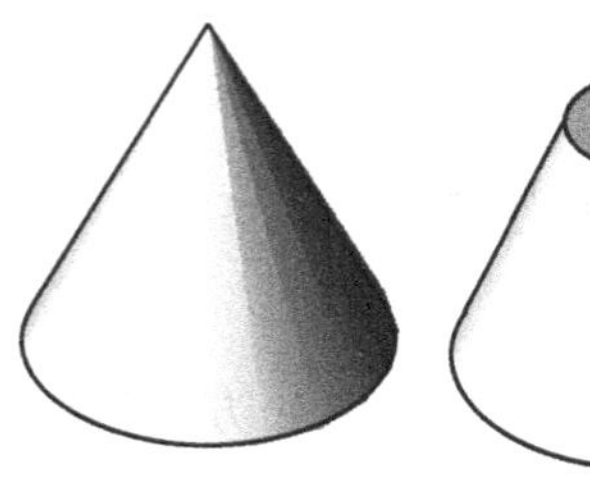

图 9-9　圆锥和圆台

9.2.4　创建球体

1. 执行途径

1）面板：“建模”/“球体”按钮。

2）命令：SPHERE。

2. 操作说明

球体由中心点和半径或直径定义，如图 9-10 所示。球体的纬线平行于 *XY* 平面，中心轴与当前 UCS 坐标系的 *Z* 轴方向一致。

图 9-10　球体

执行“球体”命令，命令行提示：

指定球的中心点。

指定球的半径或直径，即可生成球体。

9.2.5　创建圆环体

1. 执行途径

1）面板：“建模”/“圆环体”按钮。

2）命令：TOMS。

2. 操作说明

执行“圆环体“命令，命令行提示：

指定圆环体的中心。

指定圆环体的半径或直径。

指定圆管的半径或直径，即可生成圆环体。

圆环体由两个半径值定义，第一个是圆环的半径，第二个是圆管的半径。如果圆环体半径大于圆管半径，形成的圆环体中间是空的，如图 9-11a 所示；如果圆管半径大于圆环体半径，结果就像一个两极凹陷的球体，如图 9-11b 所示。

9.2.6　创建棱锥体

1. 执行途径

1）面板：“建模”/“棱锥体”按钮。

2）命令：PYRAMID。

2. 操作说明

可以创建正棱锥和棱台。

执行“棱锥体”命令，命令行提示：

指定底面的中心点或［边（E）/侧面（S）］：指定底面正多边形的中心点。如果选“边”，则需要指定底面多边形的一条边；如果选择“侧面”，就是选择棱锥有几个侧面。图9-12a 所示为正五棱锥，5 个侧面。

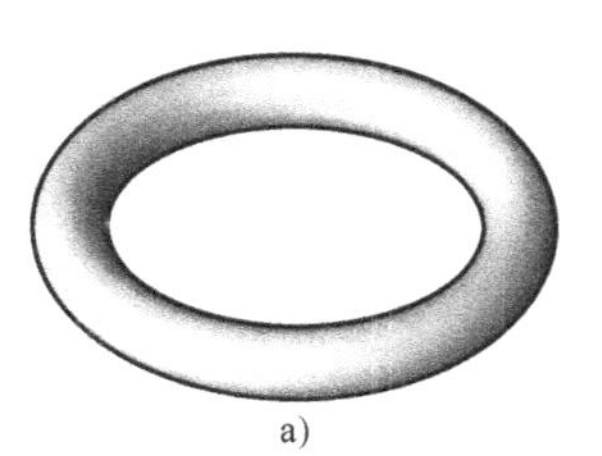

a)

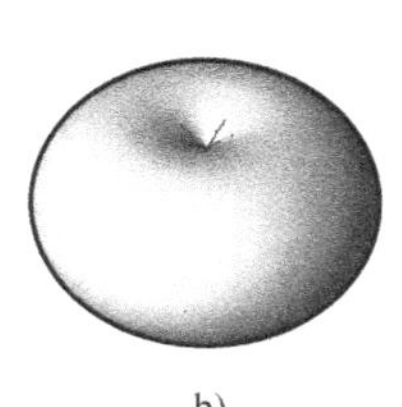

b)

图 9-11 圆环体

a）圆环体半径大于圆管半径

b）圆管半径大于圆环体半径

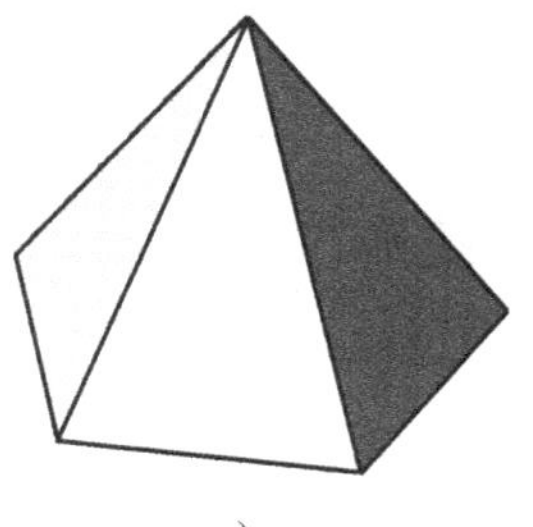

a)

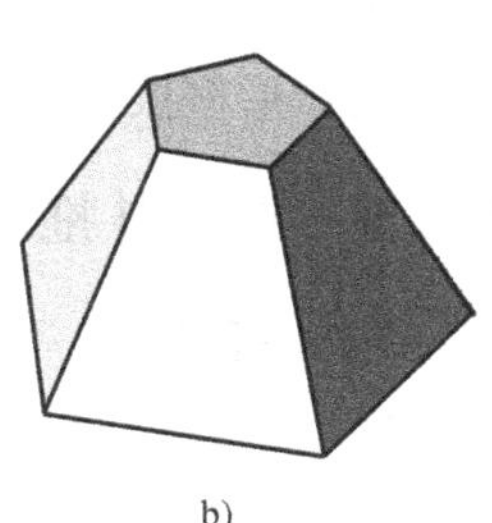

b)

图 9-12 棱锥体图

指定底面半径或［内接（I）］：和绘制二维正多边形的方法相同。

指定高度或［两点（2P）/轴端点（A）/顶面半径（T）］：指定棱锥高度。如果选择“顶面半径”，绘制的就是棱台，如图 9-12b 所示。

9.2.7 创建楔体

1. 执行途径

1）面板：“建模”/“楔体”按钮。

2）命令：WEDGE。

2. 操作说明

楔体形状如图 9-13 所示，楔体的底面平行于当前 UCS 坐标系的 *XY* 平面，其倾斜面正对第一个角。它的高可以是正数也可以是负数，并与 *Z* 轴平行。

执行“楔体”命令，命令行提示：

指定底面第一个角点的位置：

指定底面的相对角点的位置：

指定楔体的高度，即可生成楔体。

图 9-13 楔体

9.2.8 创建多段体

1. 执行途径

1）面板：“建模”/“多段体”按钮。

2）命令：POLYSOLID。

2. 操作说明

多段体形状如图 9-14 所示，多段体的底面平行于当前 UCS 坐标系的 *XY* 平面，它的高可以是正数也可以是负数，并与 *Z* 轴平行，默认情况下，多段体始终具有矩形截面轮廓。可以用来绘制建筑墙。

执行“多段体”命令，命令行提示：

指定起点或［对象（O）/高度（H）/宽度（W）/对正（J）］<对象>：调整多段体的高度、宽度及对正方式，其他操作类似绘制多段线的方法。

指定下一个点或［圆弧（A）/放弃（U）］：可以是直线形，也可以选择“圆弧”命令，绘制圆弧形多段体，如图 9-14 所示。

9.2.9 按住并拖动创建形体

1. 执行途径

1）面板：“建模”/“按住并拖动”按钮。

2）命令：PRESSPULL。

2. 操作说明

先创建一个面域如图 9-15a 所示，然后执行“按住并拖动”命令，选定面域并拖动鼠标即拖出一定的高度，如图 9-15b 所示。

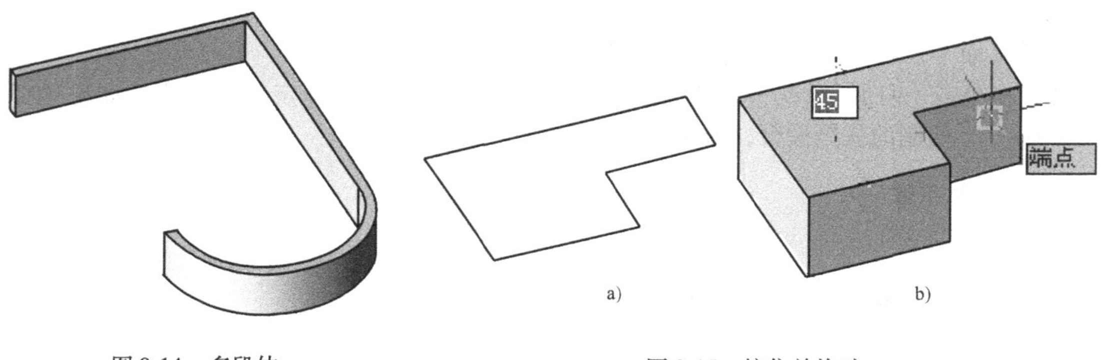

图 9-14 多段体　　图 9-15 按住并拖动

9.2.10 创建拉伸实体

1. 执行途径

1）面板：“建模”/“拉伸”按钮。

2）命令：EXTRUDE。

2. 操作说明

创建拉伸实体就是将二维的闭合对象（如多段线、多边形、矩形、圆、椭圆、闭合的样条曲线和圆环）或面域拉伸成三维对象。在拉伸过程中，不但可以指定拉伸的高度，还可以使实体的截面沿拉伸方向变化。另外，还可以将一些二维对象沿指定的路径拉伸。路径可以是圆、椭圆，也可以由圆弧、椭圆弧、多段线、样条曲线等组成。路径可以封闭，也可以不封闭。

如果用直线或圆弧绘制拉伸用的二维对象，则需用 PEDIT/“连接”将它们转换为单条多段线，或者用“面域”命令生成面域，然后再利用“拉伸”命令进行拉伸。

3. 应用示例

下面以图 9-16 所示的楼梯为例，说明操作过程。

【操作步骤】

1）绘制二维对象，如图 9-16a 所示绘制的楼梯二维图。建议用“多段线”命令绘制，如果用“直线”命令绘制，需要再用“面域”命令形成面域。

2）执行“拉伸”命令。

3）选择要拉伸的对象后，命令行提示：

指定拉伸的高度或［方向（D）/路径（P）/倾斜角（T）/表达式（E）］：直接输入高度值，拉伸成楼梯三维模型，如图 9-16b 所示。

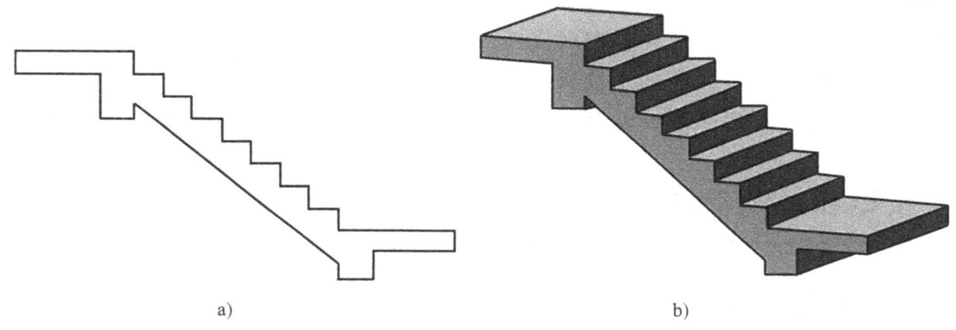

图 9-16 拉伸楼梯

如果选择“倾斜角”，则拉伸成椎体，即侧面有倾斜角度。图 9-17b 所示为倾斜角 30° 拉伸的结果。

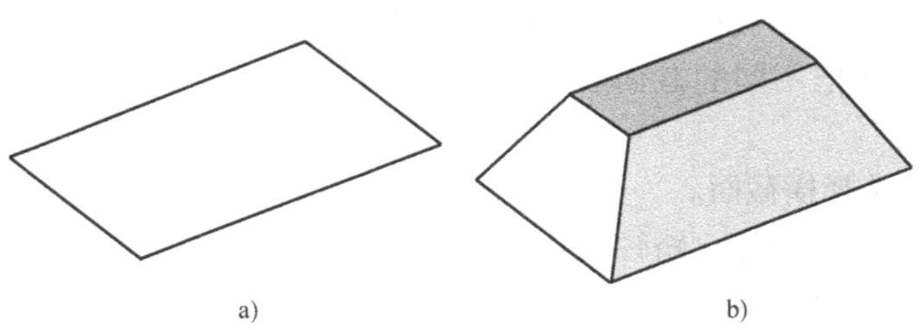

图 9-17 拉伸棱台

如果选择“路径”，需要先绘制一个拉伸对象，如图 9-18a 所示的圆，用“坐标”面板的 “三点”命令，即指定新的坐标原点、*X* 轴上的一个点、*Y* 轴上的一个点，将 UCS 坐标系的 *XY* 面沿 *X* 轴转动 90°，用“多段线”命令绘制如图 9-18a 所示的曲线路径。执行“拉伸”命令，拉伸对象选择图 9-18a 中的圆，路径选择图 9-18a 中的曲线，结果如图 9-18b 所示。

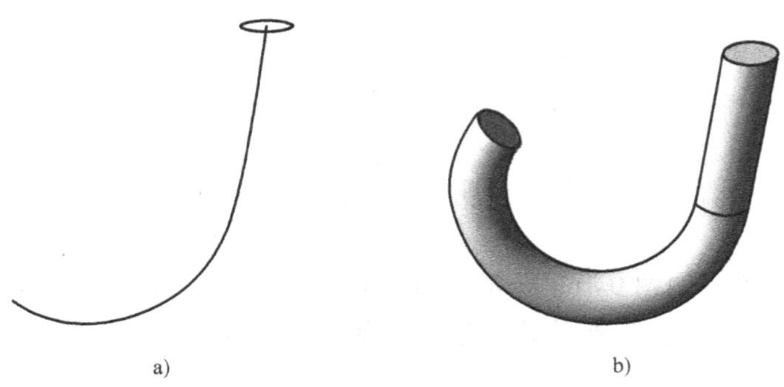

图 9-18　路径拉伸

特别提示

1）拉伸锥角是指拉伸方向偏移的角度，其范围是 -90°～+90°。

2）不能拉伸相交或自交的多段线。

3）如果用直线或圆弧绘制拉伸用的二维对象，应先将他们转化成一条多段线或面域。

4）指定拉伸的路径既不能与拉伸对象共面，也不能具有高曲率的区域。

9.2.11　创建放样实体

1. 执行途径

1）面板："建模"/"放样"按钮。

2）命令：LOFT。

2. 操作说明

放样类似拉伸操作，但放样可以使拉伸体具有不同的截面形状。

1）创建截面，并把不同的截面放到导向线的不同位置上。

2）按放样次序选择横截面。

3）输入选项［导向（G）/路径（P）/仅横截面（C）/设置（S）］<仅横截面>：

①"仅横截面"放样效果如图 9-19b 所示，从一个截面过渡到下一个截面。

②"路径"放样效果如图 9-19c 所示，为放样操作指定路径，以更好地控制放样对象的形状。为获得最佳结果，路径曲线应始于第一个横截面所在的平面，止于最后一个横截面所在的平面。

③"导向"指定导向曲线，以与相应横截面上

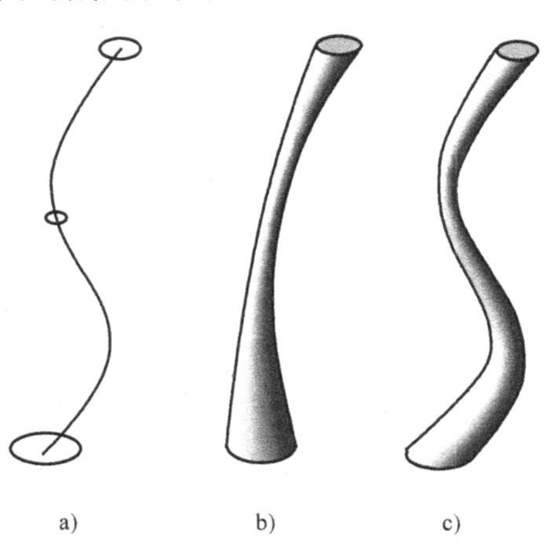

图 9-19　放样

的点相匹配。此方法可防止出现意外结果，例如三维对象中出现皱褶。每条导向曲线必须满足以下条件：与每个横截面相交，始于第一个横截面，止于最后一个横截面。

9.2.12　创建旋转实体

1. 执行途径

1）面板："建模"/"旋转"按钮。

2）命令：REVOLVE。

2. 操作说明

创建旋转实体即是将一个二维封闭对象（例如圆、椭圆、多段线、样条曲线）绕指定轴线按一定的角度旋转成实体。

1）绘制二维图形，如图9-20a所示。

2）用"直线"命令绘制一条旋转轴。

3）执行"旋转"命令。

4）指定要旋转的对象。

5）指定旋转轴。

6）指定旋转角，即可生成旋转实体，如图9-20b所示。

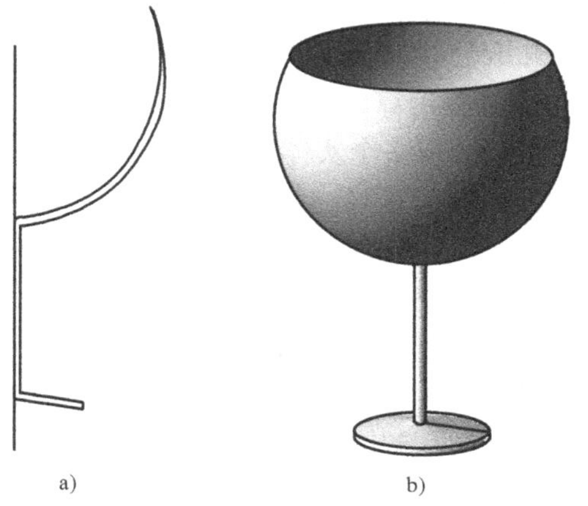

图9-20　用旋转法创建酒杯

9.2.13　扫掠

1. 执行途径

1）面板："建模"/"扫掠"按钮。

2）命令：SWEEP。

2. 操作说明

可以通过沿路径扫掠轮廓来创建三维实体或曲面。

1）创建扫掠对象，如图9-21a所示小的正六边形。创建扫描路径如图9-21a所示的螺旋线。

2）执行"扫掠"命令，先选择扫掠对象，选择图9-21a所示的小的正六边形。

3）选择扫掠路径或［对齐（A）/基点（B）/比例（S）/扭曲（T）］：

选择路径螺旋线，则扫掠效果如图9-21b所示。如果选择"扭曲"，则需要输入扭曲角度。图9-21c所示是扭曲360°的扫掠效果。

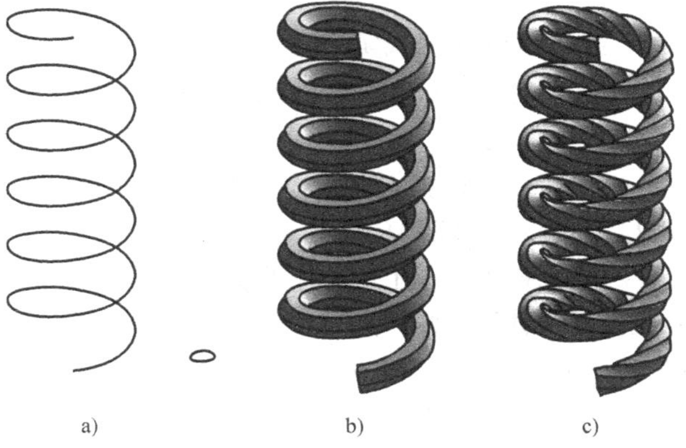

图9-21　用"扫掠"命令建模

9.3 实体编辑

在实际操作中，经常需要将简单的三维实体进行编辑以形成较为复杂的三维实体。

9.3.1 布尔运算

布尔运算是常用的实体编辑方法，有并集、差集和交集三种，即两个或多个实体合并、相减和取公共部分。

1. 并集运算（相加实体）

将两个或多个实体进行合并，生成一个组合实体。

（1）执行途径

1）面板：“实体编辑”/“并集”按钮。

2）命令：UNION。

（2）操作说明　执行“并集”命令，在命令行提示选择对象后，用鼠标连续选择要相加的对象，然后按 <Enter> 键即生成需要的组合实体。图 9-22a 所示的圆柱体和长方体是两个单体。图 9-22b 所示为并集运算后合成一个体。

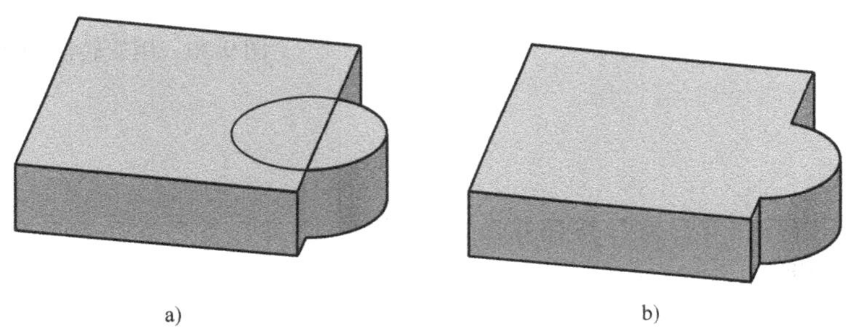

图 9-22　并集运算

2. 差集运算（相减实体）

从一个实体中减去另一个（或多个）实体，生成一个新的实体，即差集运算。

（1）执行途径

1）面板：“实体编辑”/“差集”按钮。

2）命令：SUBTRACT。

（2）操作说明　首先选择的实体是“要从中减去的实体”，按 <Enter> 键后接着选择“要减去的实体”。如图 9-23a 所示，先选择长方体，按 <Enter> 键后再选择圆柱体，结果如图 9-23b 所示。要减去的实体和被减的实体都可以是多个。

3. 交集运算（相交实体）

取两个或多个实体的公共部分构造成一个新的实体，即交集运算。

（1）执行途径

1）面板：“实体编辑”/“交集”按钮。

2）命令：INTERSECT。

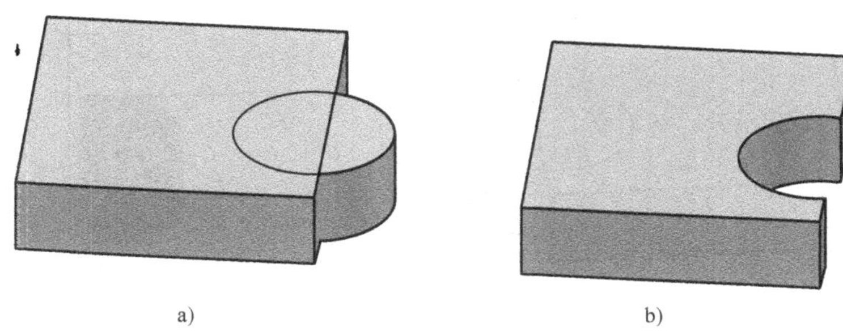
a)　b)

图 9-23　差集运算

（2）操作说明　两个实体相交，才可以生成交集。否则，实体将被删除。图 9-24 所示为进行交集运算后生成的实体。

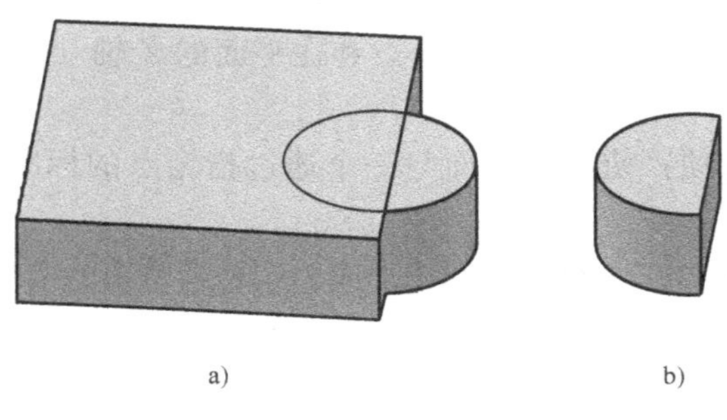
a)　b)

图 9-24　交集运算

9.3.2　其他实体编辑

1. 干涉

检查一组三维实体或曲面模型内部的干涉区域。可以比较两组对象，也可以选定图形中的所有三维实体和曲面。干涉检查可创建临时实体或曲面对象，并亮显模型相交的部分。

（1）执行途径

1）面板："实体编辑"/"干涉"按钮。

2）命令：INTERFERE。

（2）操作说明　执行"干涉"命令后，命令行提示选择第一组对象和第二组对象。如图 9-25 所示，选择长方体和圆柱，则干涉部分高亮显示。

2. 剖切

该命令可根据指定的剖切平面对三维实体进行剖切。

（1）执行途径

1）面板："实体编辑"/"剖切"按钮。

2）命令：SLICE。

（2）操作说明　执行"剖切"命令后，命令行提示选择对象，然后要求：

指定切面的起点或［平面对象（O）/曲面（S）/Z 轴（Z）/视图（V）/XY（XY）/

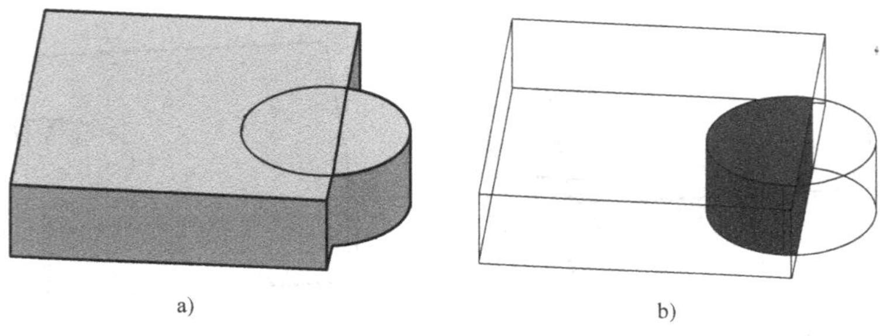

a) b)

图 9-25 干涉检查

YZ（YZ）/ZX（ZX）/三点（3）] <三点>：

1）“平面对象（O）”选项：使用选定平面对象的平面作为剖切平面将实体剖开。该对象可以是圆、椭圆、圆弧、二维样条曲线或二维多段线。

2）“Z 轴”选项：通过在平面上指定一点和在平面的 Z 轴（法线）上指定另一点来定义剖切平面。

3）“XY/YZ/ZX”选项：使剖切平面与一个通过指定点的标准平面（XY、YZ 或 ZX）平行，以此平面进行剖切。

4）“三点”选项：通过三个点定义剖切平面。这是最常用的剖切方法。

特别提示

1）实体剖切后可以保留剖切实体的所有部分，或者保留指定的部分。剖切实体保留原实体的图层和颜色特性。

2）操作时，在“在所需的侧面上指定点或[保留两个侧面（B）] <保留两个侧面>：”提示下，直接定义一点，从而确定图形将保留剖切实体的哪一侧。该点不能位于剪切平面上。若输入“B”，则剖切实体的两侧均保留，如图 9-26 所示。

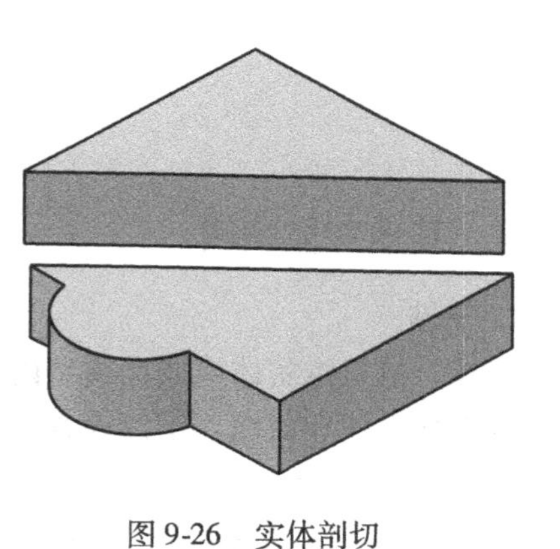

图 9-26 实体剖切

9.4 三维实体的修改

9.4.1 三维实体的移动

在三维视图中显示移动工具，并沿指定方向将对象移动指定距离。

1. 执行途径

1）面板：“修改”/“三维移动”按钮。

2）命令行：3DMOVE。

2. 操作说明

操作方法和二维移动类似，只是三维移动可以在三维空间内移动。

9.4.2 三维实体的旋转

在三维视图中显示旋转工具，并绕指定轴将对象旋转指定角度。

1. 执行途径

1）面板："修改"/"三维旋转"。

2）命令行：3DROTATE。

2. 操作说明

选择对象，确定基点，拾取旋转轴，指定旋转的角度。

9.4.3 三维实体的阵列

1. 执行途径

1）面板："修改"/"三维旋转"。

2）命令行：3DARRAY。

2. 操作说明

和二维阵列类似，三维阵列加了"层数"及"层间距"参数。图9-27所示为4行3列3层的阵列。

图9-27 三维阵列

9.4.4 三维实体的镜像

1. 执行途径

1）面板："修改"/"三维镜像"。

2）命令行：MIRROR3D。

2. 操作说明

可以通过指定镜像平面来镜像对象。

执行"三维镜像"命令，命令行提示：

选择要镜像的对象。

指定三点以定义镜像平面。

特别提示

镜像平面可以是以下平面：

1）平面对象所在的平面。

2）通过指定点且与当前UCS坐标系的*XY*、*YZ*或*XZ*平面平行的平面。

3）由三个指定点定义的平面。

3. 应用示例

绘制9-28c所示的三维图。

【操作步骤】

执行"三维镜像"命令，选择图9-28a中的三维图为镜像对象。选择镜像平面：指定图

9-28b 中的 2、3 和 4 三个点，镜像结果如图 9-28c 所示。

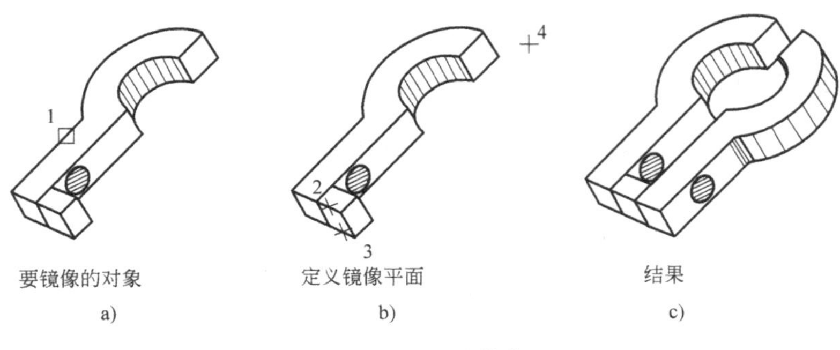

a)　　b)　　c)

图 9-28　三维镜像

9.5　三维观察

9.5.1　ViewCube

ViewCube 工具是在二维模型空间或三维视觉样式中处理图形时的显示导航工具。使用 ViewCube 工具，可以在标准视图和等轴测视图间切换。

1）ViewCube 工具是一种可单击、可拖动的常驻界面，用户可以用它在模型的标准视图和等轴测视图之间进行切换。ViewCube 工具显示后，将在窗口一角以不活动状态显示在模型上方。ViewCube 工具在视图发生更改时可提供有关模型当前视点的直观反映。将光标放置在 ViewCube 工具上后，ViewCube 将变为活动状态。如图 9-29 所示，单击 ViewCube 的边、角点和面，以不同的方位显示视图；也可以拖动 ViewCube，来切换到可用预设视图之一、滚动当前视图或更改为模型的主视图等。

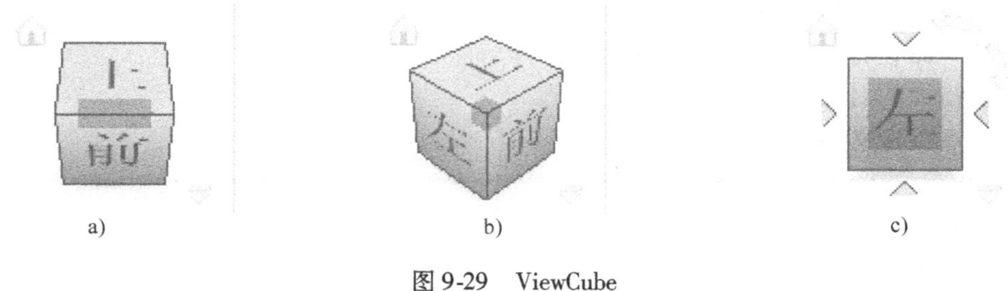

a)　　b)　　c)

图 9-29　ViewCube

a）边　b）角点　c）面

2）如图 9-30 所示，指南针显示在 ViewCube 工具的下方并指示为模型定义的北向。可以单击指南针上的基本方向字母以旋转模型，也可以单击并拖动其中一个基本方向字母或指南针圆环，以绕轴心点以交互方式旋转模型。

3）在 ViewCube 工具上单击鼠标右键，选择“ViewCube 设置”，弹出图 9-31 所示的对话框，可以对 ViewCube 进行设置。

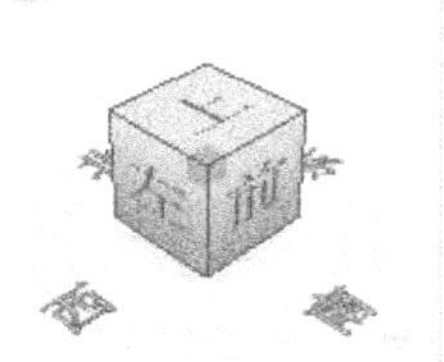

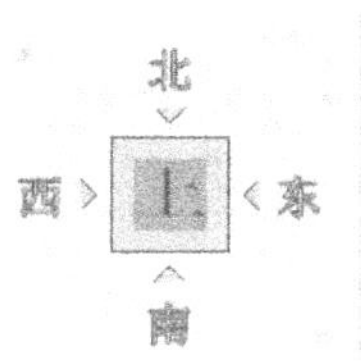

图 9-30 ViewCube 指南针

9.5.2 视图导航

导航工具栏分为面板导航和工具条导航，如图 9-32 所示。

1）全导航控制盘：将在二维导航控制盘、查看对象控制盘和巡视建筑控制盘上找到的二维和三维导航工具组合到一个控制盘上，如图 9-33 所示。全导航控制盘是用于查看对象和巡视建筑的常用三维导航工具。

2）平移：类似二维的平移。

3）范围缩放：类似二维的缩放。

4）动态观察工具：用于旋转视口动态观察的导航工具集。

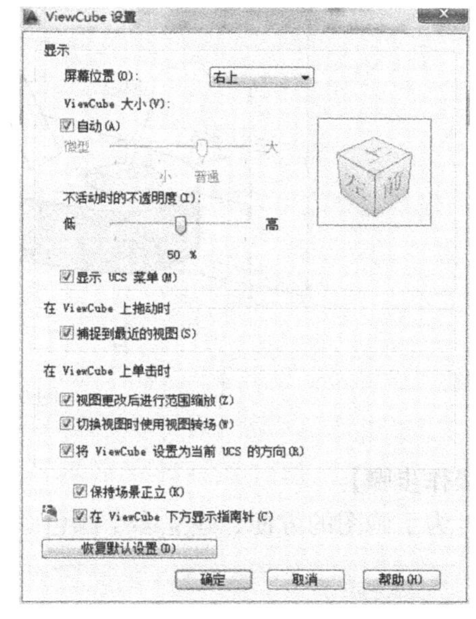

图 9-31 “ViewCube 设置”对话框

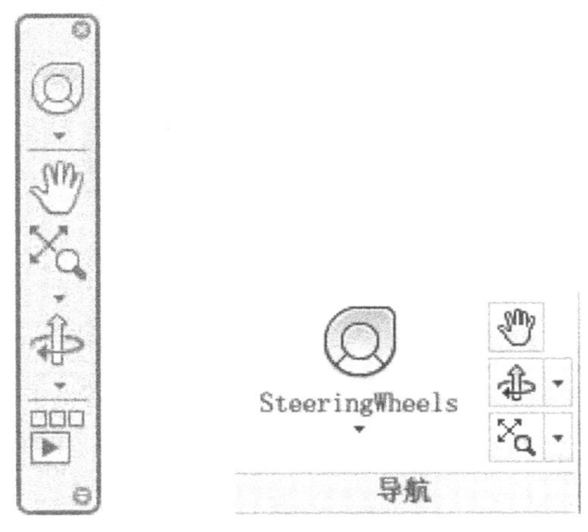

图 9-32 导航工具条和导航工具面板

图 9-33 全导航控制盘

9.6 上机指导

例题：绘制图 9-34 所示的组合体。

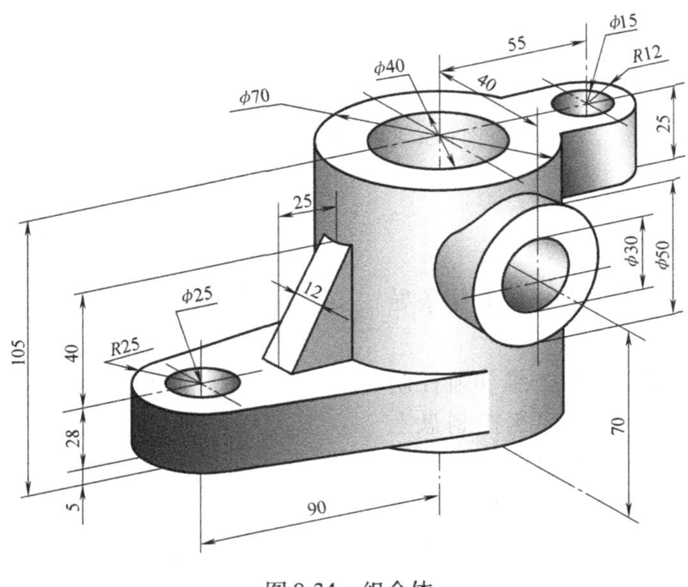

图 9-34 组合体

【操作步骤】

1）为了画图的方便，建立多个颜色图层，如图 9-35 所示。

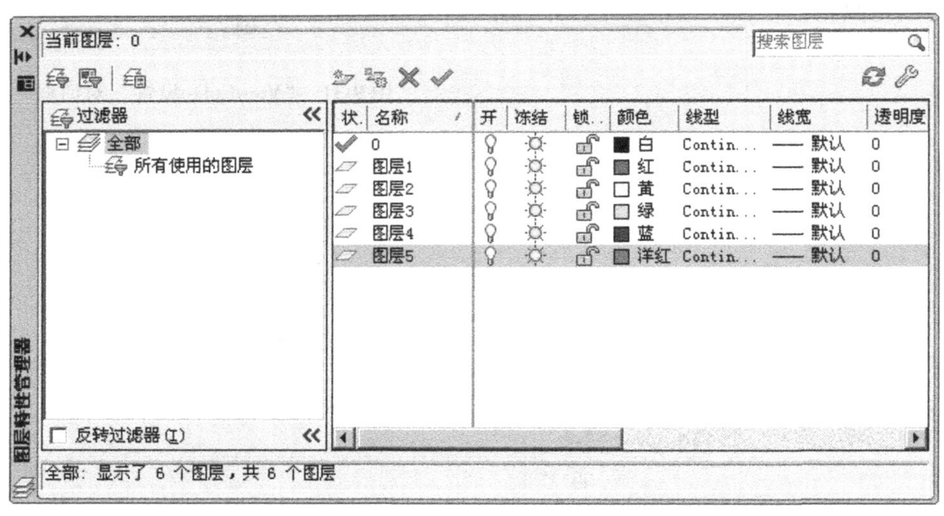

图 9-35 图层

2）进入“三维建模”空间，从“视图”菜单里选择“多个视口”，屏幕出现四个视口，单击左上角视口的汉字，确定为“前视”，“二维线框”；单击左下角视口的汉字，确定为“俯视”，“二维线框”，单击右上角视口的汉字，确定为“左视”，“二维线框”，并画出长度、宽度和高度方向的辅助线，如图9-36所示。

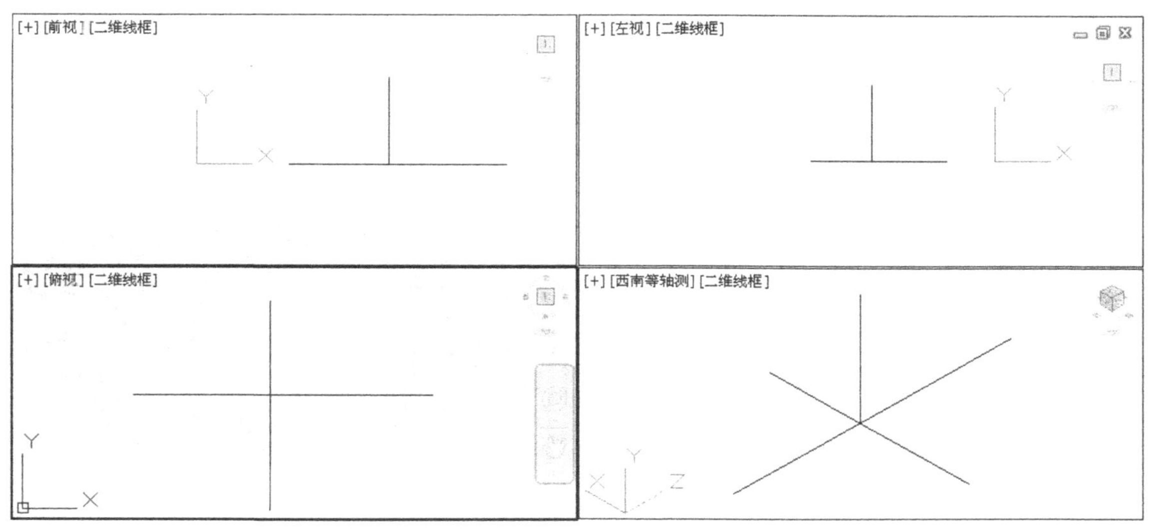

图9-36 四个视口和三条辅助线

3）单击“俯视”视口，画出直径分别为40mm和70mm的圆，并拉伸成圆柱，如图9-37所示。

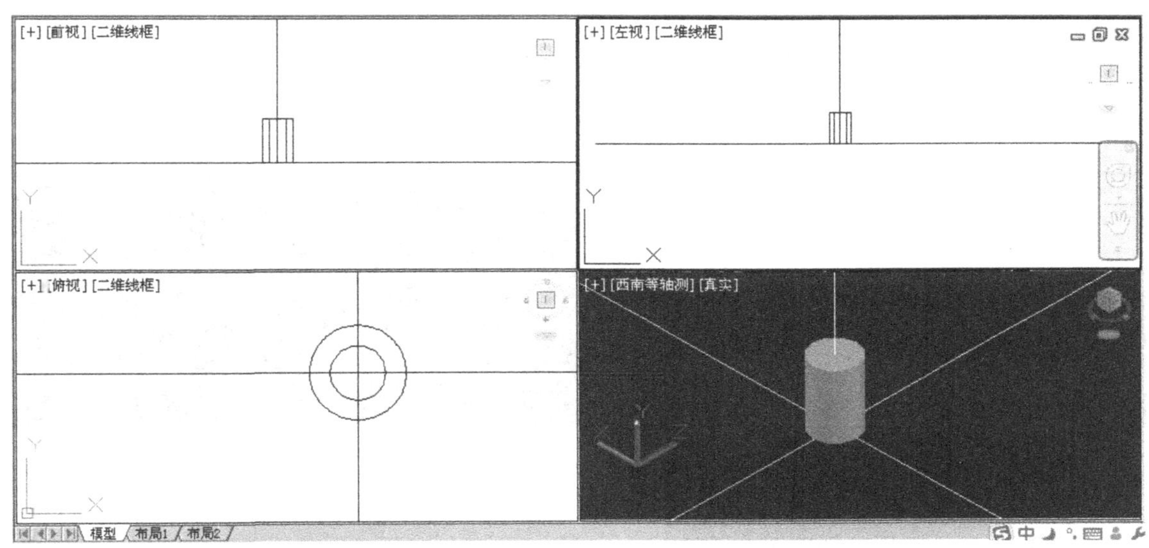

图9-37 画两个圆柱

4）单击差集命令按钮，形成圆柱孔，如图9-38所示。

5）把圆柱转换到别的图层（大红），并关闭。黄色图层置为当前图层，单击“俯视”窗口，画出底板并拉伸，如图9-39所示。

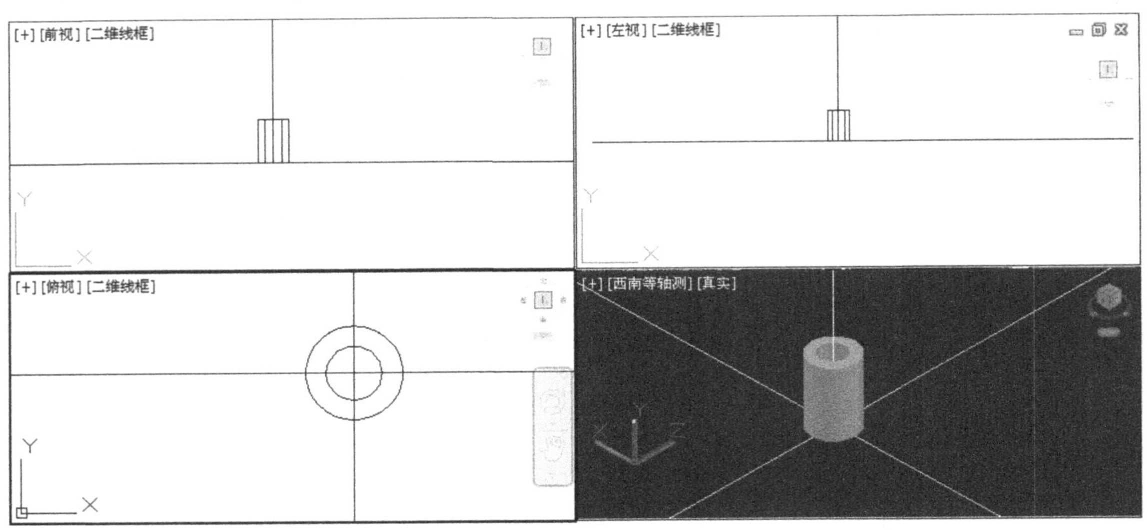

图 9-38　圆柱孔

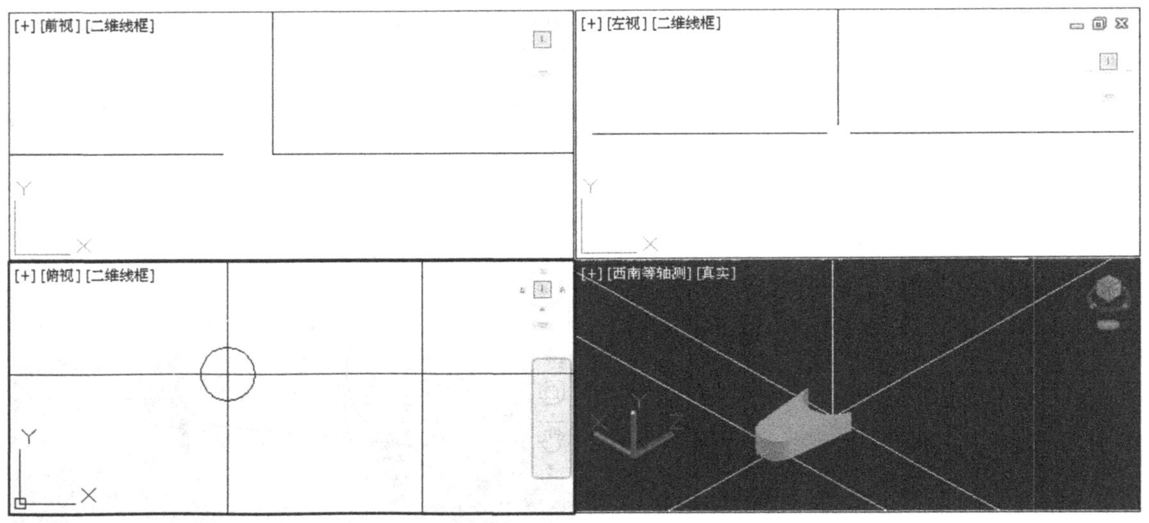

图 9-39　底板

6）打开红色图层，如图 9-40 所示。

7）将绿色图层置为当前图层。单击“前视”窗口，单击直线命令按钮，绘制肋板，并拉伸和移动，如图 9-41 所示。

8）关闭绿色和黄色图层，将红色图层置为当前图层。单击“前视”窗口，单击圆命令按钮，绘制前面的圆柱，并拉伸和差集，得到如图 9-42 所示的图形。

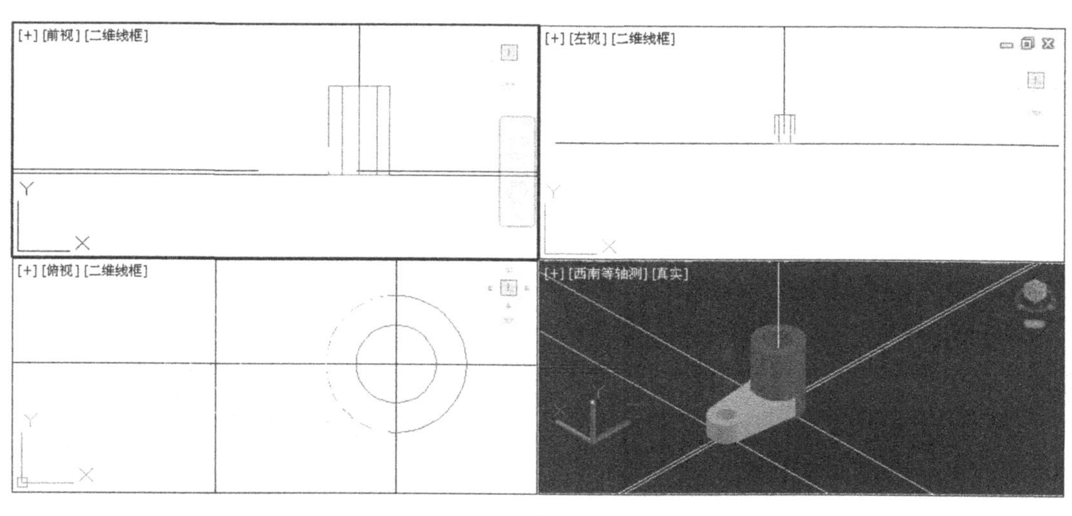

图 9-40 圆柱孔和底板

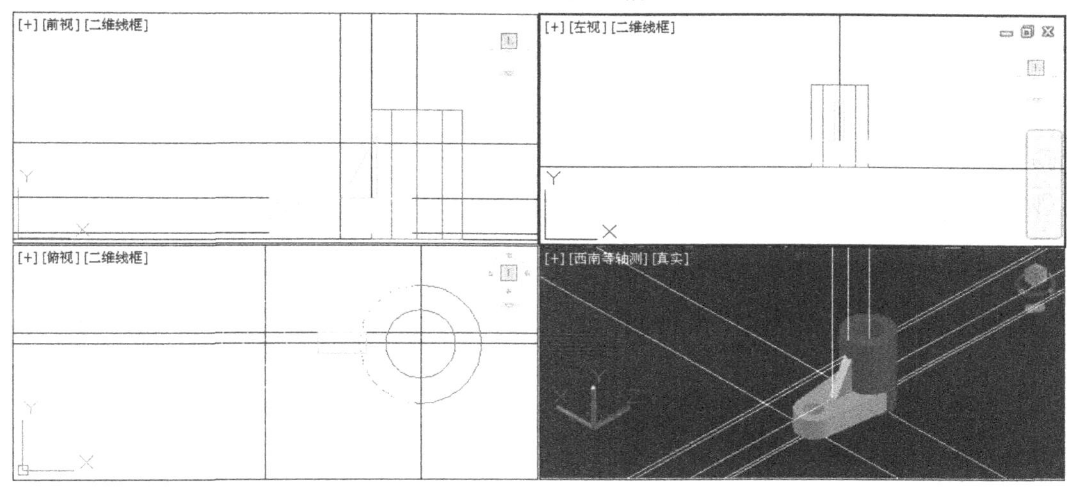

图 9-41 肋板

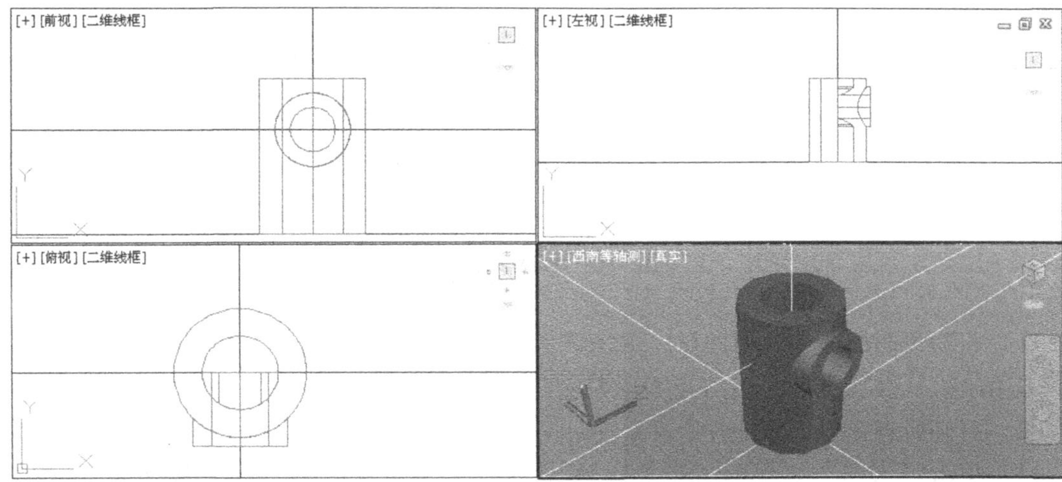

图 9-42 前面圆柱孔

9）单击“俯视”窗口，在 0 层上绘制直径为 40mm 的圆柱，得到如图 9-43 所示的图形。

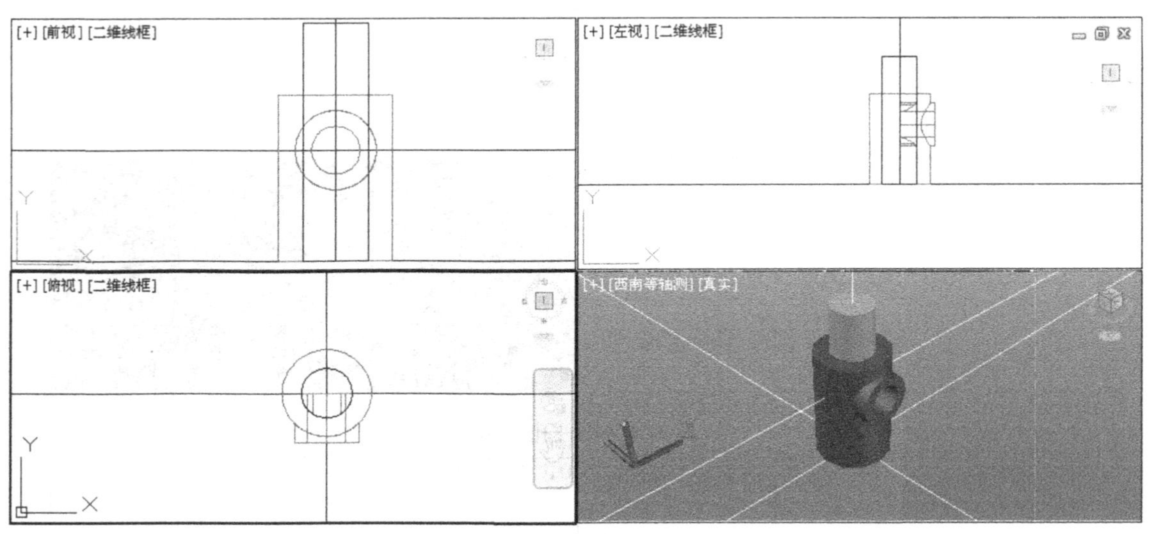

图 9-43　绘制中间圆柱

10）单击差集命令按钮，修剪多余立体，形成圆柱通孔，如图 9-44 所示。

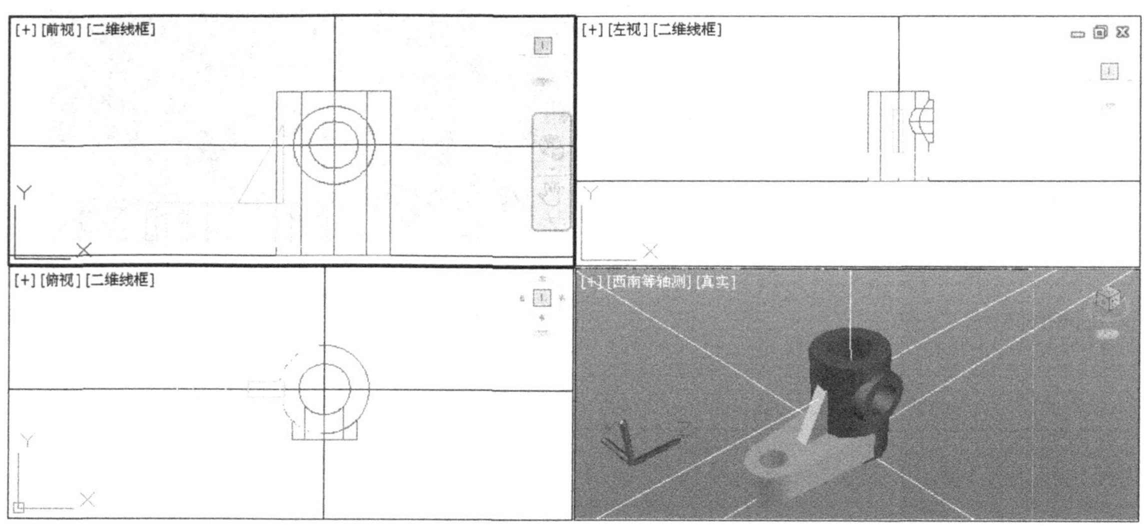

图 9-44　修剪多余立体

11）将粉色图层置为当前图层，关闭黄色、绿色和红色图层，单击“俯视”窗口，绘制右上角凸块，得到如图 9-45 所示的图形。

12）打开所有图层，单击合集命令按钮，得到如图 9-46 所示的图形。

13）单击“视图”菜单的“多个视口”，选择“单个视口”，得到如图 9-47 所示的图形。

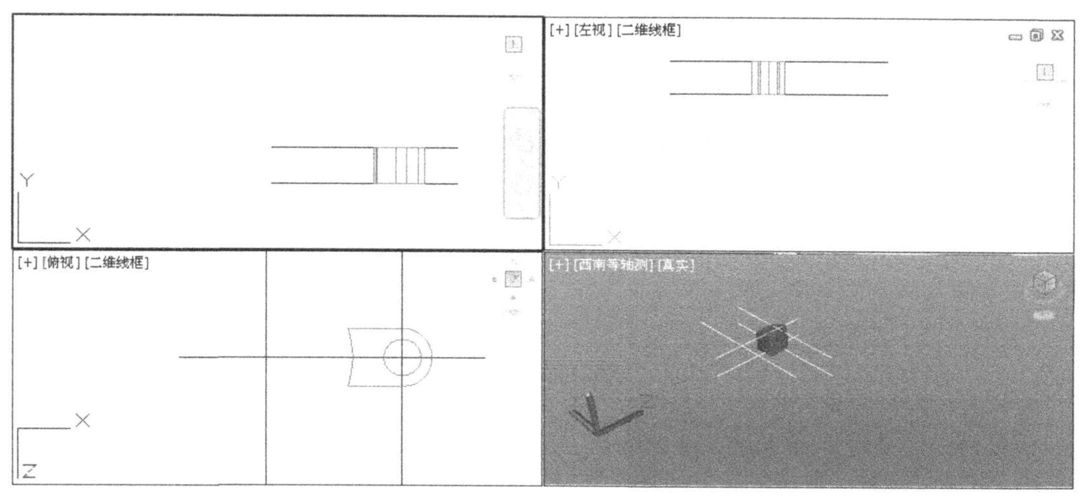

图9-45 右上角凸块

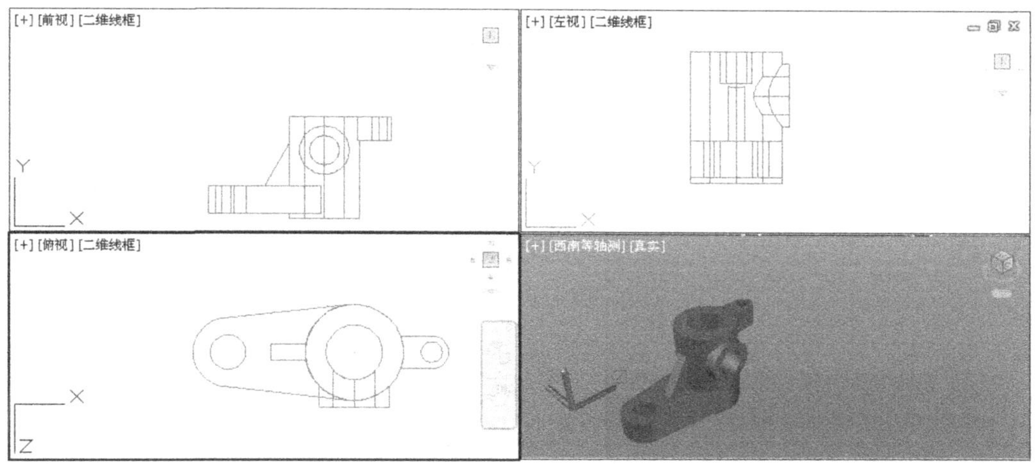

图9-46 合并立体

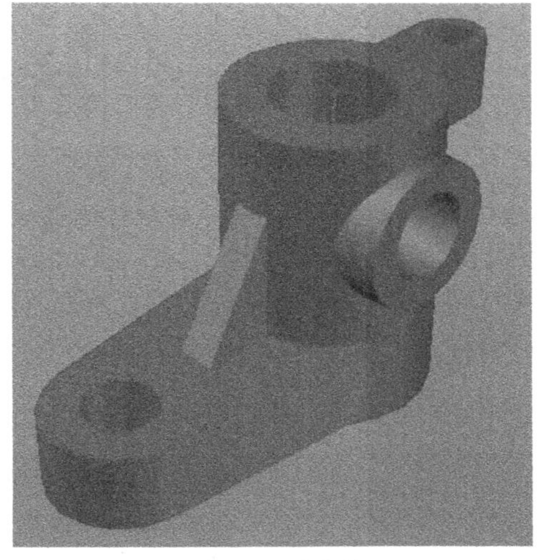

图9-47 组合体

9.7 操作练习

绘制图 9-48 ~ 图 9-52 所示的立体。

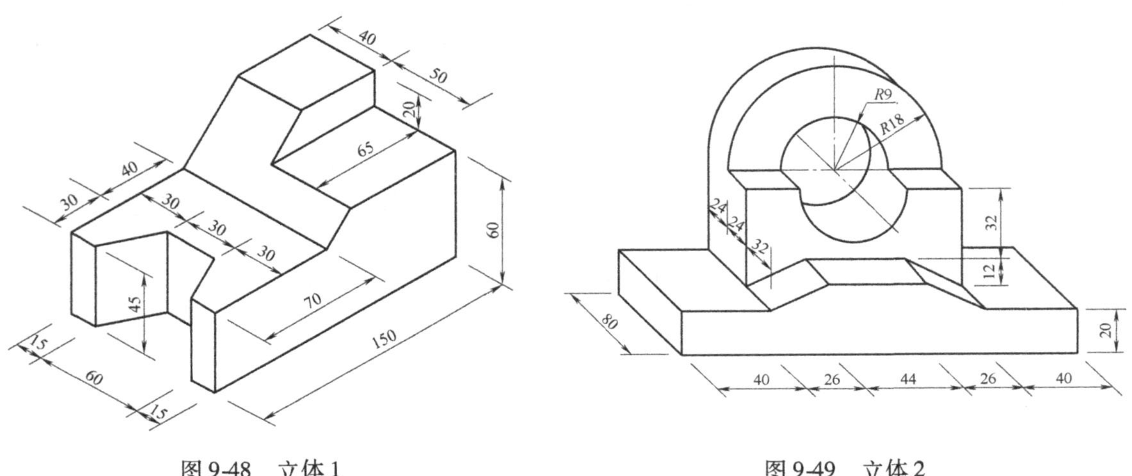

图 9-48　立体 1　　　　图 9-49　立体 2

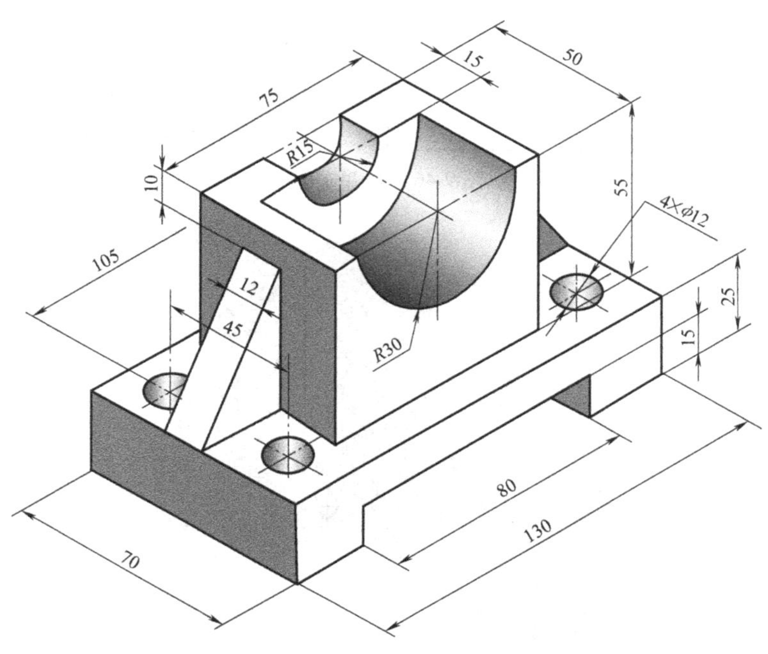

图 9-50　立体 3

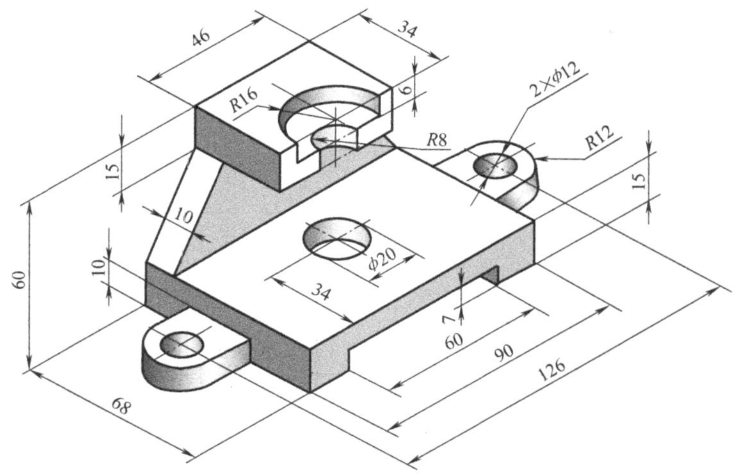

图9-51 立体4

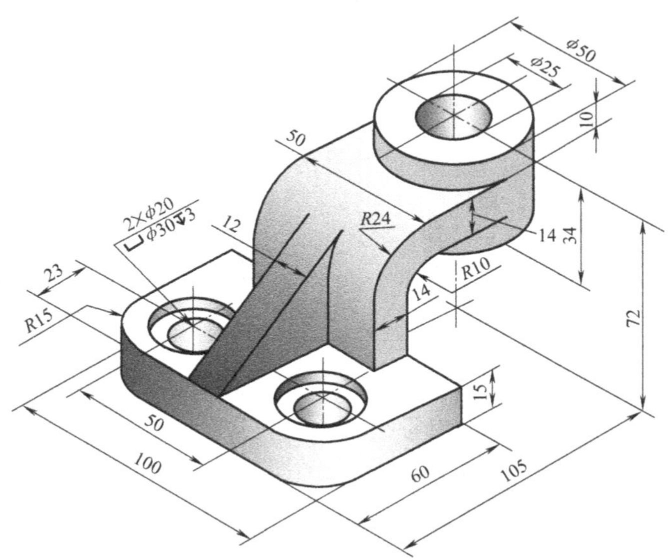

图9-52 立体5

附录　工业产品类 CAD 技能一级（计算机绘图师）考试真题

附录 A　工业产品类 CAD 技能一级（计算机绘图师）考试试题——第一期

试题要求：

1. 考试方式：计算机操作，闭卷。
2. 考试时间为 180 分钟。
3. 打开绘图软件后，考生在指定的硬盘驱动器下建立一个新的图形文件，并以你的考号和姓名结合为文件命名（例如：08001 刘育平 . dwg）。

一、绘制图幅（10 分）

要求：

①按 1:1 比例绘制 A2 图纸边框（细实线，幅面 594 × 420），在 A2 图纸幅面内用细实线划分出 4 个 A4 幅面（297 × 210），左边两个分别绘制二、三题（不画图框线），右边两个分别绘制四、五题（四题要求画出图框线（粗实线，幅面 287 × 200）和简化标题栏，五题要求画出图框线（粗实线，幅面 287 × 200）和明细栏）。

②按以下规定设置图层及线型，并设定线宽。

图层名称	颜色(颜色号)	线型	线宽
01	白　(7)	粗实线 Continuous	0.5
02	绿　(3)	细实线 Continuous	0.25
03	黄　(2)	虚线 Dashed	0.25
04	红　(1)	点画线 Center	0.25

③按国家标准的有关规定设置文字样式，然后在四、五两题上画出并填写给出的简化标题栏和明细栏（不标注尺寸）。

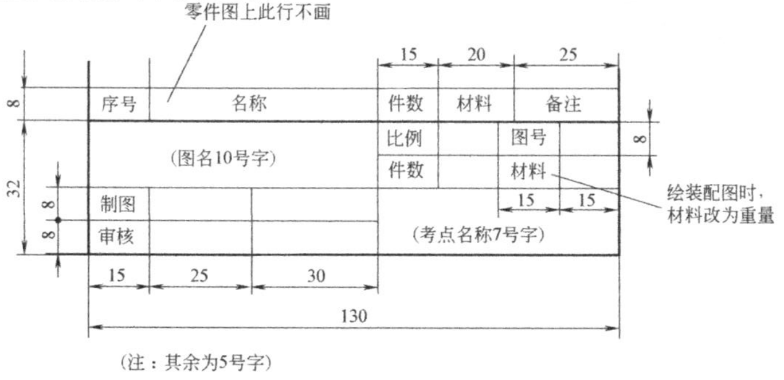

(注：其余为5号字)

二、按 1:1 比例画出右边图形，不标注尺寸。（10 分）

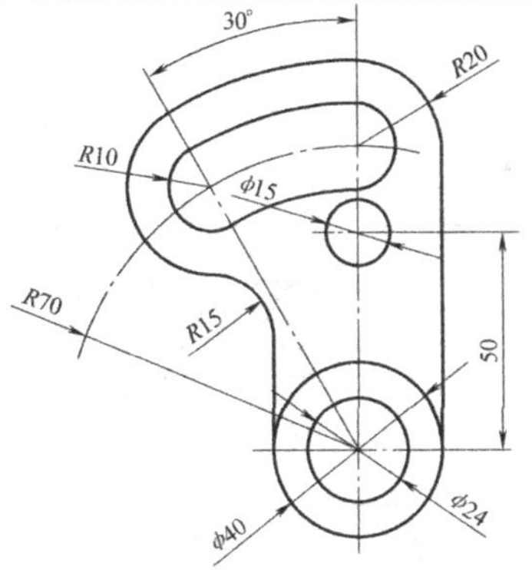

三、根据已知立体的两个视图，按 1:1 比例画出立体的三视图，并在主、左视图上选取适当剖视，不标注尺寸。（20 分）

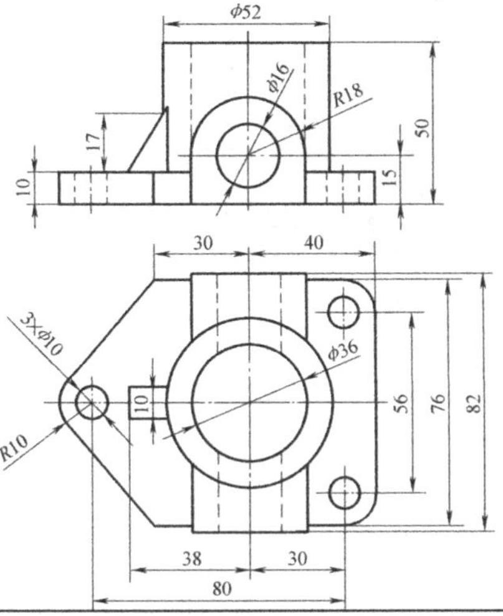

附图 A-1

四、画零件图（30分）

具体要求：

1. 按1：1比例抄画阀体零件图，标注尺寸和技术要求。
2. 图纸幅面为A4，图框和标题栏尺寸按前面要求画出。
3. 不同的图线放在不同的图层上，尺寸标注要放在单独的图层上。

注：G1/2：大径 $D=\phi20.995$

小径 $D_1=\phi18.631$

五．画装配图（30分）

具体要求：

1. 根据旋阀装配示意图和零件图拼画旋阀装配图的主视图（采用恰当的表达方法，按1:1比例，清晰地表达旋阀的工作原理、装配关系，并标注必要的尺寸）。

2. 图中的明细栏内容可参考旋阀零件明细表，按要求画出。

旋阀零件明细表

序号	名称	件数	材料	备注
1	阀体	1	HT150	
2	阀杆	1	45	
3	垫圈	1	35	
4	填料	1	石棉绳	
5	填料压盖	1	35	
6	螺栓 M10×25	2	35	
7	手柄	1	HT150	

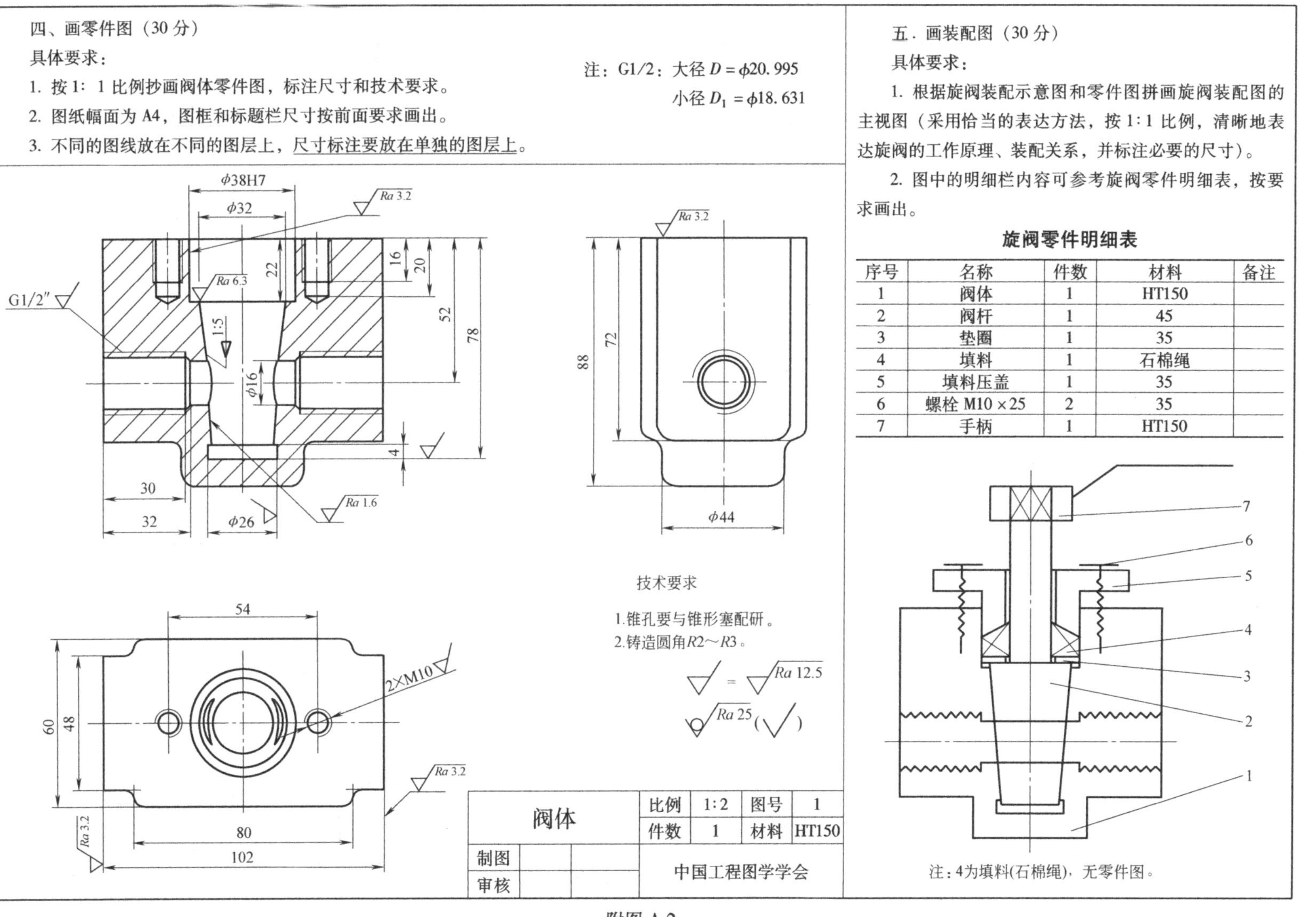

附图 A-2

注:螺距为1.5
图号 6 材料 45 制图 螺栓 比例 1:1 重量 中国工程图学学会
技术要求
1.锥孔要与锥形塞配研。
2.全部倒角1×45°。
图号 2 材料 45 制图 阀杆 比例 1:1.5 重量 中国工程图学学会
图号 5 材料 35 制图 填料压盖 比例 1:2 重量 中国工程图学学会
图号 3 材料 35 制图 垫圈 比例 1:1 重量 中国工程图学学会
未注圆角R1
图号 7 材料 HT200 制图 手柄 比例 1:2 重量 中国工程图学学会

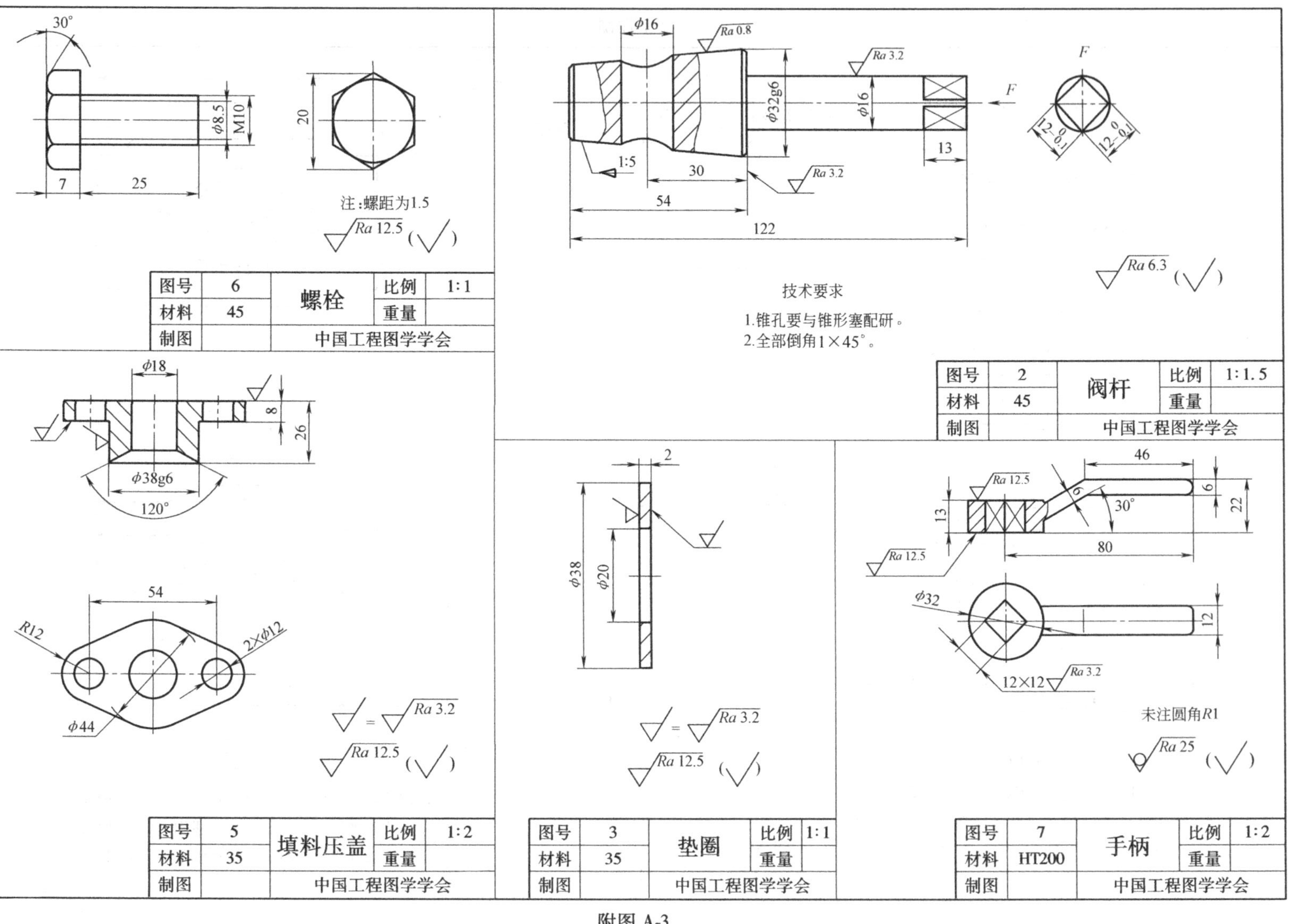

附图 A-3

附录 B　工业产品类 CAD 技能一级（计算机绘图师）考试试题——第二期

共3页　第1页

试题说明：

1. 本试卷共4题，闭卷。
2. 考生在指定的硬盘驱动器下建立一个以“考号和姓名”为名称的文件夹（例如：08001 刘平），然后将作图结果以“试题1”、“试题2”、“试题3”和“试题4”作为文件名存入自己的文件夹。
3. 按照国家标准的有关规定设置合适的文字样式、线型、线宽和线型比例。
4. 建议不同的图层选用不同的颜色。
5. 交卷之前必须确认文件夹的名称和位置无误，所有的图形文件已经存放在自己的文件夹内，否则不得分。
6. 考试时间为180分钟。

一、按照1:1的比例抄画下面图形，不注尺寸。(10分)

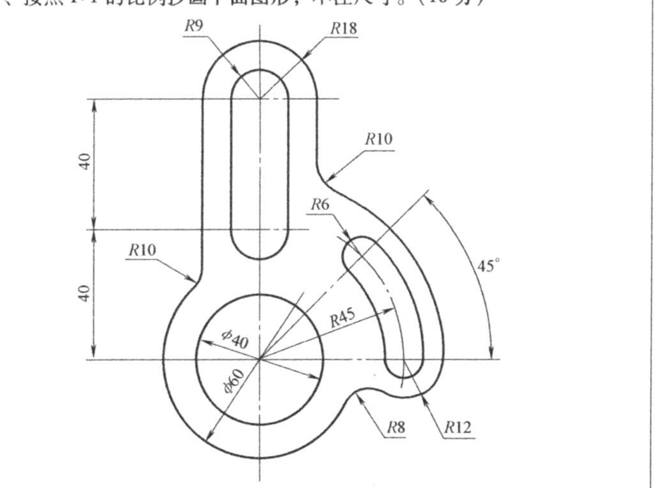

二、按照1：1的比例抄画形体的两个视图，补画形体的左视图，左视图取半剖，不注尺寸。(30分)

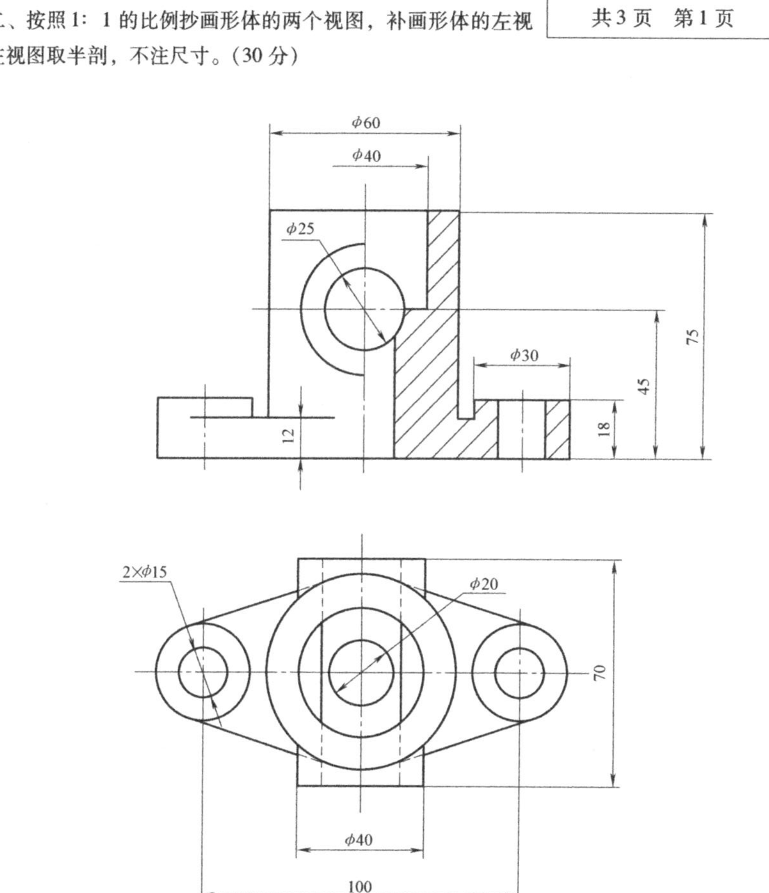

附图 B-1

三、绘制阀体的零件图（30 分）

具体要求如下：①以 1:1 的比例抄画阀体的零件图；②参照图示的尺寸绘制 A3 图幅的图框和标题栏，不标注图框和标题栏的尺寸，需要填写标题栏的内容；③标注阀体的尺寸和表面结构等技术要求；④不同宽度或线型的图线放在不同的图层上，尺寸标注必须放在单独的图层上。（注：G1/2 螺纹的大径是 20.955mm）

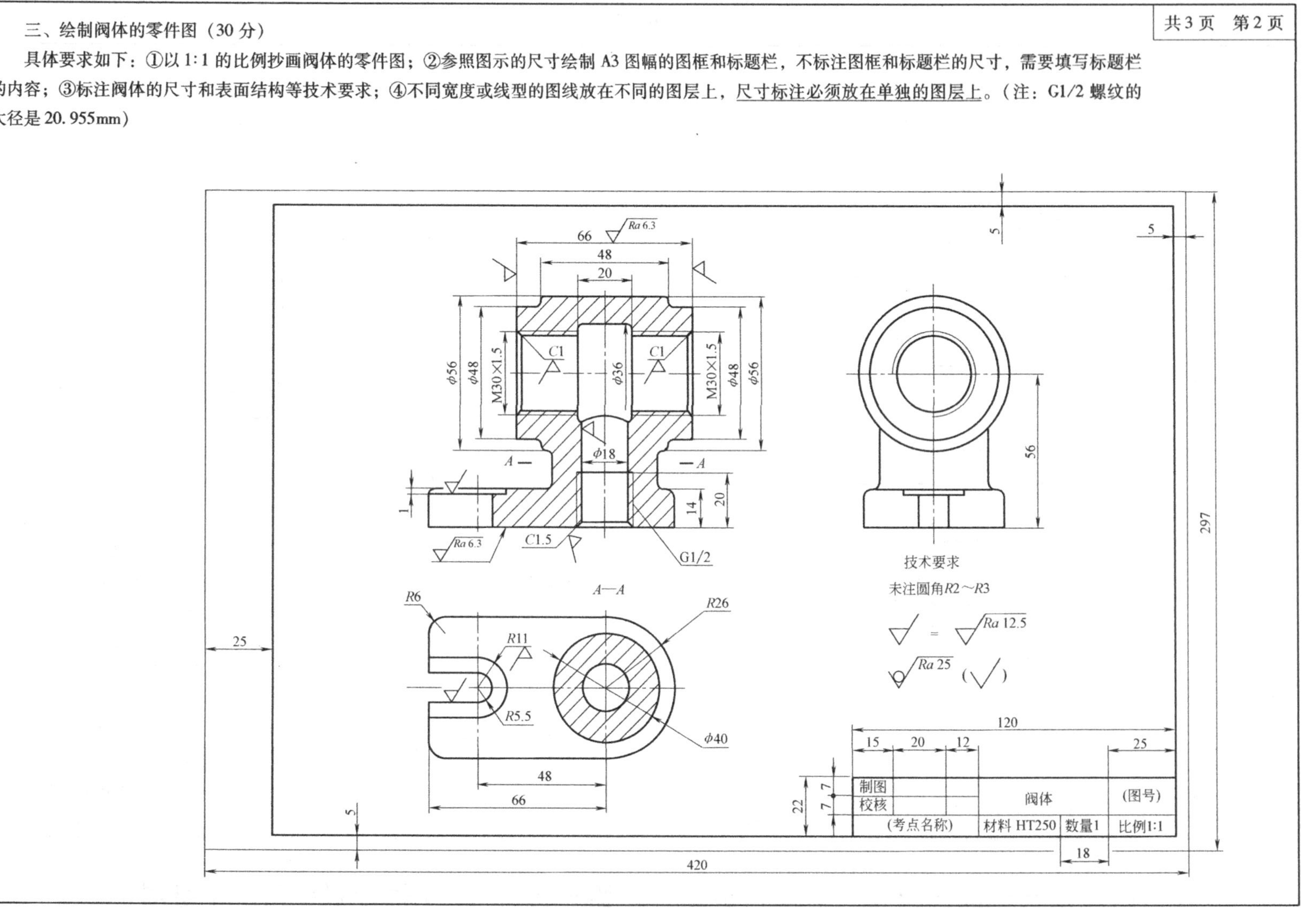

附图 B-2

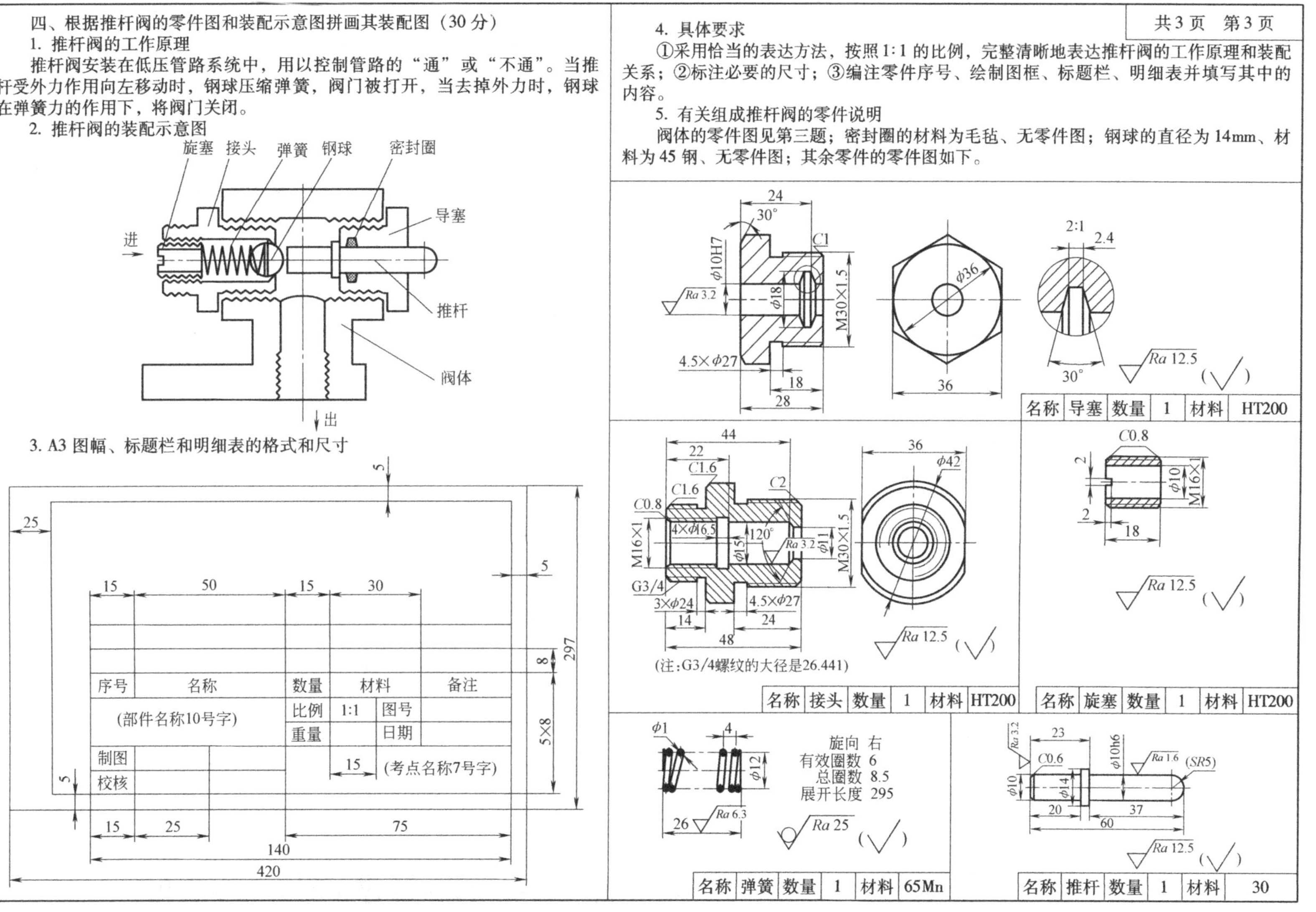

共 3 页　第 3 页

四、根据推杆阀的零件图和装配示意图拼画其装配图（30 分）

1. 推杆阀的工作原理

推杆阀安装在低压管路系统中，用以控制管路的“通”或“不通”。当推杆受外力作用向左移动时，钢球压缩弹簧，阀门被打开，当去掉外力时，钢球在弹簧力的作用下，将阀门关闭。

2. 推杆阀的装配示意图

3. A3 图幅、标题栏和明细表的格式和尺寸

4. 具体要求

①采用恰当的表达方法，按照 1∶1 的比例，完整清晰地表达推杆阀的工作原理和装配关系；②标注必要的尺寸；③编注零件序号、绘制图框、标题栏、明细表并填写其中的内容。

5. 有关组成推杆阀的零件说明

阀体的零件图见第三题；密封圈的材料为毛毡、无零件图；钢球的直径为 14mm、材料为 45 钢、无零件图；其余零件的零件图如下。

名称	导塞	数量	1	材料	HT200

名称	接头	数量	1	材料	HT200

名称	旋塞	数量	1	材料	HT200

名称	弹簧	数量	1	材料	65Mn

名称	推杆	数量	1	材料	30

附图 B-3

附录 C　工业产品类 CAD 技能一级（计算机绘图师）考试试题——第三期

试题说明：

1. 本试卷共 4 题，闭卷。
2. 考生在指定的驱动器下建立一个以“考号和姓名”为名称的文件夹（例如：09001 刘平），用于存放两个图形文件。
3. 试题 1、试题 2 和试题 3 存放于一个图形文件，名字为“123”，图面的布局如下图所示。
4. 存放试题 4 的图形文件的名字为“4”。
5. 按照国家标准的有关规定设置文字样式、线型、线宽和线型比例。
6. 建议不同的图层选用不同的颜色。
7. 交卷之前应该再次检查所建立的文件夹和图形文件的名称及位置，若未按上述要求请改正，以免收卷时漏掉这些文件。
8. 考试时间为 180 分钟。

420
210
第一题
第三题
第二题
俯视图
297
148.5

共 3 页　第 1 页

一、按照 1:1 的比例抄画下面的图形（不注尺寸，10 分）。

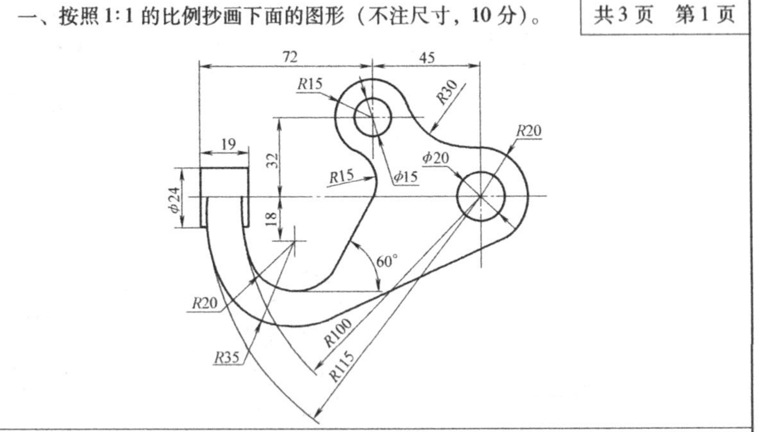

二、按照 1:1 的比例抄画形体的主、左视图，补画其俯视图（保留虚线，不注尺寸，30 分）。

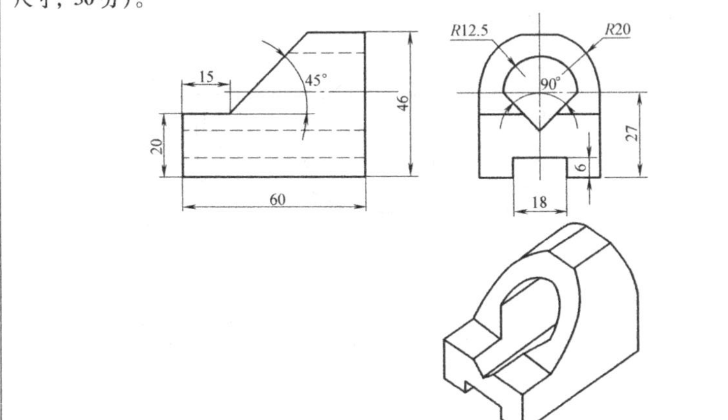

附图 C-1

三、绘制阀体的零件图（30 分）

具体要求如下：

①以 1∶1 的比例抄画右图所示的阀体的零件图。

②按照图示的尺寸绘制 A4 图幅的图框和标题栏，不标注图框和标题栏的尺寸，需要填写校核者和图号以外的内容，其中：零件名称栏目用 10 号字填写，其他栏目用 5 号字填写。

③不同颜色、线型或宽度的图线放在不同的图层上，尺寸标注必须放在单独的图层上。

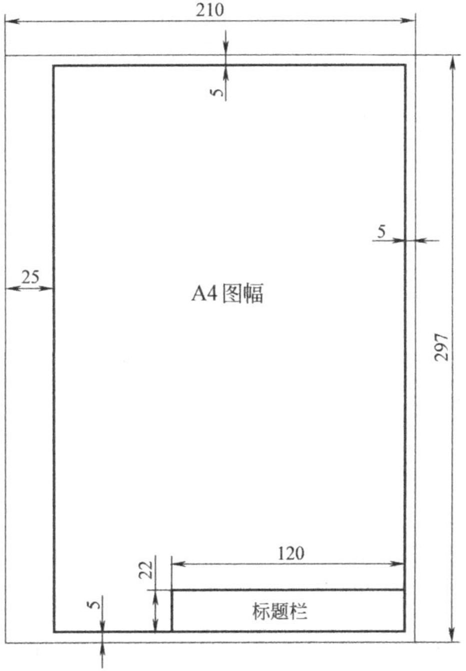

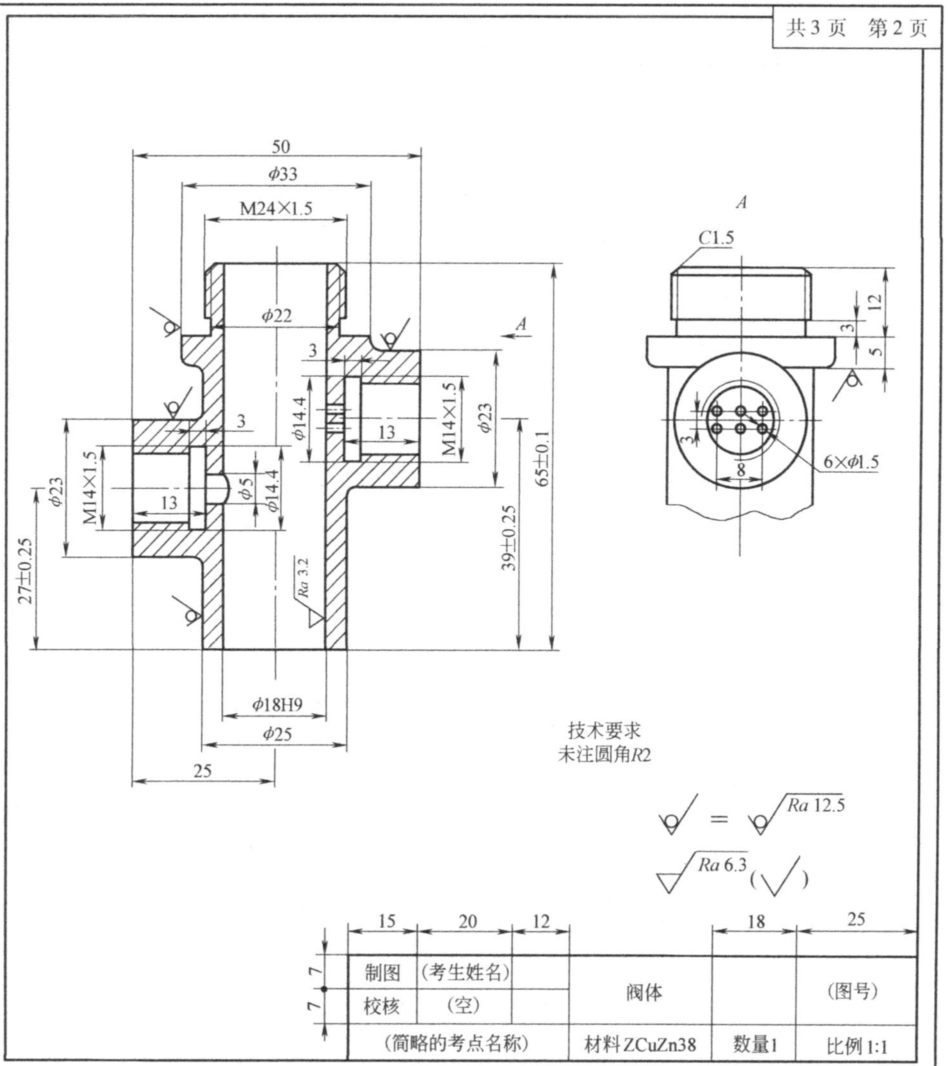

210　297　5　25　A4 图幅　120　22　5　标题栏

共 3 页　第 2 页

50　ϕ33　M24×1.5　ϕ22　3　ϕ14.4　13　M14×1.5　ϕ23　ϕ5　ϕ14.4　3　13　M14×1.5　ϕ23　27±0.25　39±0.25　65±0.1　Ra 3.2　ϕ18H9　ϕ25　25　A

A　C1.5　12　3　5　3　8　6×ϕ1.5

技术要求
未注圆角R2

= Ra 12.5　Ra 6.3（√）

15	20	12		18	25
制图	（考生姓名）		阀体		（图号）
校核	（空）				
（简略的考点名称）			材料 ZCuZn38	数量1	比例1:1

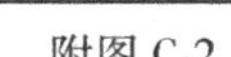
附图 C-2

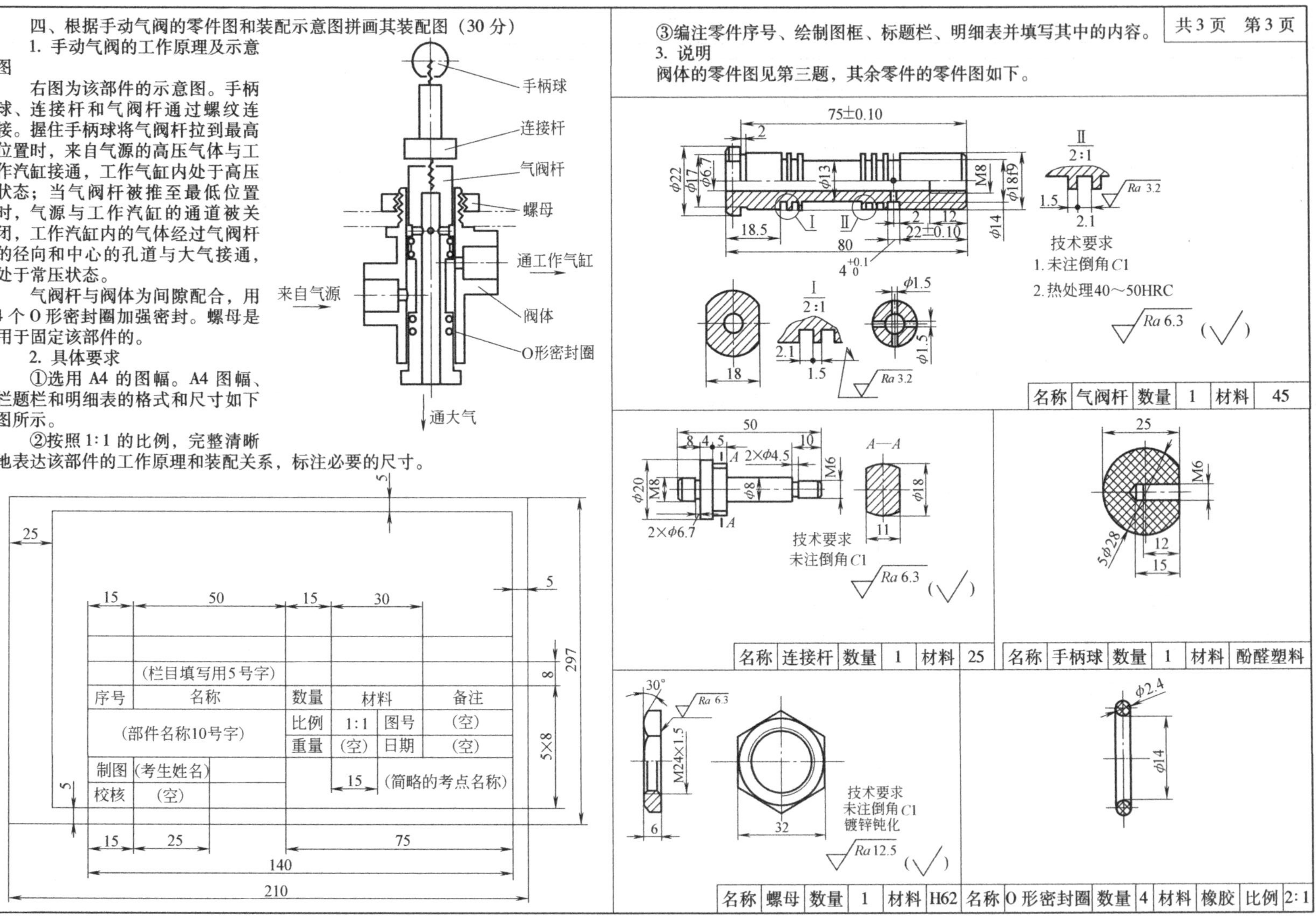

共 3 页	第 3 页

四、根据手动气阀的零件图和装配示意图拼画其装配图（30 分）

1. 手动气阀的工作原理及示意图

右图为该部件的示意图。手柄球、连接杆和气阀杆通过螺纹连接。握住手柄球将气阀杆拉到最高位置时，来自气源的高压气体与工作汽缸接通，工作气缸内处于高压状态；当气阀杆被推至最低位置时，气源与工作汽缸的通道被关闭，工作汽缸内的气体经过气阀杆的径向和中心的孔道与大气接通，处于常压状态。

气阀杆与阀体为间隙配合，用 4 个 O 形密封圈加强密封。螺母是用于固定该部件的。

2. 具体要求

①选用 A4 的图幅。A4 图幅、栏题栏和明细表的格式和尺寸如下图所示。

②按照 1:1 的比例，完整清晰地表达该部件的工作原理和装配关系，标注必要的尺寸。

③编注零件序号、绘制图框、标题栏、明细表并填写其中的内容。

3. 说明

阀体的零件图见第三题，其余零件的零件图如下。

名称	气阀杆	数量	1	材料	45

名称	连接杆	数量	1	材料	25

名称	手柄球	数量	1	材料	酚醛塑料

名称	螺母	数量	1	材料	H62

名称	O 形密封圈	数量	4	材料	橡胶	比例	2:1

附图 C-3

附录 D　工业产品类 CAD 技能一级（计算机绘图师）考试试题——第四期

试题说明：

1. 本试卷共 4 题，闭卷。
2. 考生在指定的驱动器下建立一个以“考号和姓名”为名称的文件夹（例如：10001 刘平），用于存放两个图形文件。
3. 试题 1、试题 2 和试题 3 存放于一个图形文件，名字为“123”，图面的布局如下图所示。
4. 存放试题 4 的图形文件的名字为“4”。
5. 按照国家标准的有关规定设置文字样式、线型、线宽和线型比例。
6. 建议不同的图层选用不同的颜色。
7. 交卷之前应该再次检查所建立的文件夹和图形文件的名称及位置，若未按上述要求，请改正，以免收卷时漏掉这些文件。
8. 考试时间为 180 分钟。

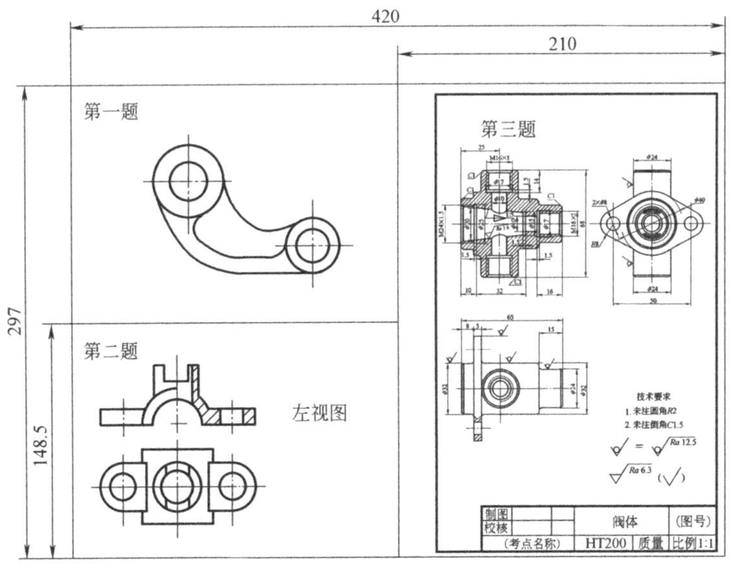

共 3 页　第 1 页

一、按照 1:1 的比例抄画下面的图形（不注尺寸，10 分）。

二、按照 1:1 的比例抄画形体的主视图和俯视图，补画其半剖的左视图（不画虚线，不注尺寸，30 分）。

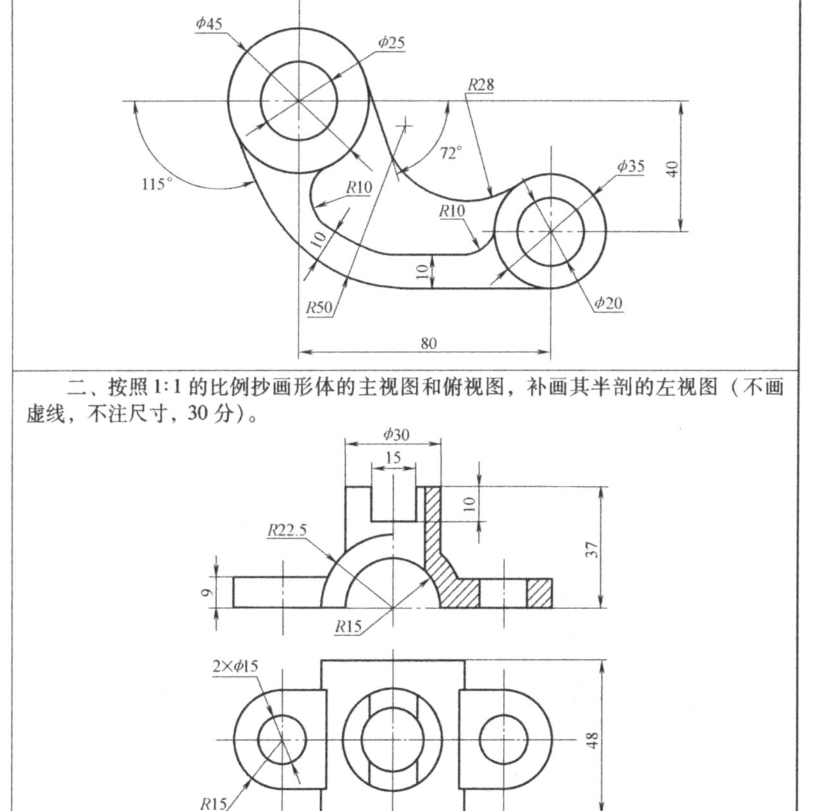

附图 D-1

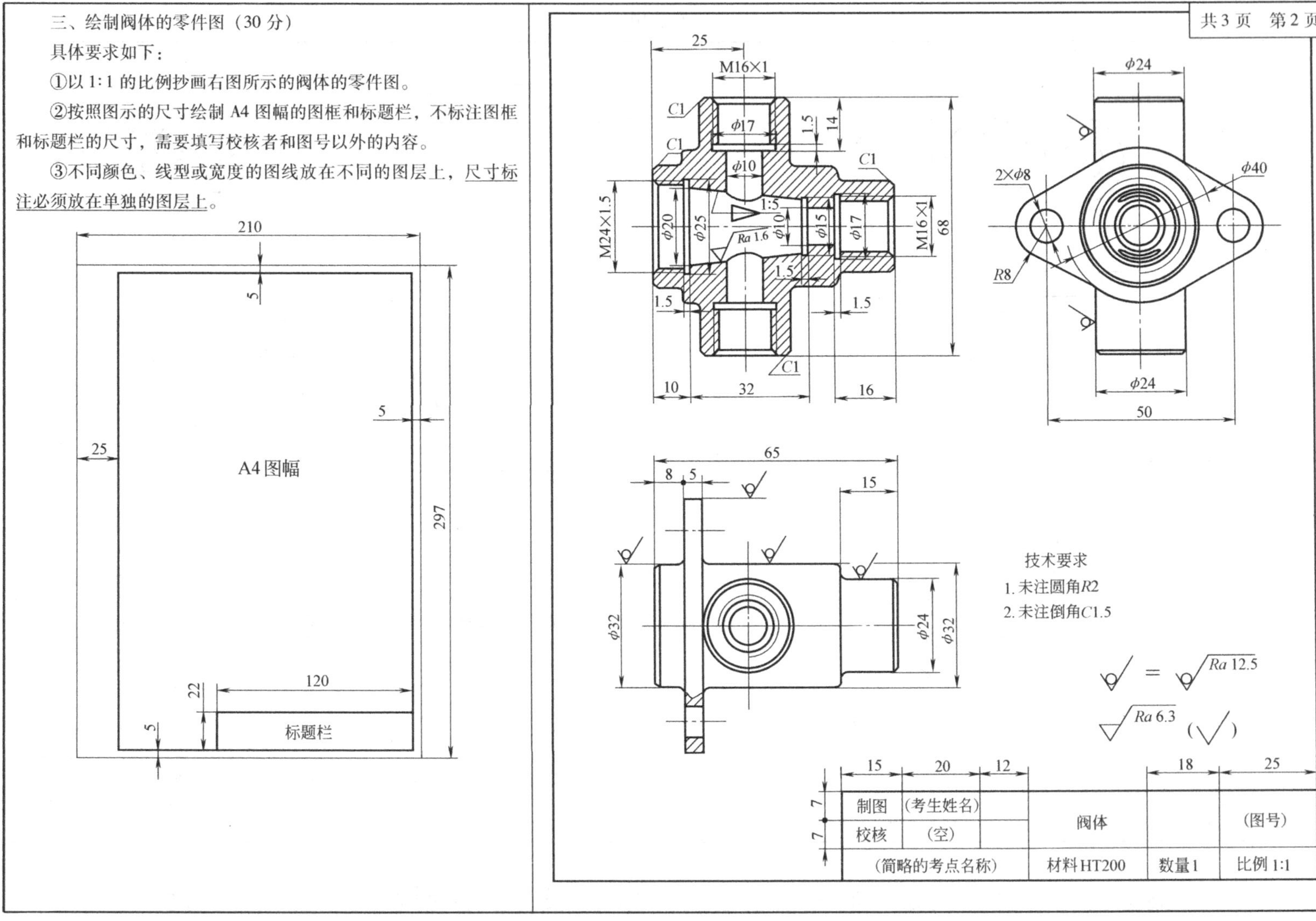
三、绘制阀体的零件图（30 分）
具体要求如下：
①以 1:1 的比例抄画右图所示的阀体的零件图。
②按照图示的尺寸绘制 A4 图幅的图框和标题栏，不标注图框和标题栏的尺寸，需要填写校核者和图号以外的内容。
③不同颜色、线型或宽度的图线放在不同的图层上，尺寸标注必须放在单独的图层上。
210
297
A4 图幅
标题栏
共 3 页　第 2 页
技术要求
1. 未注圆角R2
2. 未注倒角C1.5
Ra 12.5
Ra 6.3
Ra 1.6
制图
(考生姓名)
校核
(空)
(简略的考点名称)
阀体
材料 HT200
数量 1
(图号)
比例 1:1

附图 D-2

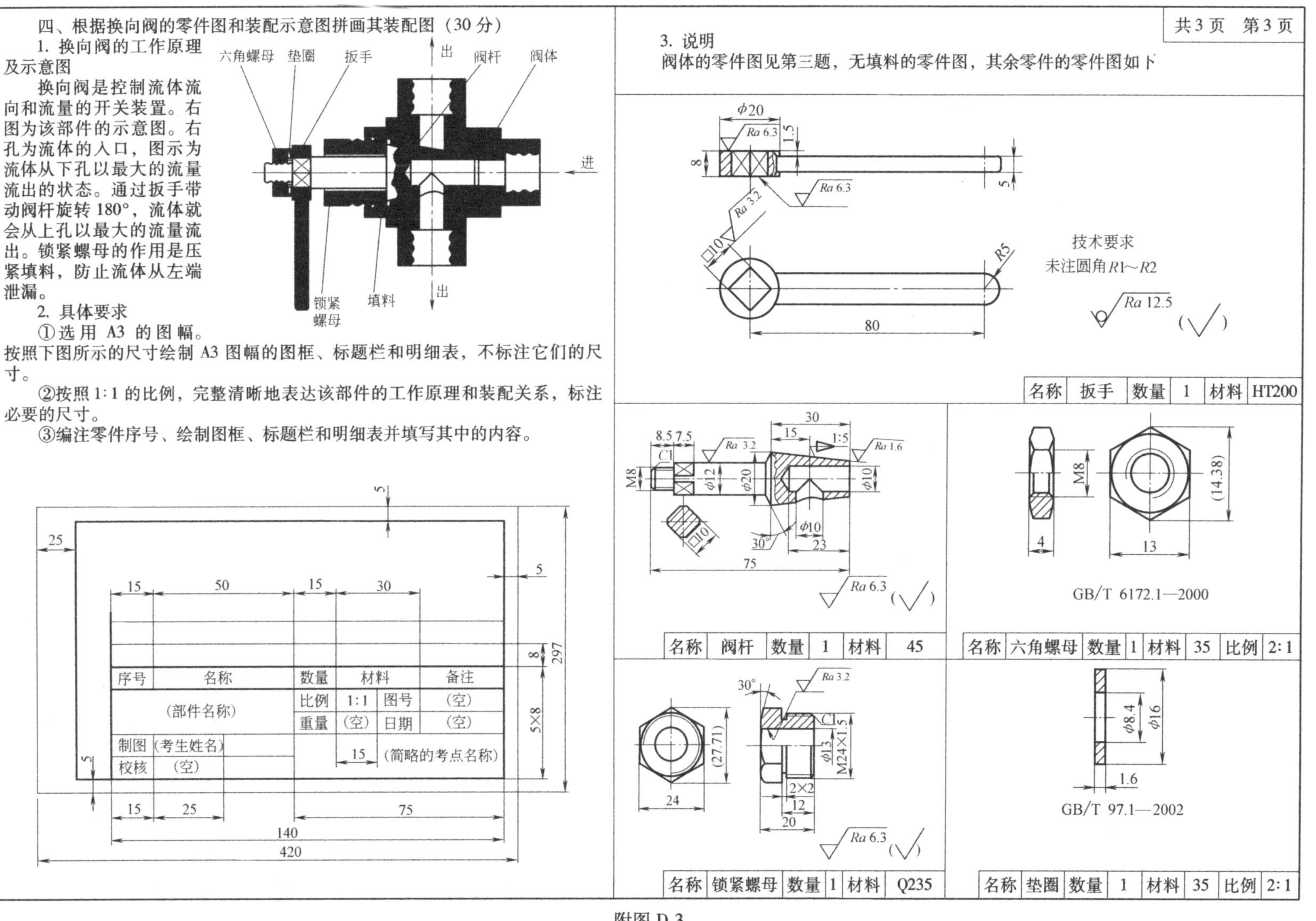

共3页　第3页

四、根据换向阀的零件图和装配示意图拼画其装配图（30分）

1. 换向阀的工作原理及示意图

换向阀是控制流体流向和流量的开关装置。右图为该部件的示意图。右孔为流体的入口，图示为流体从下孔以最大的流量流出的状态。通过扳手带动阀杆旋转180°，流体就会从上孔以最大的流量流出。锁紧螺母的作用是压紧填料，防止流体从左端泄漏。

2. 具体要求

①选用A3的图幅。按照下图所示的尺寸绘制A3图幅的图框、标题栏和明细表，不标注它们的尺寸。

②按照1:1的比例，完整清晰地表达该部件的工作原理和装配关系，标注必要的尺寸。

③编注零件序号、绘制图框、标题栏和明细表并填写其中的内容。

序号	名称	数量	材料		备注
(部件名称)		比例	1:1	图号	(空)
		重量	(空)	日期	(空)
制图	(考生姓名)		(简略的考点名称)		
校核	(空)				

3. 说明

阀体的零件图见第三题，无填料的零件图，其余零件的零件图如下

技术要求
未注圆角R1~R2

名称	扳手	数量	1	材料	HT200

名称	阀杆	数量	1	材料	45

GB/T 6172.1—2000

名称	六角螺母	数量	1	材料	35	比例	2:1

名称	锁紧螺母	数量	1	材料	Q235

GB/T 97.1—2002

名称	垫圈	数量	1	材料	35	比例	2:1

附图 D-3

附录 E　工业产品类 CAD 技能一级（计算机绘图师）考试试题——第五期

试题说明：

1. 本试卷共 4 题，闭卷。
2. 考生在指定的驱动器下建立一个以“考号和姓名”为名称的文件夹（例如：10001 刘平），用于存放两个图形文件。
3. 试题 1、试题 2 和试题 4 存放于一个图形文件，名字为“124”，图面的布局如下图所示。
4. 存放试题 3 的图形文件的名字为“3”。
5. 按照国家标准的有关规定设置文字样式、线型、线宽和线型比例。
6. 建议不同的图层选用不同的颜色。
7. 交卷之前应该再次检查所建立的文件夹和图形文件的名称及位置，若未按上述要求，请改正，以免收卷时漏掉这些文件。
8. 考试时间为 180 分钟。

共 3 页　第 1 页

一、按照 1:1 的比例抄画下面的图形（不注尺寸，10 分）。

二、按照 1:1 的比例抄画形体的主视图和俯视图，补画其全剖的左视图（不画虚线，不注尺寸，30 分）。

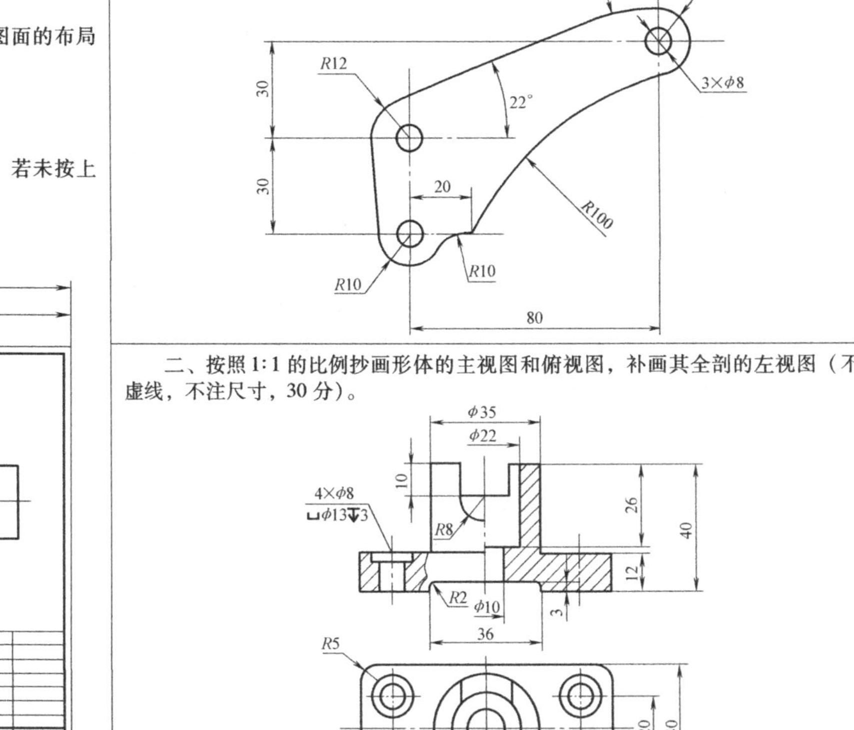

附图 E-1

三、绘制阀体的零件图（30分）

具体要求如下：

①以1:1的比例抄画右图所示的阀体的零件图。

②按照图示的尺寸绘制A3图幅的图框和标题栏，不标注图框和标题栏的尺寸，需要填写校核者以外的内容，阀体10号字，其余5号字。

③不同颜色、线型或宽度的图线放在不同的图层上，尺寸标注必须放在单独的图层上。

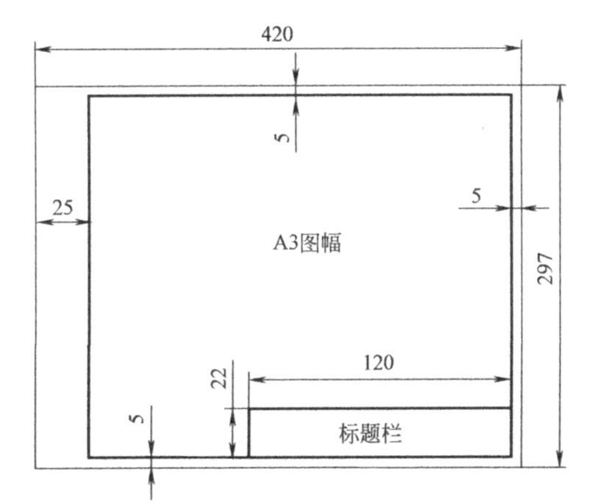

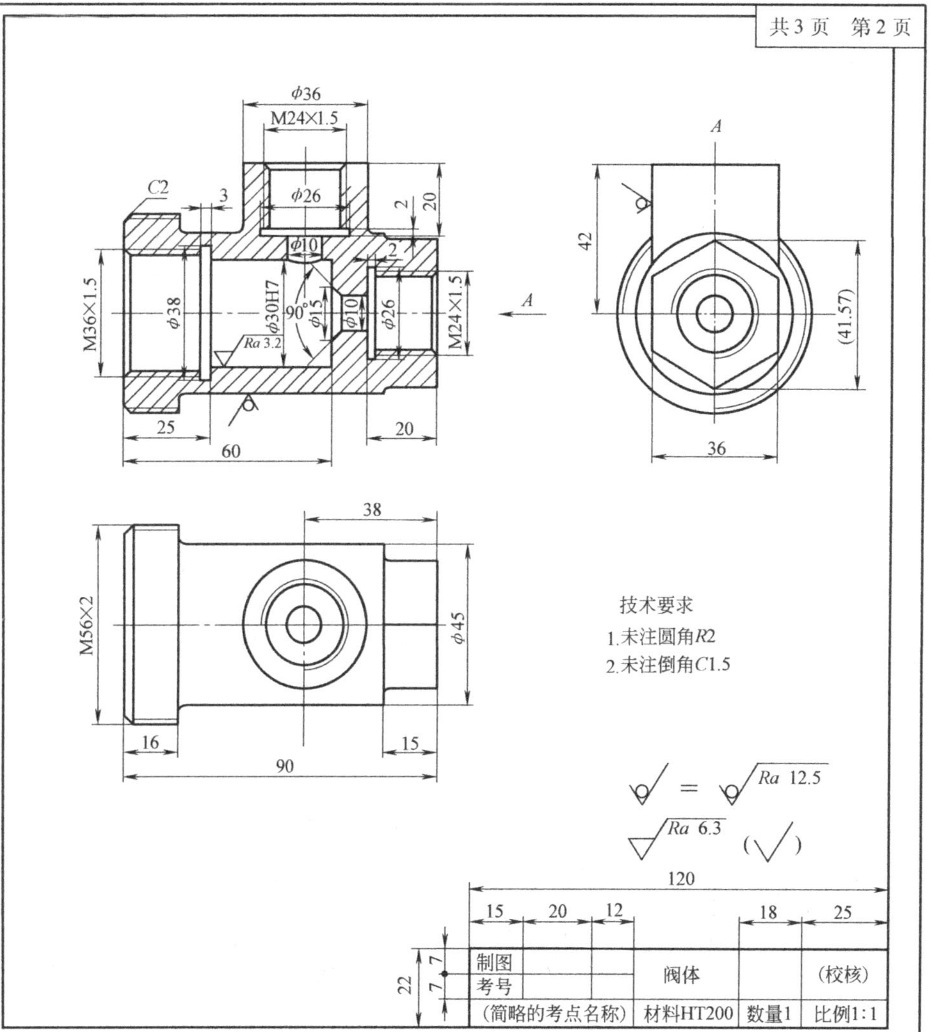

共3页　第2页

技术要求

1.未注圆角$R2$

2.未注倒角$C1.5$

制图		阀体		(校核)
考号				
(简略的考点名称)		材料HT200	数量1	比例1:1

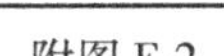

附图 E-2

四、根据溢流阀的零件图和装配示意图拼画其装配图（30 分）

1. 溢流阀的工作原理及示意图

溢流阀是安装在管路中的安全装置，右图为该部件的示意图。它的右孔与高压的流体管路连接，顶孔与常压的回油管路连接。正常情况下，弹簧通过弹簧座使钢球压紧阀门，高压管路与回油管路处于关闭状态。当油压超过额定压力时，高压油克服弹簧的压力，推动钢球向左移动，高压油溢出到回油管路，油压下降。当油压下降至额定压力时，阀门关闭。调节螺母的作用是调节额定的油压。

2. 具体要求

①选用 A4 的图幅。按照下图所示的尺寸绘制 A4 图幅的图框、标题栏和明细表，不标注它们的尺寸。

②按照 1:1 的比例，完整清晰地表达该部件的工作原理和装配关系，标注必要的尺寸。

③编注零件序号、绘制图框、标题栏和明细表并填写其中的内容。

3. 说明

阀体的零件图见第三题，钢球的直径为 16mm、材料为 45 钢，无零件图，其余零件的零件图见本页右半部分。

4. 有关视图的提示

只画主视图即可。

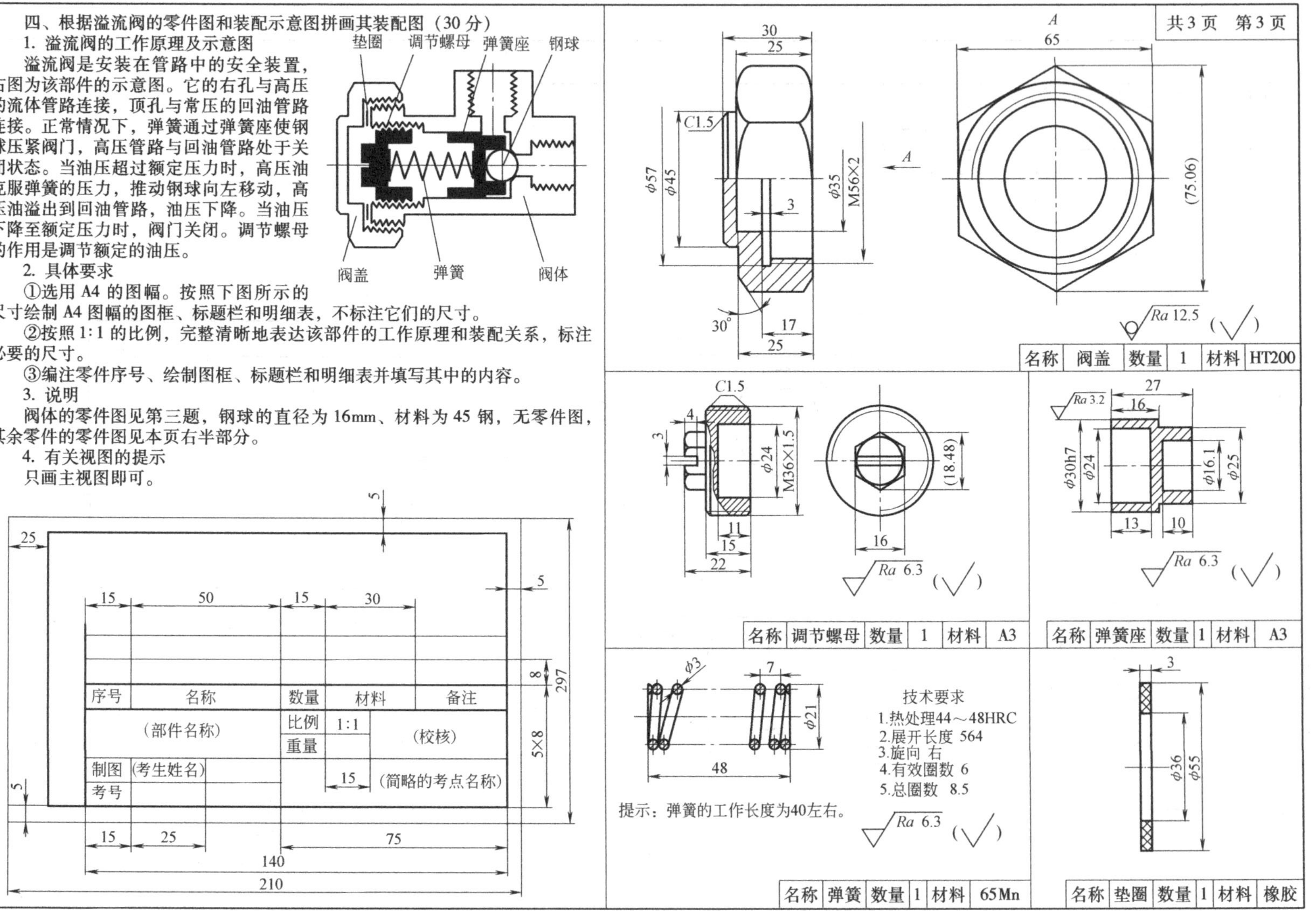

附图 E-3

附录 F　工业产品类 CAD 技能一级（计算机绘图师）考试试题——第六期

试卷说明：

1. 本试卷共 4 题，闭卷。
2. 考生在考点指定的驱动器下建立一个以“考号和姓名”为名称的文件夹（例如：10001 刘平），用于存放两个图形文件。
3. 试题 1、试题 2 和试题 4 存放于同一个图形文件，名字为“124”，图面的布局如下图所示。
4. 存放试题 3 的图形文件的名字为“3”。
5. 按照国家标准的有关规定设置文字样式、线型、线宽和线型比例。
6. 建议不同的图层选用不同的颜色。
7. 交卷之前应该再次检查所建立的文件夹和图形文件的名称及位置，若未按上述要求，请改正，以免收卷时漏掉这些文件。
8. 考试时间为 180 分钟。

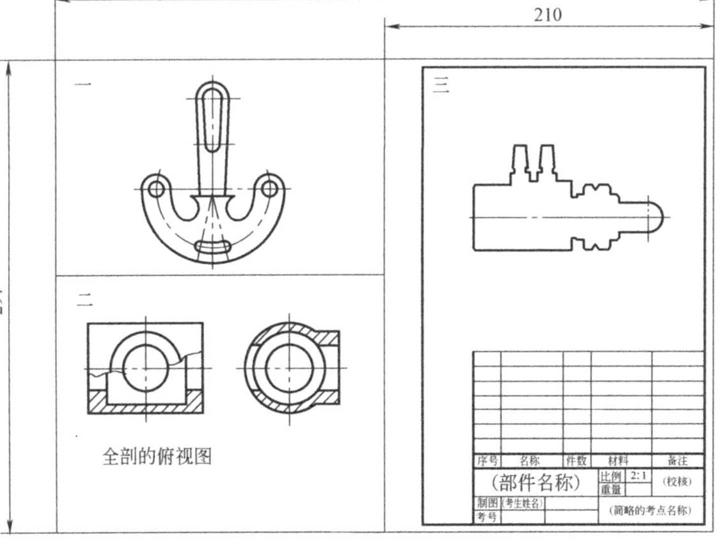

一、按照 1:1 的比例抄画下面的图形（不注尺寸。提示：圆弧 ϕ13mm 与直线不相切，应先找到该圆弧的圆心，再作圆弧。10 分）。

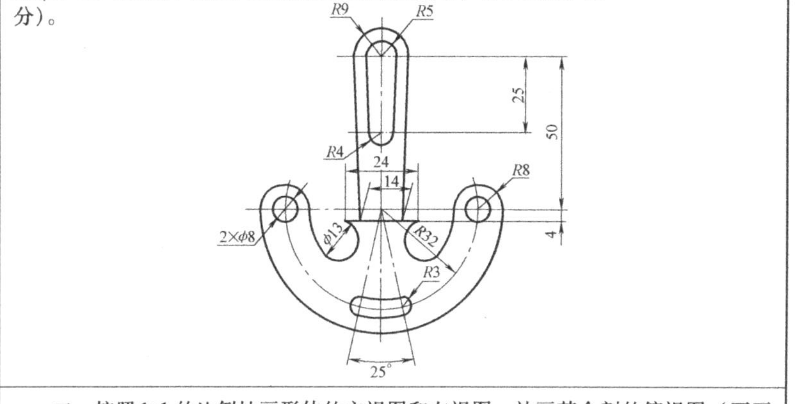

二、按照 1:1 的比例抄画形体的主视图和左视图，补画其全剖的俯视图（不画虚线，不注尺寸。30 分）。

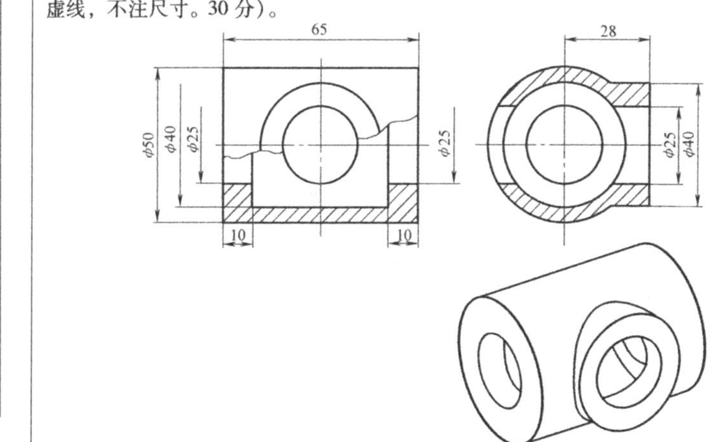

附图 F-1

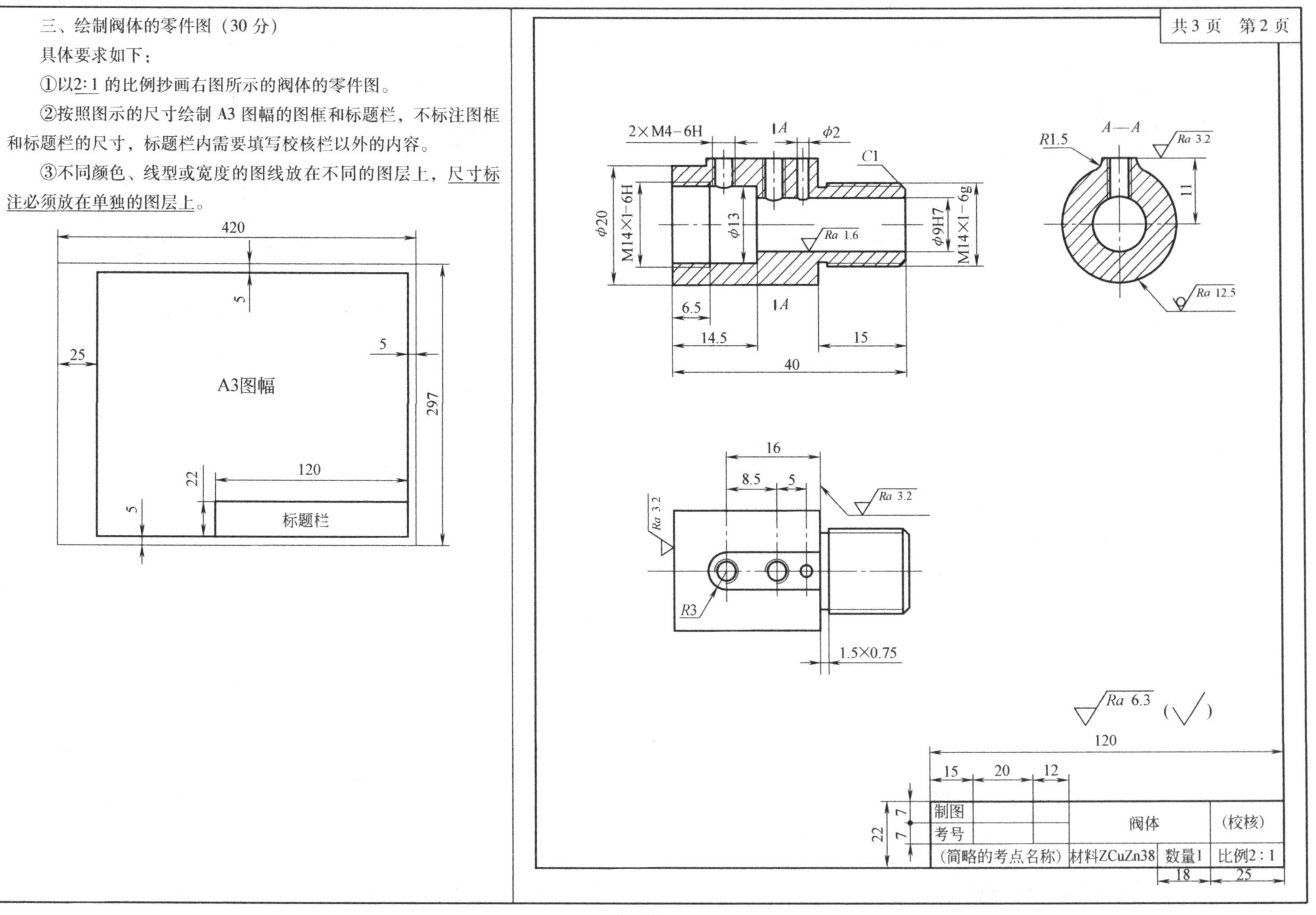

共3页 第2页

三、绘制阀体的零件图（30分）

具体要求如下：

①以2∶1的比例抄画右图所示的阀体的零件图。

②按照图示的尺寸绘制A3图幅的图框和标题栏，不标注图框和标题栏的尺寸，标题栏内需要填写校核栏以外的内容。

③不同颜色、线型或宽度的图线放在不同的图层上，尺寸标注必须放在单独的图层上。

制图			阀体		（校核）
考号					
（简略的考点名称）			材料ZCuZn38	数量1	比例2∶1

附图 F-2

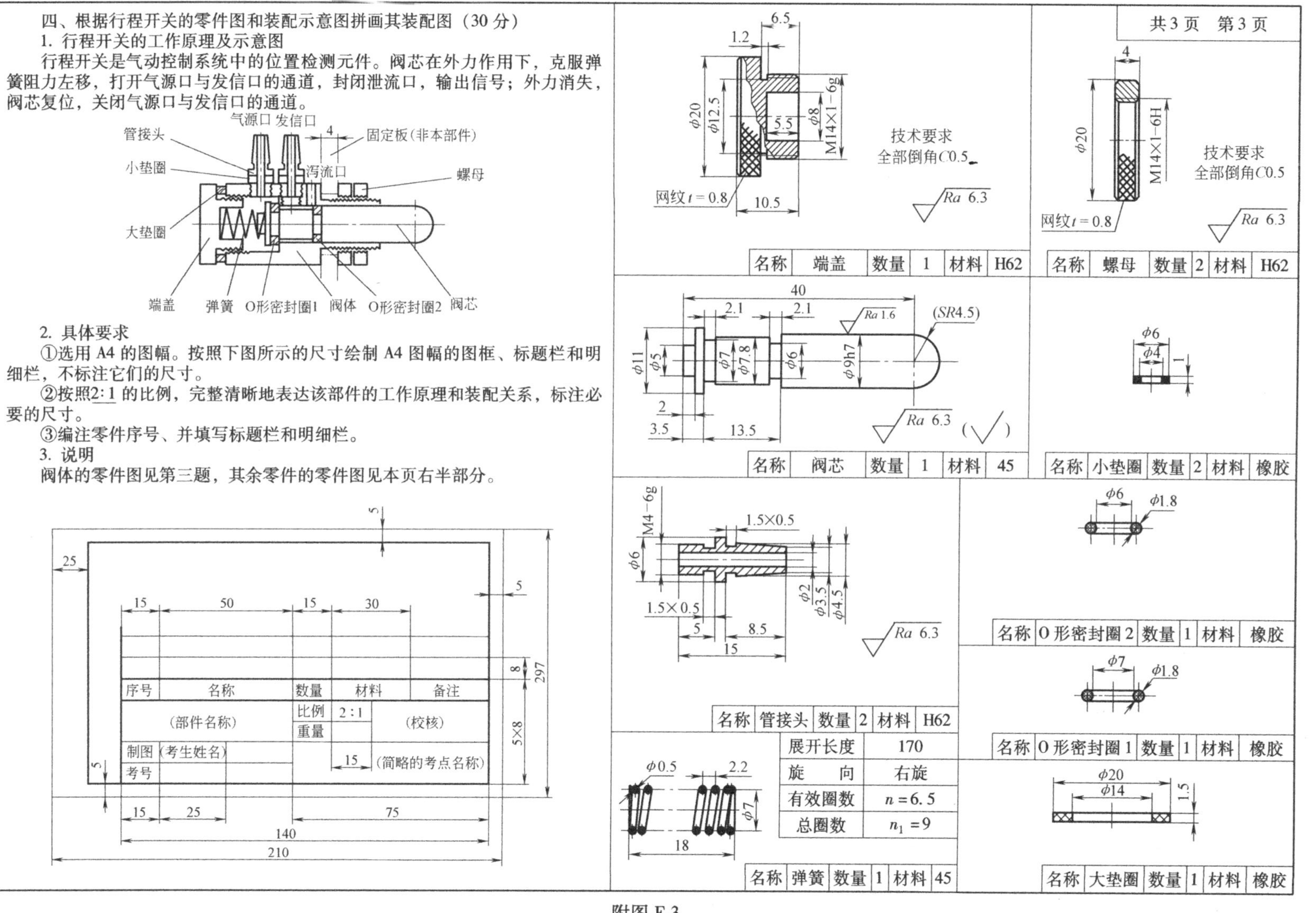
共3页　第3页

四、根据行程开关的零件图和装配示意图拼画其装配图（30分）

1. 行程开关的工作原理及示意图

行程开关是气动控制系统中的位置检测元件。阀芯在外力作用下，克服弹簧阻力左移，打开气源口与发信口的通道，封闭泄流口，输出信号；外力消失，阀芯复位，关闭气源口与发信口的通道。

2. 具体要求

①选用A4的图幅。按照下图所示的尺寸绘制A4图幅的图框、标题栏和明细栏，不标注它们的尺寸。

②按照2:1的比例，完整清晰地表达该部件的工作原理和装配关系，标注必要的尺寸。

③编注零件序号、并填写标题栏和明细栏。

3. 说明

阀体的零件图见第三题，其余零件的零件图见本页右半部分。

名称	端盖	数量	1	材料	H62

名称	螺母	数量	2	材料	H62

名称	阀芯	数量	1	材料	45

名称	小垫圈	数量	2	材料	橡胶

名称	管接头	数量	2	材料	H62

名称	O形密封圈2	数量	1	材料	橡胶

名称	O形密封圈1	数量	1	材料	橡胶

展开长度	170
旋　向	右旋
有效圈数	$n = 6.5$
总圈数	$n_1 = 9$

名称	弹簧	数量	1	材料	45

名称	大垫圈	数量	1	材料	橡胶

附图 F-3

参 考 文 献

[1] 杨月英，张琳. 中文版 AutoCAD2008 机械绘图 [M]. 北京：机械工业出版社，2008.

[2] 刘小年，杨月英. 机械制图 [M]. 北京：高等教育出版社，2007.

[3] 张琳，杨月英. 机械制图 [M]. 北京：中国建材工业出版社，2008.

[4] 杨月英，张效伟. 中文版 AutoCAD 2012 绘制机械图 [M]. 北京：中国建材工业出版社，2012.